杨世文 孙会军 编著

Maven应用实战

清华大学出版社
北京

内 容 简 介

Maven是Java项目构建工具，由资深Java讲师结合多年的教学经验编写，是为数不多的帮助程序员从零开始认识Maven，使用Maven，再到熟练掌握Maven的辅导书。全书总体分成三个层次：Maven的安装使用、Maven的核心概念和运行原理以及Maven的高级应用。其中通过穿插案例，介绍了Maven的安装与Eclipse的集成配置，搭建Archiva服务器的方法，Maven的架构、运行生命周期、仓库、依赖和插件，基于Maven生成项目站点、生成项目报告文档和软件测试等内容。全书以实践为宗旨，一切源于实践，又回归于实践。

本书适合Java程序员和项目经理阅读，也可作为相关领域的培训教材和业余爱好者的参考用书。

本书封面贴有清华大学出版社防伪标签，无标签者不得销售。
版权所有，侵权必究。侵权举报电话：010-62782989　13701121933

图书在版编目(CIP)数据

Maven应用实战/杨世文，孙会军编著．—北京：清华大学出版社，2018
ISBN 978-7-302-48582-7

Ⅰ．①M…　Ⅱ．①杨…　②孙…　Ⅲ．①软件工具—程序设计　Ⅳ．①TP311.56

中国版本图书馆CIP数据核字(2017)第249864号

责任编辑：张龙卿
封面设计：常雪影
责任校对：袁　芳
责任印制：刘海龙

出版发行：清华大学出版社
网　　址：http://www.tup.com.cn，http://www.wqbook.com
地　　址：北京清华大学学研大厦A座　　**邮　　编：**100084
社 总 机：010-62770175　　**邮　　购：**010-62786544
投稿与读者服务：010-62776969，c-service@tup.tsinghua.edu.cn
质量反馈：010-62772015，zhiliang@tup.tsinghua.edu.cn
课件下载：http://www.tup.com.cn，010-62770175-4278
印 装 者：北京国马印刷厂
经　　销：全国新华书店
开　　本：185mm×260mm　　**印　　张：**15　　**字　　数：**344千字
版　　次：2018年1月第1版　　**印　　次：**2018年1月第1次印刷
印　　数：1～2500
定　　价：49.00元

产品编号：073762-01

前　言

写作背景

Maven 是一款由 Apache 软件基金会开发的，用来管理项目的构建，生成报告和文档的 Java 项目管理工具。

关于 Maven 的资料和书籍很多。有的非常简洁，就一本小册子；有的非常详细，厚厚的一本，把各个细节都阐述得面面俱到。综观所有的文献资料，以项目实践为需求导向，能剔除不用过多理解的概念，指导读者快速在项目中上手使用 Maven 的书籍还是凤毛麟角。

要知道，很多程序员在开发项目时，经常会被许多零碎的资料困扰很久，从而感到手足无措、焦头烂额。他们需要的是一看就明白，就能使用到项目中去的第一手资料。

为了帮助程序员解决这些问题，引导读者学有所用，我们编写了此书。本书的目的就是利用简洁实用的语言，以实际项目为案例，按项目自身发展为线索，介绍 Maven 在项目中每个环节的使用方法，使读者由浅入深地学习使用 Maven。

本书内容

第 1～3 章，介绍 Maven 的作用及其安装配置，并用命令行构建 Maven 项目，体验 Maven 的基本操作。

第 4 章，介绍在 Eclipse 上安装配置 M2Eclipse 插件，并且构建简单的 Maven 项目，体验在 Eclipse 上构建 Maven 项目的过程。

第 5～8 章，详细介绍基于 Eclipse 的 M2Eclipse 插件开发 Web 应用和流行框架，开发企业级 Web 应用。

第 9 章，详细介绍 Maven 构建的生命周期与核心概念。

第 10～13 章，介绍 Maven 在项目中比较常见的使用方法。

本书特色

本书从零基础开始讲解 Maven，然后由浅入深，循序渐进地通过实例指导读者慢慢熟练掌握。

本书的内容是先实践，再理论，最后又归于实践。如果公司的项目马上要启动了，并且对 Maven 的要求不是太高，那么至少可以先使用起来，再慢慢深入了解。

当然，对于那些已经对 Maven 有了基本的了解并打算再深入研究并灵活运用到项目中去的程序员和项目管理员，也可以借鉴本书后面部分的内容。

读者对象

本书适合以下读者阅读。

从事 Java 编程行业的开发人员和项目管理员。

大中专院校的老师和学生。

相关培训机构的老师和学员。

Java 编程爱好者。

读者服务

为了方便读者解决学习过程中遇到的问题，本书提供书中各章配套的开发源代码及相关资源，欢迎通过编著者索取或出版社官方网站下载。

本书由杨世文与孙会军合作编写，杨世文负责统稿，孙会军负责整理资料并调试代码。由于水平有限，书中难免存在不妥之处，敬请广大读者批评、指正，编著者 QQ：775488842。

编著者

2017 年 12 月

目录

第1章 课前准备

关于 Maven 的资料和书籍很多。有的比较简洁,点到为止;有的是厚厚的一本书,把方方面面都阐述得很详细;还有些是针对某个方面进行说明讲解。

本书的目的和追求:用通俗易懂的语言,以实际项目为案例,按项目自身发展线索,介绍 Maven 在项目中每个环节的使用方法,使读者由浅入深地了解 Maven、运用 Maven,最后实践与理论结合,掌握 Maven。

1.1 项目经理的工作

一支团队在接到公司下达的项目后,项目经理或项目架构师往往要在团队正式介入以前,做好充分的前期准备。具体工作如下。

(1) 确定系统架构。

(2) 收集框架相关的 jar 包。

(3) 搭建 SSM 框架。

(4) 编写测试代码。

(5) 寻找框架依赖的 jar 包。

(6) 剔除冲突 jar 包。

(7) 制定需求设计文档规范。

(8) 测试文档和代码规范。

(9) 相关报告文档规范。

这里面的内容很多、很杂,必须进行充分细致的准备。一支团队在每承接一个项目时,都要重复做类似的事情。这种工作劳动强度大,而且缺少技术含量。

1.2 Maven 的作用

上述问题用 Maven 可以直接解决。

(1) Maven 统一集中管理好所有的依赖包,不需要程序员再去寻找。

(2) 对应第三方组件用到的共同 jar,Maven 自动解决重复和冲突问题。

(3) Maven 作为一个开放的架构,提供了公共接口,方便同第三方插件集成。程序员可以将自己需要的插件,动态地集成到 Maven,从而扩展新的管理功能。

(4) Maven 可以统一每个项目的构建过程,实现不同项目的兼容性管理。

第2章

开始学习 Maven

2.1 Maven 简介

Maven 是 Apache 开源组织奉献的一个开源项目。Maven 的本质是一个项目管理工具，将项目开发和管理过程抽象成一个项目对象模型(POM)。开发人员只需做一些简单的配置，就可以批量完成项目的构建、报告和文档的生成工作。

当然，Maven 除了是一个优秀的项目构建方面的管理工具外，还有项目管理相关的其他特殊优势。比如，项目相关的第三方依赖包，这是每个 Java 程序员不可回避的问题。

每个老程序员都在自己的计算机里有个专门目录，分类保存过去项目开发过程中使用的第三方 jar 包，需要的时候从里面筛选。新程序员就麻烦了，测试项目的时候，经常会遇到 Class No Found Exception，导致一整天在搜索和重启中度过。

Maven 可以统一管理所有的依赖 jar，甚至是不同的版本。程序员也可以动态地将自己写好的模块打包成 jar 包让它管理。需要的时候，可以直接通过简单的描述文件告诉 Maven，它会自动帮助程序员找出来，集成到项目中。

本书的所有案例都是基于 Maven 3.3.9 版本测试的。

2.2 安装 Maven 前的准备

因为 Maven 本身就是基于 Java 写的，所以在安装配置 Maven 之前，有必要将 Java 的运行环境安装配置好。接下来介绍 Java 的安装和配置过程，有相关基础的读者可以跳过本节。但要注意，Maven 3.3.9 版本要求的 JDK 一定是 JDK 1.7 或以后的版本。

JDK 的安装和配置主要分如下步骤。

2.2.1 下载合适的 JDK 安装软件安装

Oracle 软件的下载链接为 https://www.oracle.com/downloads/index.html。

程序员可以在里面找到需要的 JDK 安装包。本书是在 Windows 操作系统中完成的所有案例，所以请下载 Windows 版本。下载时注意匹配跟自己的系统统一的安装包(32 位或 64 位)。现在的计算机基本上是 64 位，所以建议 Java 相关软件统一安装 64 位的。

安装好后的目录结构如图 2-1 所示。

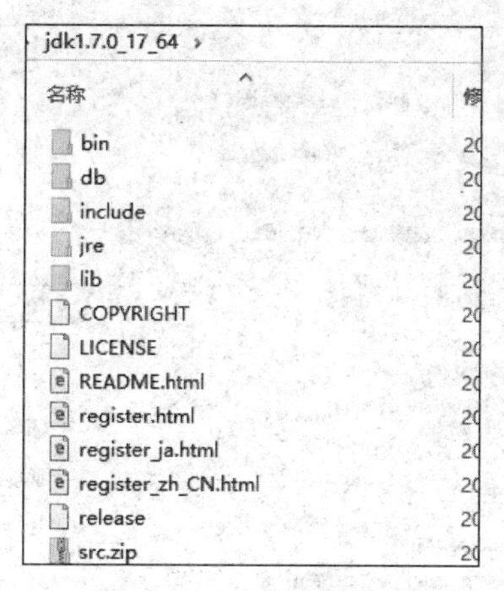

图 2-1　JDK 安装目录

jdk1.7.0_17_64 是安装 JDK 后的总目录，bin、db、include 等是它里面的子目录和文件。

2.2.2　配置 JDK 环境变量

JDK 的环境变量只要配置 JAVA_HOME 和 Path。右击“我的电脑”，选择“属性”命令，出现如图 2-2 所示窗口。

图 2-2　Windows 系统信息

单击左边的“高级系统设置”按钮，出现如图 2-3 所示对话框。

单击“高级”标签中的“环境变量”按钮，显示如图 2-4 所示对话框。

(1) 配置 JAVA_HOME 目录。查看“系统变量”中有没有 JAVA_HOME(之前有配置过，就会有 JAVA_HOME 这项显示)。如果没有，单击“新建”按钮，在弹出的窗口中输入 JAVA_HOME 和 Java 的安装目录。

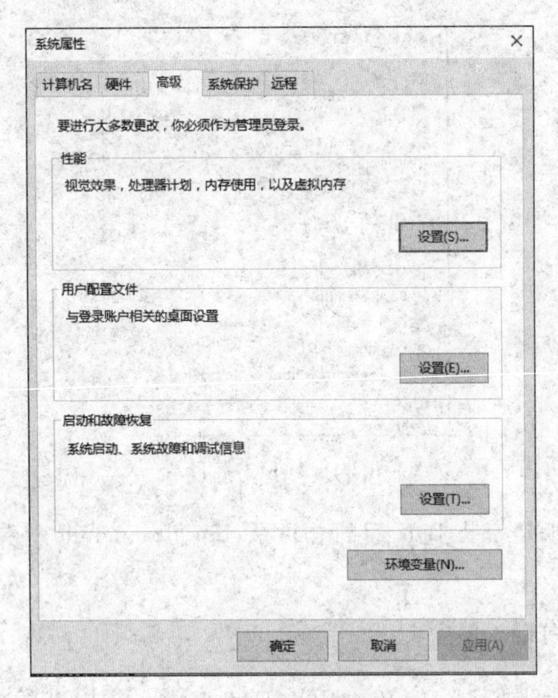

图 2-3　系统属性

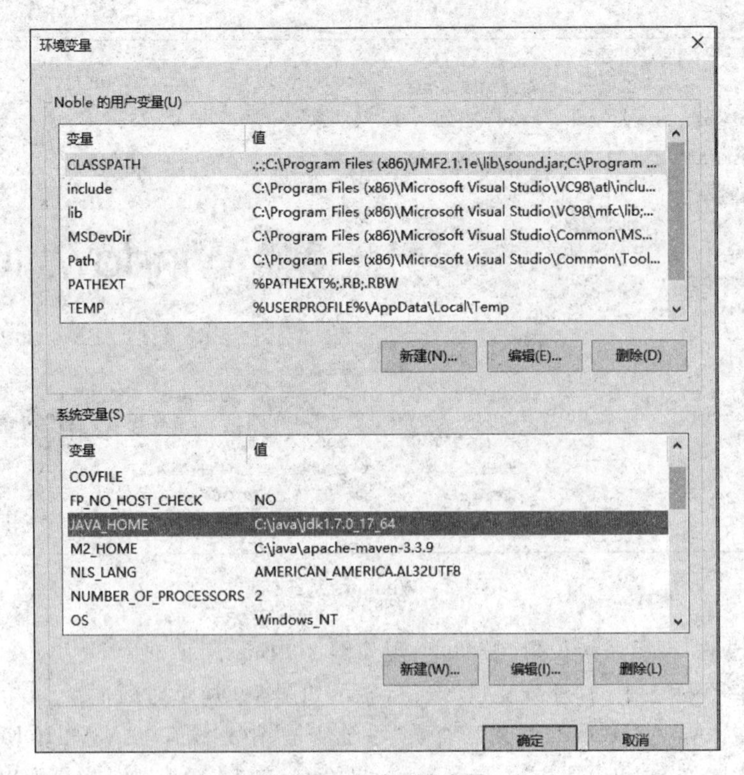

图 2-4　系统环境变量

(2) 配置 Path 目录。同样在配置 JAVA _HOME 的地方查找 Path 变量,如图 2-5 所示。

系统变量(S)

变量	值
M2_HOME	C:\java\apache-maven-3.3.9
NLS_LANG	AMERICAN_AMERICA.AL32UTF8
NUMBER_OF_PROCESSORS	2
OS	Windows_NT
Path	%M2_HOME%/bin;%JAVA_HOME%\jre\bin;%JAVA_HOME%\b...
PATHEXT	.COM;.EXE;.BAT;.CMD;.VBS;.VBE;.JS;.JSE;.WSF;.WSH;.MSC
PERL5LIB	D:\oracle\product\10.2.0\db_1\perl\5.8.3\lib\MSWin32-x86;D:...

新建(W)... 编辑(I)... 删除(L)

图 2-5 系统变量

单击"编辑"按钮,在以前的 Path 值的前面新添加 JDK 的 bin 目录。这里的 JDK 的 bin 目录是 C:\java\jdk1.7.0_17_64\bin,就是前面的 JAVA_HOME 目录后面添加\bin。添加完成后,同后面的内容要用分号分开,而且是英文输入法的分号。结果如下:

```
C:\java\jdk1.7.0_17_64\bin;以前的内容
```

2.2.3 测试 JDK 是否安装成功

打开一个 CMD 窗口,分别输入 javac -version 命令和 java -version 命令,出现如图 2-6 所示的 Java 版本信息显示,表示 JDK 安装成功。

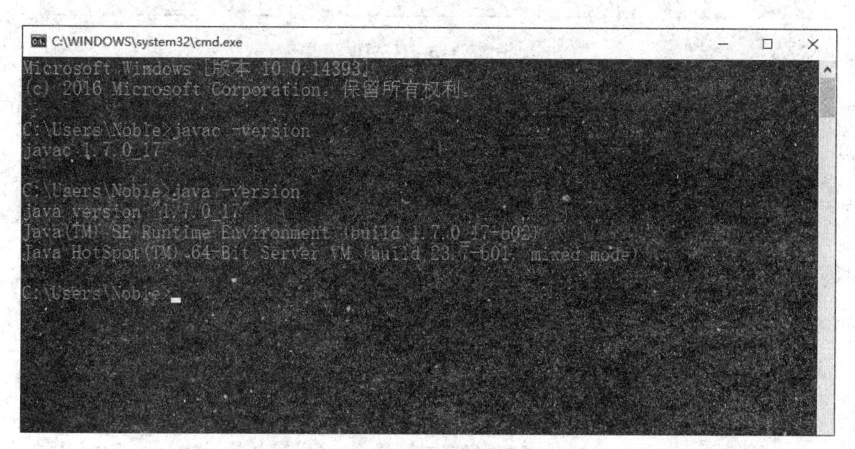

图 2-6 DOS 命令窗口

2.3 Maven 的安装与配置

JDK 环境安装好了,接下来正式安装配置 Maven。先要下载 Maven(http://maven.apache.org/download.cgi)。

它是以压缩包形式提供的，下载 Binary 形式的压缩包就行。

下载完成后，直接用解压工具解压到自己的一个空目录下。这里是解压到 C:\java\apache-maven-3.3.9，最后的目录结构如图 2-7 所示。

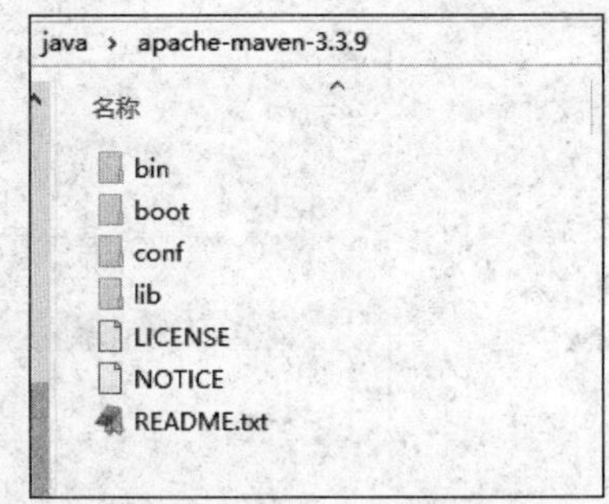

图 2-7　Maven 安装目录

安装好后，接下来对 Maven 进行配置。配置内容同 JDK 的配置内容一样，也是两部分：一部分是在系统环境变量中配置一个 M2_HOME；另一部分也是将 Maven 里面的 bin 目录添加到 Path 环境变量。

（1）配置 M2_HOME。同配置 JAVA_HOME 一样，在系统环境变量中添加 M2_HOME，参考 JDK 的 JAVA _HOME 配置，这里就不再赘述了，效果如图 2-8 所示。

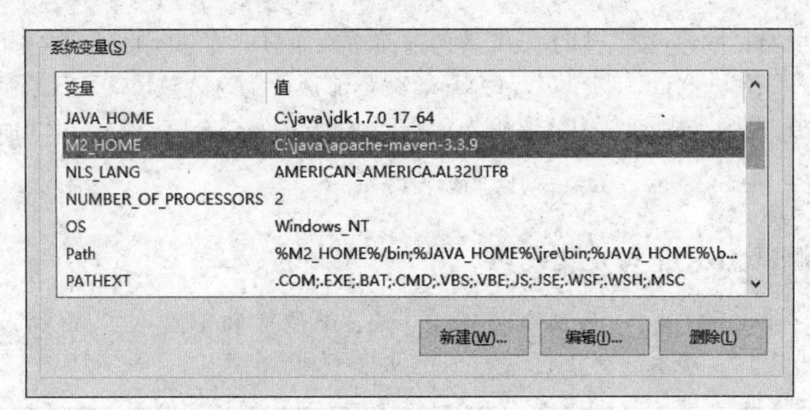

图 2-8　设置 M2_HOME 环境变量

（2）追加 Path。类似前面 JDK Path 环境变量的配置，请参考 JDK 配置，效果如图 2-9 所示。

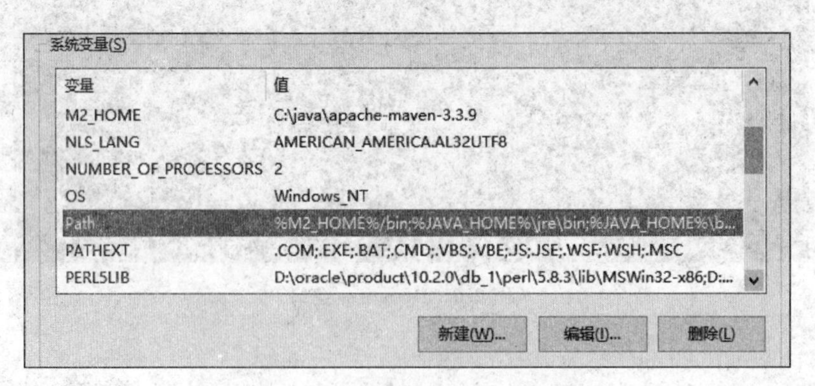

图 2-9　Maven Path 环境变量

其中，%M2_HOME%/bin 是作为 Maven 的 Path 添加的。

（3）测试安装是否成功。打开一个 CMD 窗口（一定要重新打开一个，不能使用配置环境变量之前的旧 CMD 窗口），输入“mvn -v”命令运行，出现如图 2-10 所示内容表示安装成功。

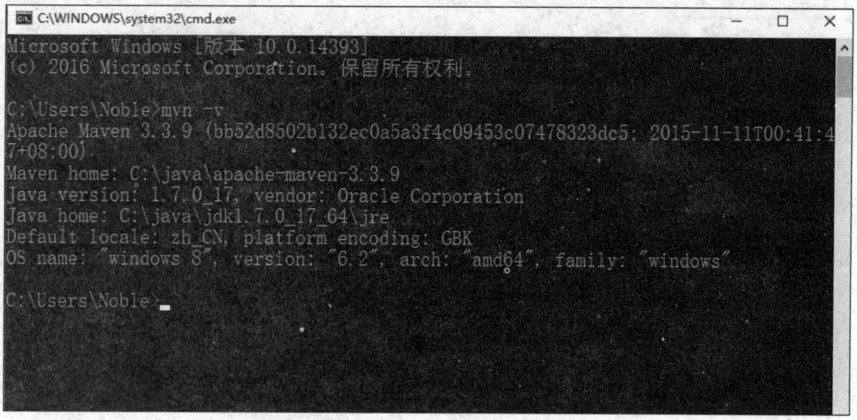

```
C:\WINDOWS\system32\cmd.exe
Microsoft Windows [版本 10.0.14393]
(c) 2016 Microsoft Corporation。保留所有权利。

C:\Users\Noble>mvn -v
Apache Maven 3.3.9 (bb52d8502b132ec0a5a3f4c09453c07478323dc5; 2015-11-11T00:41:4
7+08:00)
Maven home: C:\java\apache-maven-3.3.9
Java version: 1.7.0_17, vendor: Oracle Corporation
Java home: C:\java\jdk1.7.0_17_64\jre
Default locale: zh_CN, platform encoding: GBK
OS name: "windows 8", version: "6.2", arch: "amd64", family: "windows"

C:\Users\Noble>
```

图 2-10　Maven 安装检测

第3章

使用 Maven 开发第一个案例

前面的准备工作完成后，接下来开始正式体验 Maven：编写一个简单的代码，用 Maven 编译测试。这里用简单编辑器编写代码和配置文件，编译和测试过程统一用 Maven 命令进行。

注：后面的操作，没有特殊说明，全部要联外网操作。

3.1 创建 Maven 项目

Maven 项目同 Eclipse 或其他工具产生的项目一样，有自己的目录结构和特殊的意义。

比如一般有如下目录。

src\main\java，用来存放项目的 Java 源代码。

src\main\resources，用来存放项目相关的资源文件(比如配置文件)。

src\test\java，用来存放项目的测试 Java 源代码。

src\test\resource，用来存放运行测试代码时所依赖的资源文件。

当然，还有一个 pom.xml 文件，该文件配置 Maven 管理的所有内容。

这里可以按 Maven 的要求，自动创建目录结构，按 Maven 的要求添加项目相关的配置文件，这样确实可以实现，但是很烦琐。已经有人用代码将这些要做的事情全都封装实现了，如同在 Eclipse 中创建工程的那种图形化导向页面一样(这种效果到使用 Eclipse+Maven 的时候体现)，只要按它的步骤输入信息和命令，完成后自动产生项目架构。

这里简单介绍一下有关的命令和信息。

(1) 命令。命令很简单，就是创建项目的命令 create。

人们把要调用哪个软件的 create 命令创建项目叫插件(plugin)。创建项目的插件叫 Archetype 插件(archetype-plugin)。

(2) 信息。和项目相关的信息包括 groupId(组 Id)、artifactId(构件 Id)、packageName(包名)、version(版本)。

其实 packageName 和 version 好理解。程序员写的类，肯定要放在一个标准包下或标准包的子包下，packageName 指标准包；version 是当前代码的版本号。

这里的 groupId 和 artifactId 同部门名称和组名称一样，用来唯一确定一个项目(软件、功能)。有些地方会把这两个描述的信息合起来叫“坐标”。

用命令产生项目的方式有两种。

3.1.1 使用命令向导一步步创建项目

（1）在硬盘上创建一个空的目录，用来存放 Maven 项目，如 E:\temp\demoMaven。

（2）打开 CMD 窗口，用 cd 命令，切换到 demoMaven 目录，如图 3-1 所示。

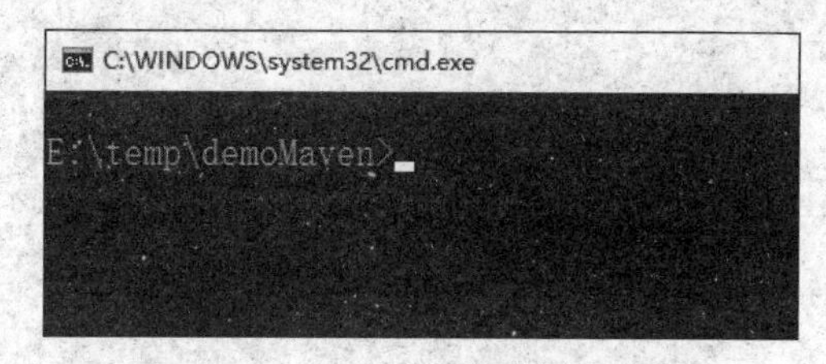

图 3-1 Maven 项目目录(1)

（3）在 CMD 窗口中输入“mvn archetype:generate”，按 Enter 键。

联网初始化一段时间后（一般不少于 5 分钟），会一步步提示输入 groupId、artifactId、version、packageName 等信息。最后创建成功，而且可以在 E:\temp\demoMaven 空目录下发现一个同 artifactId 一样的目录，这就是创建的项目目录。

3.1.2 在命令中输入所有必要信息直接创建项目

（1）在硬盘上创建一个空的目录，用来存放 Maven 项目，如 E:\temp\demoMaven。

（2）打开 CMD 窗口，用 cd 命令，切换到 demoMaven 目录，如图 3-2 所示。

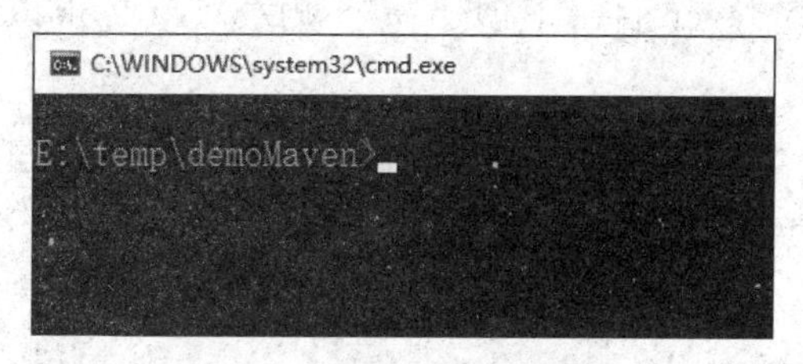

图 3-2 Maven 项目目录(2)

（3）在 CMD 窗口中输入如下命令并按 Enter 键。

```
mvn  org.apache.maven.plugins:maven-archetype-plugin:2.2:create
     -DgroupId=cn.com.mvnbook.demo
     -DartifactId=MVNBookTP01
     -DpackageName=cn.com.mvnbook.demo.tp01
```

注：

（1）org.apache.maven.plugins:maven-archetype-plugin:2.2，指使用 groupId 为 org.apache.maven.plugins，artifactId 为 maven-archetype-plugin，版本为 2.2 的 Archetype 插件。

（2）-DgroupId=cn.com.mvnbook.demo，指定要创建的工程的 groupId。

（3）-DartifactId=MVNBookTP01，指定工程的 artifactId。

(4) -DpackageName=cn. com. mvnbook. demo. tp01，指定工程代码的标准包。

Maven 执行命令的时候，会在本地寻找是否有指定版本的 Archetype 插件，如果没有，就需要联网下载。最后显示的正常状态如图 3-3 所示。

```
[INFO] --- maven-archetype-plugin:2.2:create (default-cli) @ standalone-pom ---
[WARNING] This goal is deprecated. Please use mvn archetype:generate instead
[INFO] ------------------------------------------------------------------------
---
[INFO] Using following parameters for creating project from Old (1.x) Archetype:
 maven-archetype-quickstart:RELEASE
[INFO] ------------------------------------------------------------------------
---
[INFO] Parameter: groupId, Value: cn.com.mvnbook.demo
[INFO] Parameter: packageName, Value: cn.com.mvnbook.demo.tp01
[INFO] Parameter: package, Value: cn.com.mvnbook.demo.tp01
[INFO] Parameter: artifactId, Value: MvnBookTP01
[INFO] Parameter: basedir, Value: E:\temp\demoMaven
[INFO] Parameter: version, Value: 1.0-SNAPSHOT
[INFO] project created from Old (1.x) Archetype in dir: E:\temp\demoMaven\MvnBoo
kTP01
[INFO] ------------------------------------------------------------------------
[INFO] BUILD SUCCESS
[INFO] ------------------------------------------------------------------------
[INFO] Total time: 2.911 s
[INFO] Finished at: 2016-11-08T11:29:31+08:00
[INFO] Final Memory: 13M/106M
[INFO] ------------------------------------------------------------------------

E:\temp\demoMaven>
```

图 3-3 **Maven 创建项目提示**

同时，它会在 demoMaven 目录下创建一个新的 MvnBookTP01 目录，结构如图 3-4 所示。

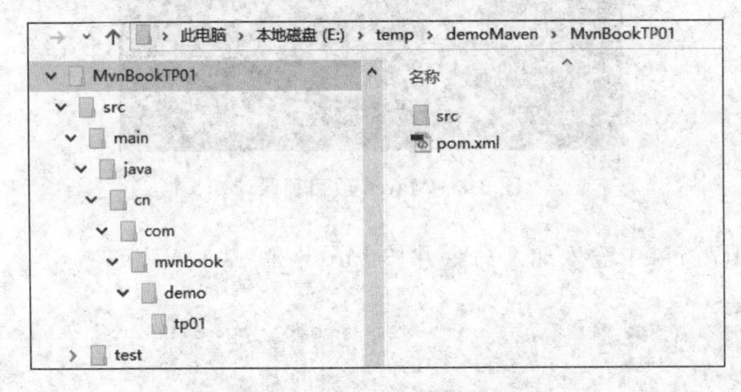

图 3-4 **简单 Maven 项目目录结构**

到这里，就可以使用 Archetype 插件创建第一个工程的架构了。

3.2 添加样例代码

为了完成体验，需要写两个代码：一个是 HelloWorld. java，放在 src\main\java 目录下；另一个是 TestHelloWorld. java，用来体现测试，放在 src\test\java 目录下。下面介绍它们的内容。

3.2.1 HelloWorld.java

```
package cn.com.mvnbook.demo.tp01;
/**
  * 这是为了研究 Maven,写的第一个 Java 代码
  * 功能很简单,输出一个 HelloWorld 的问候
  *
  * @author Noble
  * @version 1.0
**/
public class HelloWorld {
    /**
     * 输出问候
     * @param name String,说话人名称
     * @return String 格式是: xxx say HelloWorld
    **/
    public String say(String name){
        return name+" say HelloWorld";
    }
}
```

见随书代码(MvnBookTP01\src\main\java\cn\com\mvnbook\demo\tp01\HelloWorld.java)。

3.2.2 TestHelloWorld.java

```
package cn.com.mvnbook.demo.tp01;
import junit.framework.Assert;
import org.junit.After;
import org.junit.Before;
import org.junit.Test;
public class TestHelloWorld {
    private HelloWorld hello;
    @Before
    public void init(){
        hello=new HelloWorld();
    }
    @Test
        public void testSay(){
        String name="张三";
        String exp="张三"+" say HelloWorld";
        String act=hello.say(name);
```

```
        Assert.assertEquals(exp, act);
    }
    @After
    public void destory(){
        hello=null;
    }
}
```

见随书代码(MvnBookTP01\src\test\java\cn\com\mvnbook\demo\tp01\TestHelloWorld.java)。

3.3 编写 Maven 骨架文件

代码写好了,接下来要通过配置文件让 Maven 管理。这时要用到 pom.xml,即骨架文件。该文件在创建工程时会在工程目录下自动生成 pom.xml。

```
<project xmlns="http://maven.apache.org/POM/4.0.0"
  xmlns:xsi="http://www.w3.org/2001/XMLSchema-instance"
  xsi:schemaLocation="http://maven.apache.org/POM/4.0.0
http://maven.apache.org/xsd/maven-4.0.0.xsd">
<modelVersion>4.0.0</modelVersion>
<groupId>cn.com.mvnbook.demo</groupId>     (1)
<artifactId>MvnBookTP01</artifactId>       (2)
<version>1.0-SNAPSHOT</version>            (3)
<packaging>jar</packaging>                 (4)
<name>MvnBookTP01</name>
<url>http://maven.apache.org</url>
<properties>
<project.build.sourceEncoding>UTF-8</project.build.sourceEncoding>
</properties>
<dependencies>
<dependency>
    <groupId>junit</groupId>               (5)
    <artifactId>junit</artifactId>         (6)
    <version>4.7</version>                 (7)
    <scope>test</scope>                    (8)
</dependency>
</dependencies>
</project>
```

见随书代码(MvnBookTP01\pom.xml)。

注:

(1) 创建工程时指定的 groupId。

(2) 创建工程时指定的 artifactId。
(3) 当前工程的版本。
(4) 工程编译好后,打成 jar 包安装发布。
(5) 测试时需要依赖的 JUnit 的 groupId。
(6) 测试时需要依赖的 JUnit 的 artifactId。
(7) 测试时需要依赖的 JUnit 的版本。
(8) 指定测试依赖的作用范围是测试。

3.4 编译和测试

打开 CMD 窗口,将目录切换到工程目录下(MvnBookTP01),如图 3-5 所示。

图 3-5 Maven 工程目录

输入“mvn clean”,按 Enter 键清空以前编译安装过的历史结果,如图 3-6 所示。

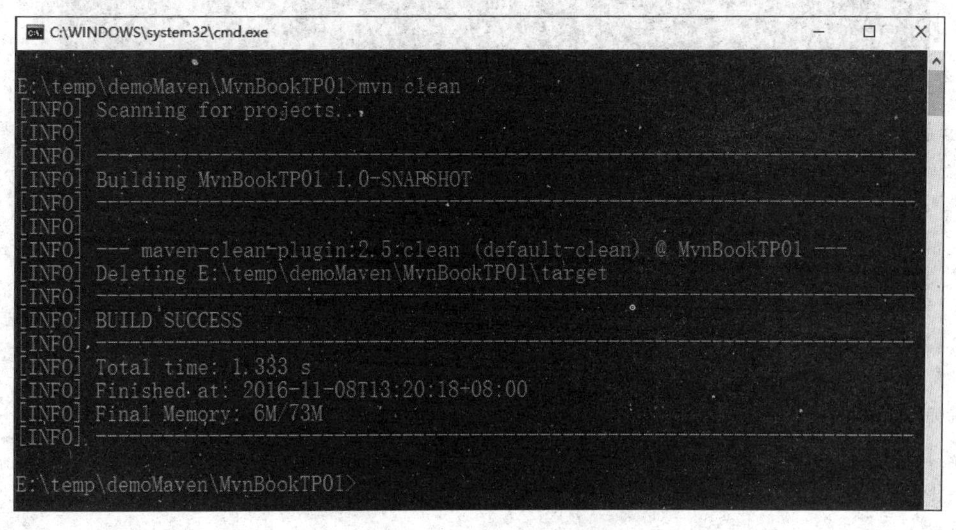

图 3-6 mvn clean 执行提示

输入“mvn compile”,按 Enter 键编译源代码,如图 3-7 所示。
输入“mvn test”,按 Enter 键运行测试案例进行测试,如图 3-8 所示。

```
E:\temp\demoMaven\MvnBookTP01>mvn compile
[INFO] Scanning for projects...
[INFO]
[INFO] ------------------------------------------------------------------------
[INFO] Building MvnBookTP01 1.0-SNAPSHOT
[INFO] ------------------------------------------------------------------------
[INFO]
[INFO] --- maven-resources-plugin:2.6:resources (default-resources) @ MvnBookTP0
1 ---
[INFO] Using 'UTF-8' encoding to copy filtered resources.
[INFO] skip non existing resourceDirectory E:\temp\demoMaven\MvnBookTP01\src\mai
n\resources
[INFO]
[INFO] --- maven-compiler-plugin:3.1:compile (default-compile) @ MvnBookTP01 ---

[INFO] Changes detected - recompiling the module!
[INFO] Compiling 2 source files to E:\temp\demoMaven\MvnBookTP01\target\classes
[INFO] ------------------------------------------------------------------------
[INFO] BUILD SUCCESS
[INFO] ------------------------------------------------------------------------
[INFO] Total time: 6.786 s
[INFO] Finished at: 2016-11-08T13:22:15+08:00
[INFO] Final Memory: 13M/108M
[INFO] ------------------------------------------------------------------------

E:\temp\demoMaven\MvnBookTP01>_
```

图 3-7　mvn compile 执行提示

```
C:\WINDOWS\system32\cmd.exe
-------------------------------------------------------
 T E S T S
-------------------------------------------------------
Running cn.com.mvnbook.demo.tp01.AppTest
Tests run: 1, Failures: 0, Errors: 0, Skipped: 0, Time elapsed: 0.094 sec
Running cn.com.mvnbook.demo.tp01.TestHelloWorld
Tests run: 1, Failures: 0, Errors: 0, Skipped: 0, Time elapsed: 0.033 sec

Results :

Tests run: 2, Failures: 0, Errors: 0, Skipped: 0

[INFO] ------------------------------------------------------------------------
[INFO] BUILD SUCCESS
[INFO] ------------------------------------------------------------------------
[INFO] Total time: 7.844 s
[INFO] Finished at: 2016-11-08T13:23:45+08:00
[INFO] Final Memory: 14M/171M
[INFO] ------------------------------------------------------------------------

E:\temp\demoMaven\MvnBookTP01>
```

图 3-8　mvn test 执行提示

输入“mvn install”，按 Enter 键，将当前代码打成 jar 包，安装到 Maven 的本地管理目录下，其他 Maven 工程只要指定坐标就可以使用，如图 3-9 所示。

其中，[INFO] Installing ...指定了当前的 Maven 本地构件保存的目录。

```
C:\java\servers\apache-archiva-2.2.1\repositories\internal
```

到现在为止，编码的操作就完成了，包括工程的创建、源代码的编写、单元测试代码的编写、代码的编译、测试案例的运行以及最后的打包。

```
C:\WINDOWS\system32\cmd.exe
Tests run: 2, Failures: 0, Errors: 0, Skipped: 0

[INFO]
[INFO] --- maven-jar-plugin:2.4:jar (default-jar) @ MvnBookTP01 ---
[INFO] Building jar: E:\temp\demoMaven\MvnBookTP01\target\MvnBookTP01-1.0-SNAPSH
OT.jar
[INFO]
[INFO] --- maven-install-plugin:2.4:install (default-install) @ MvnBookTP01 ---
[INFO] Installing E:\temp\demoMaven\MvnBookTP01\target\MvnBookTP01-1.0-SNAPSHOT.
jar to C:\java\servers\apache-archiva-2.2.1\repositories\internal\cn\com\mvnbook
\demo\MvnBookTP01\1.0-SNAPSHOT\MvnBookTP01-1.0-SNAPSHOT.jar
[INFO] Installing E:\temp\demoMaven\MvnBookTP01\pom.xml to C:\java\servers\apach
e-archiva-2.2.1\repositories\internal\cn\com\mvnbook\demo\MvnBookTP01\1.0-SNAPSH
OT\MvnBookTP01-1.0-SNAPSHOT.pom
[INFO] ------------------------------------------------------------------------
[INFO] BUILD SUCCESS
[INFO] ------------------------------------------------------------------------
[INFO] Total time: 7.853 s
[INFO] Finished at: 2016-11-08T13:26:14+08:00
[INFO] Final Memory: 12M/169M
[INFO] ------------------------------------------------------------------------

E:\temp\demoMaven\MvnBookTP01>
```

图 3-9　mvn install 执行提示

3.5　生成站点和报告文档

前面已经完成了一个项目的基本管理过程，接下来介绍生成相关文档。

3.5.1　生成站点信息

在 3.4 节用到的 CMD 窗口输入“mvn site”命令，就会自动生成站点信息，如图 3-10 所示。

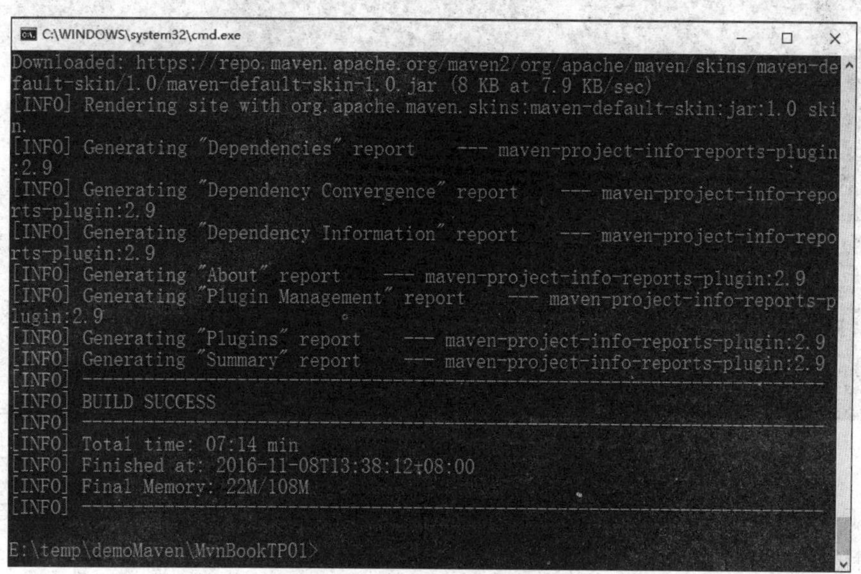

```
C:\WINDOWS\system32\cmd.exe
Downloaded: https://repo.maven.apache.org/maven2/org/apache/maven/skins/maven-de
fault-skin/1.0/maven-default-skin-1.0.jar (8 KB at 7.9 KB/sec)
[INFO] Rendering site with org.apache.maven.skins:maven-default-skin:jar:1.0 ski
n.
[INFO] Generating "Dependencies" report    --- maven-project-info-reports-plugin
:2.9
[INFO] Generating "Dependency Convergence" report    --- maven-project-info-repo
rts-plugin:2.9
[INFO] Generating "Dependency Information" report    --- maven-project-info-repo
rts-plugin:2.9
[INFO] Generating "About" report    --- maven-project-info-reports-plugin:2.9
[INFO] Generating "Plugin Management" report    --- maven-project-info-reports-p
lugin:2.9
[INFO] Generating "Plugins" report    --- maven-project-info-reports-plugin:2.9
[INFO] Generating "Summary" report    --- maven-project-info-reports-plugin:2.9
[INFO] ------------------------------------------------------------------------
[INFO] BUILD SUCCESS
[INFO] ------------------------------------------------------------------------
[INFO] Total time: 07:14 min
[INFO] Finished at: 2016-11-08T13:38:12+08:00
[INFO] Final Memory: 22M/108M
[INFO] ------------------------------------------------------------------------

E:\temp\demoMaven\MvnBookTP01>
```

图 3-10　mvn site 执行提示

执行完成后，查看一下工程目录下的 target 目录，里面自动添加了一个 site 目录，都是站点信息页面。打开其中的 index. html，见随书代码（MvnBookTP01\target\site\index. html），就可以看到如图 3-11 所示类似的页面，里面描述的就是项目相关的信息。

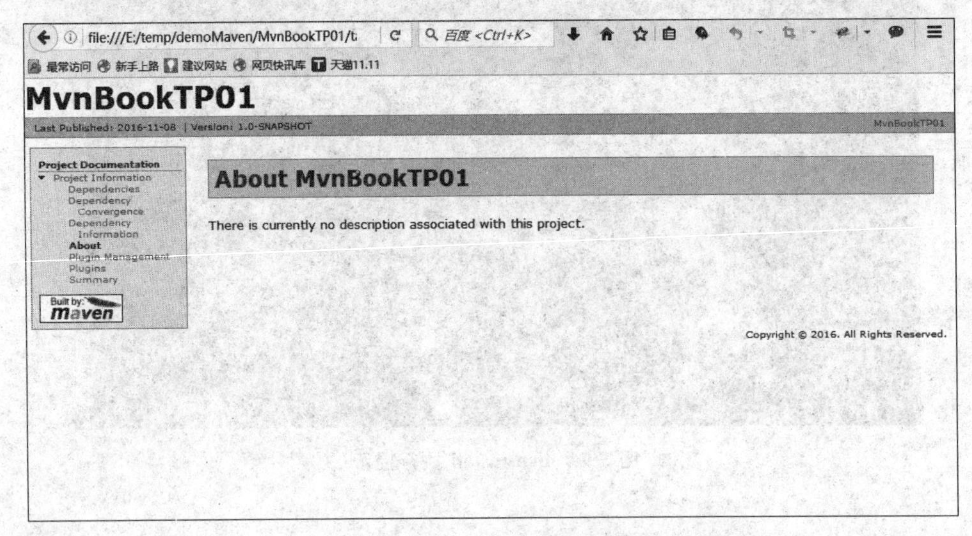

图 3-11　Maven 生成的站点页面

3.5.2　生成 API Doc 文档

打开 CMD 窗口，切换到工程目录，输入“mvn javadoc:javadoc”，按 Enter 键，自动生成 API Doc 文档，如图 3-12 所示。

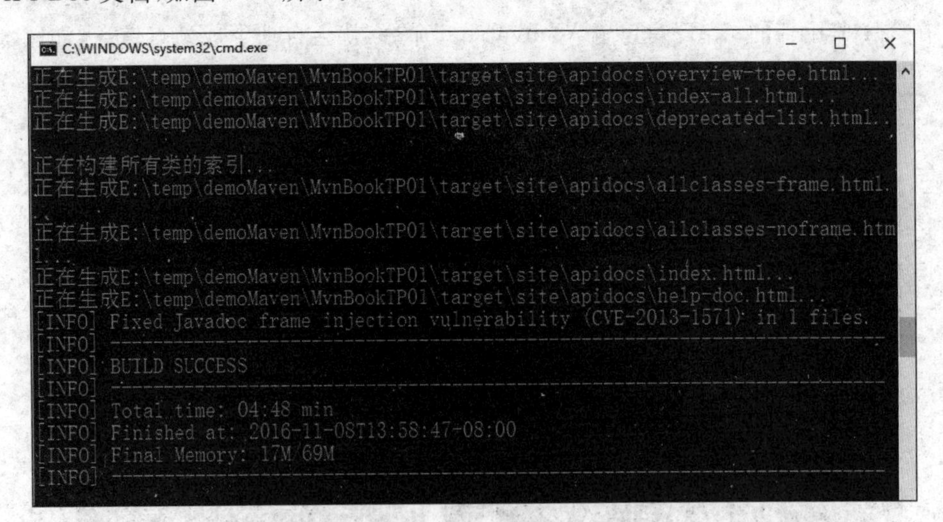

图 3-12　mvn javadoc：javadoc 执行提示

在工程中自动产生 target\site\apidocs 目录，里面就是当前工程中代码的 API Doc 文档。打开 index. html，见随书代码（MvnBookTP01\target\site\index. html）。页面如图 3-13 所示。

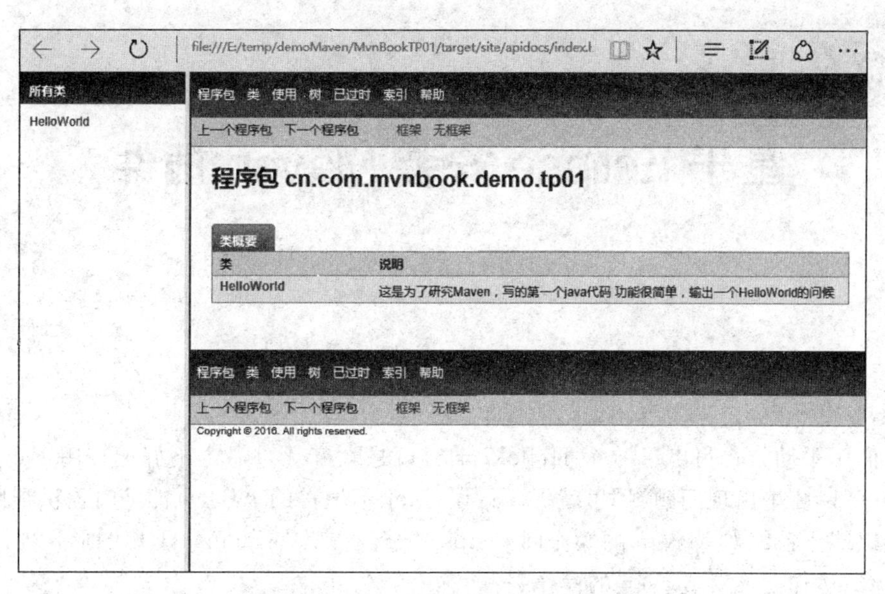

图 3-13 Maven 生成的 API Doc 页面

第4章 基于 Eclipse 安装 Maven 插件

4.1 搭建 Eclipse+M2Eclipse 的必要性

前面用手动方式写出了一个 HelloWorld,可是太麻烦。命令不好记。用 Eclipse 编代码多好呀,哪里出现问题,哪里就提示错误;对于不记得的 API,也能随时提供帮助。

所以能不能将对 Maven 的操作同 Eclipse 结合起来,在 Eclipse 上用图形化界面和菜单式命令,协作完成对 Maven 的操作呢?

有需求就有市场,有市场就有人解决,而且 Eclipse 本身就是一个开源工具,能很好地集成第三方的插件。

有了这些前提,M2Eclipse 就出来了!

4.2 安装配置 M2Eclipse 插件

下载 Eclipse,建议下载开发 Java EE 版本的 Eclipse IDE,因为后面最终要开发 Web 应用,下载链接为 http://www.eclipse.org/downloads/packages/eclipse-ide-java-ee-developers/mars2。

打开页面,如图 4-1 所示。

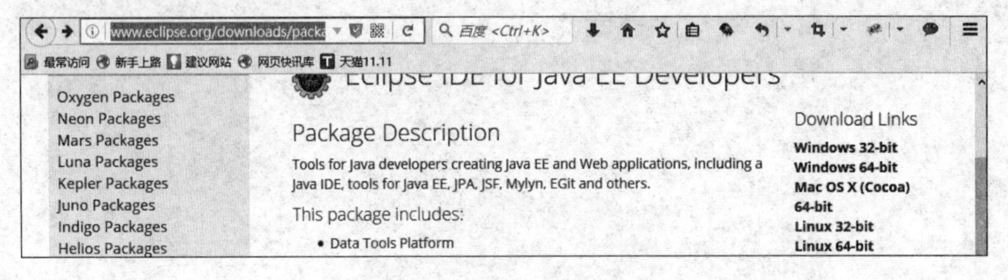

图 4-1 Eclipse 下载页面

结合整个环境,这里下载的是 Windows 64-bit(注意是 Mars Packages 的),eclipse-jee-mars-2-win32-x86_64.zip。

使用解压工具解压 eclipse-jee-mars-2-win32-x86_64.zip 文件,运行 eclipse.exe 文件,启动 Eclipse,如图 4-2 所示。

单击菜单栏中的 Window→Preferences 选项,打开 Preferences 窗口,如图 4-3 所示。

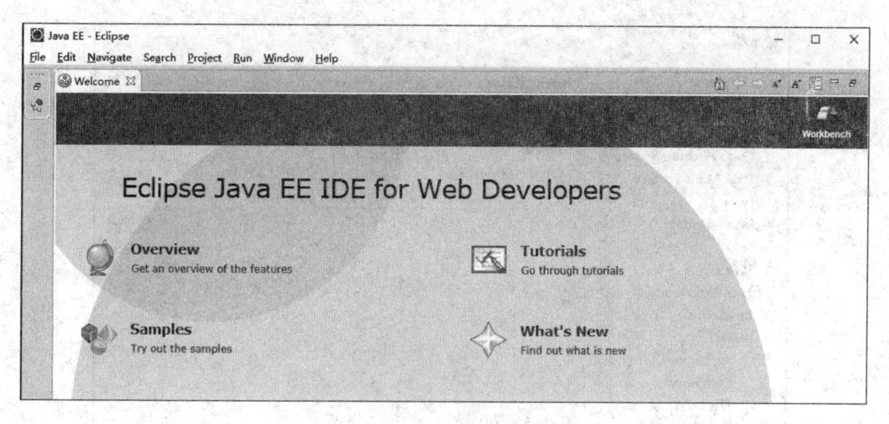

图 4-2 Eclipse 启动界面

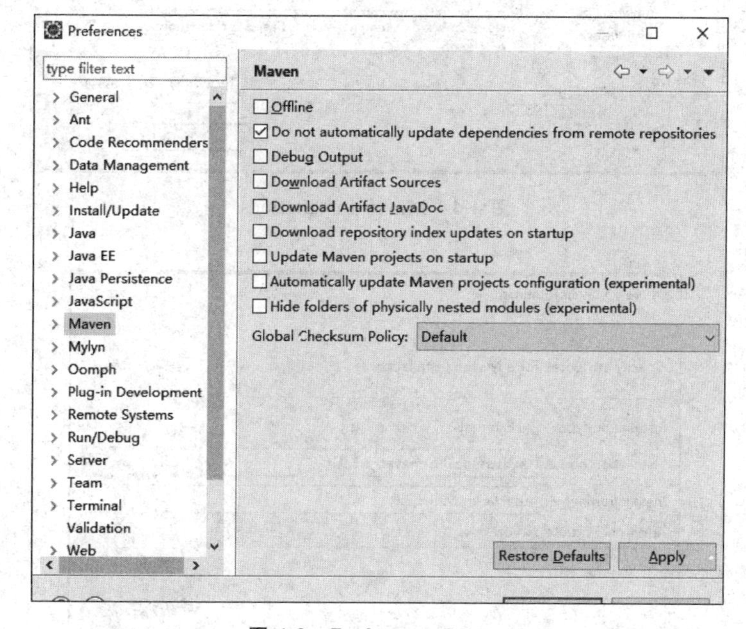

图 4-3 Preferences-Maven

该版本的 Eclipse 里内置了 Maven，也就是 M2Eclipse 插件，就没必要再下载 M2Eclipse 插件，只要进行配置就可以使用 Maven 了。

展开 Maven 选项，选中其中的 Installations，显示如图 4-4 所示。

右边显示的是当前 Eclipse 内置的 Maven。为了整合前面安装的最新 Maven，继续下面的步骤。

单击图 4-4 右边的 Add 按钮，弹出 New Maven Runtime 窗口，选择安装的 Maven，如图 4-5 所示。

在 Installation home 后面选择以前安装的 Maven 目录，单击 Finish 按钮，回到 Preferences 窗口，并且选中刚添加的 Maven。保险起见，单击 Preferences 窗口中的 Apply 按钮，保存刚才的操作。

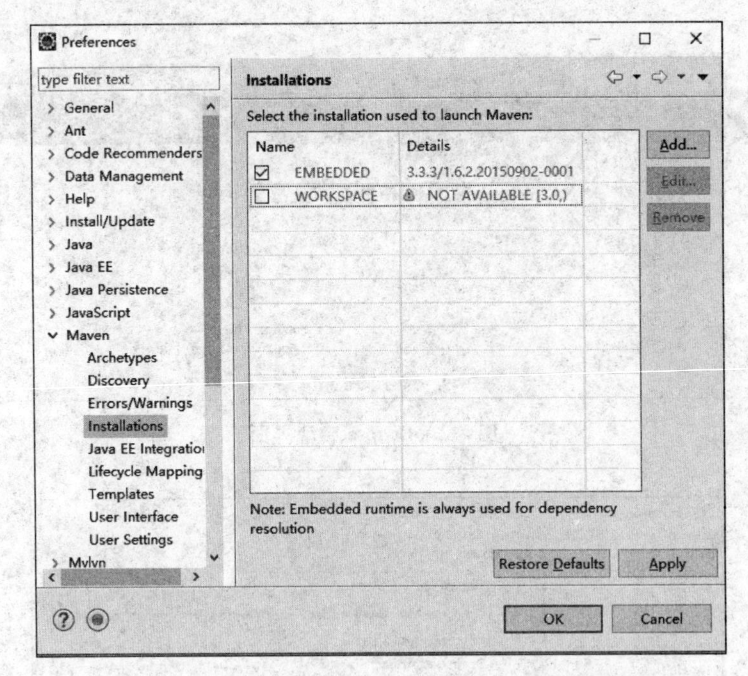

图 4-4　Maven-Installations

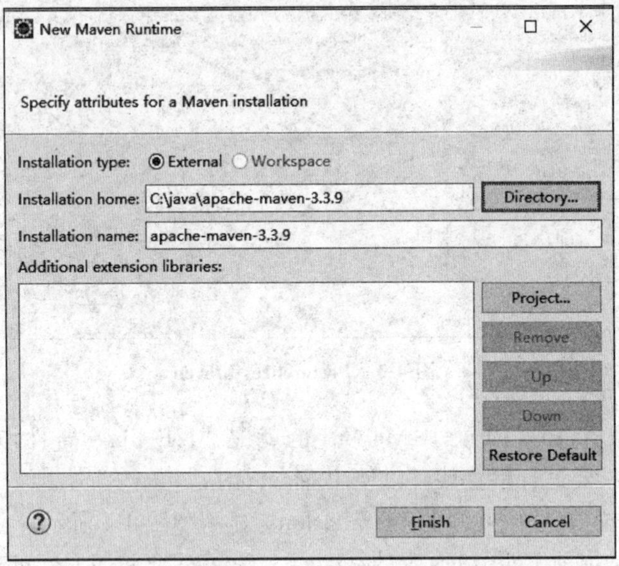

图 4-5　设置 Maven 安装 Home 目录

选中 Preferences 中 Maven 里面的 User Settings，如图 4-6 所示。

在 Global Settings 框中选择 settings. xml。在 User Settings 框中选择登录用户目录下的 settings. xml。一般会默认显示，如果不正常，请手动选择。

单击 OK 按钮完成设置。

单击菜单中的 File→Import 选项，打开 Import 窗口，如图 4-7 所示。

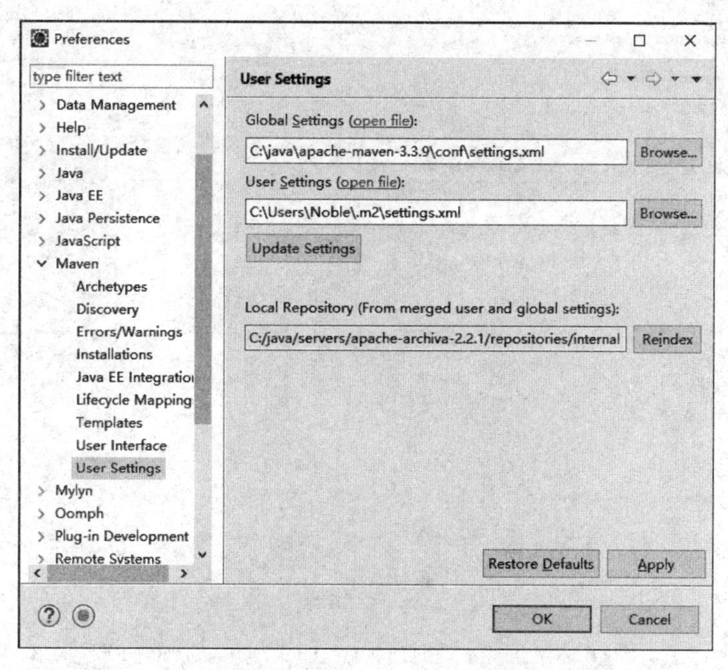

图 4-6　设置 Maven 用户环境

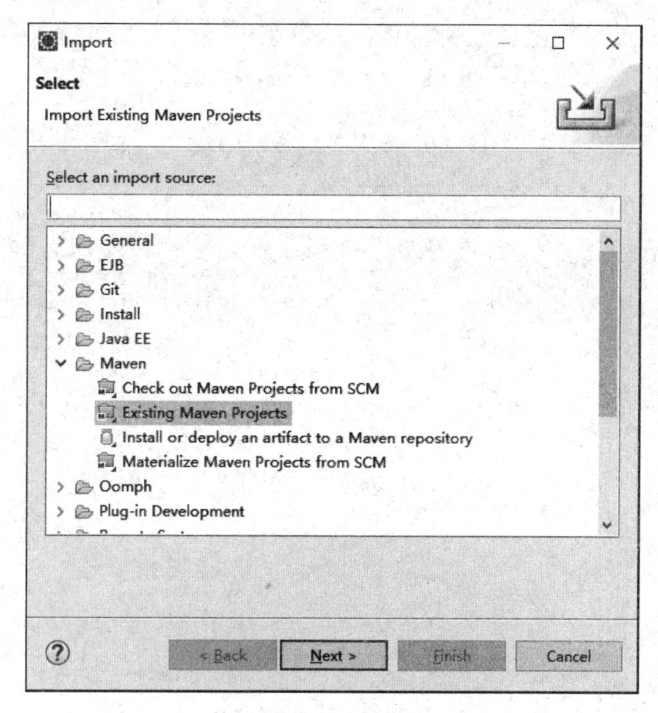

图 4-7　导入 Maven 项目开始界面

选择图 4-7 里面的 Maven→Existing Maven Projects 命令，单击 Next 按钮，在弹出的 Import Maven Projects 窗口中，选中前面创建的 Maven 工程目录，如图 4-8 所示。

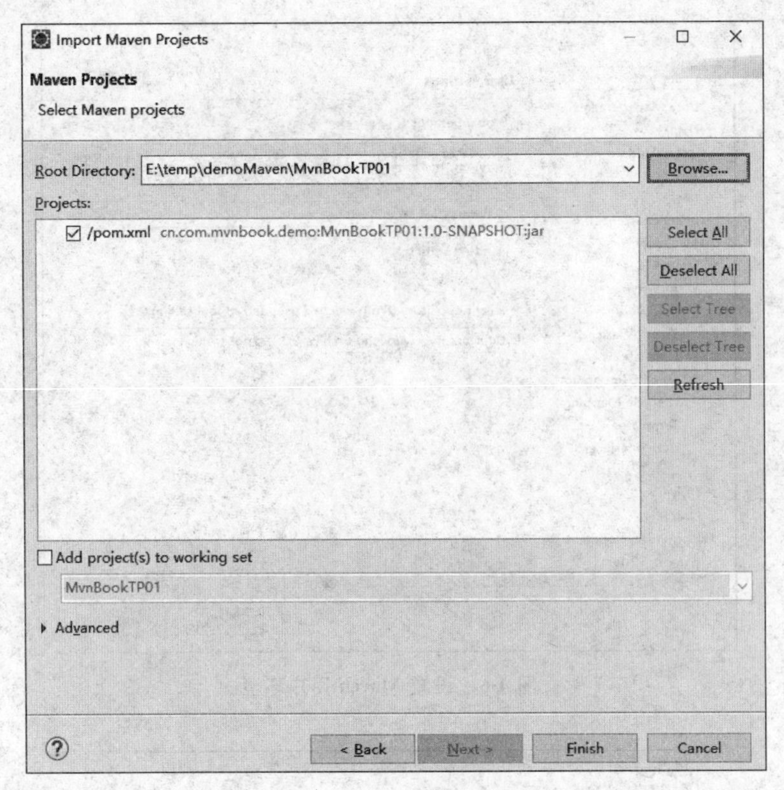

图 4-8　选择导入 Maven 工程

单击 Finish 按钮,就可以在 Eclipse 中看到 Maven 工程,如图 4-9 所示。

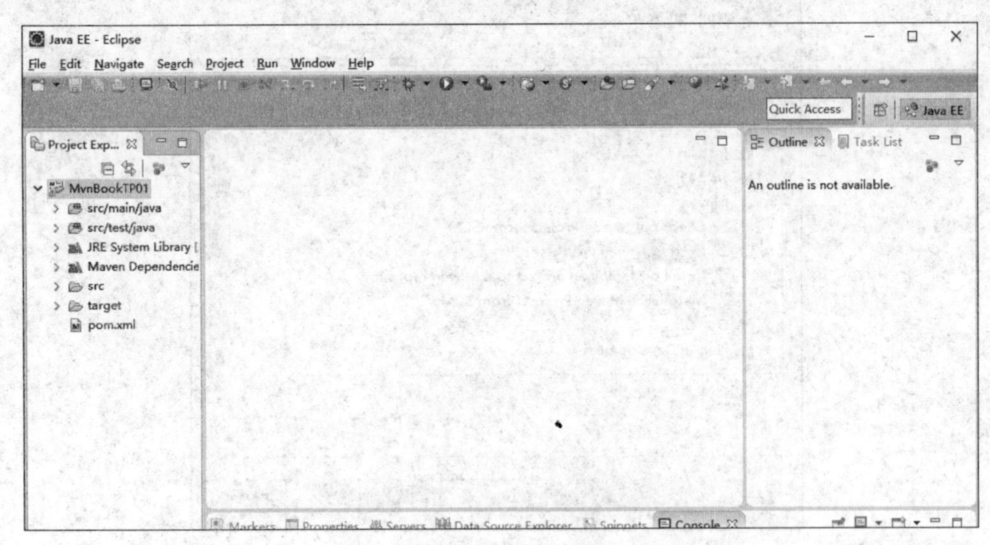

图 4-9　Eclipse 中 Maven 工程目录

在 Eclipse 的工程中右击,选择 Run As→Maven test 命令,就可以完成 mvn test 命令编写的运行测试代码,在 Eclipse 的 Console 窗口中可以看到结果,如图 4-10 所示。

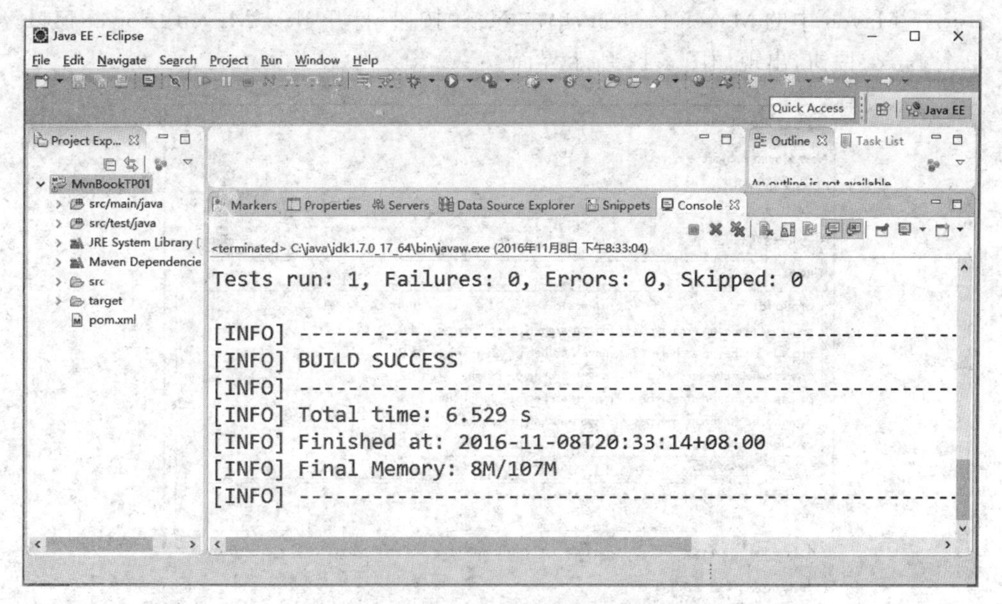

图 4-10 运行 Maven test 提示

4.3 创建 Maven 项目

选择 Eclipse 中的 File→New→Others 命令，或单击 File 菜单下的快捷图标，打开 New 窗口，如图 4-11 所示。

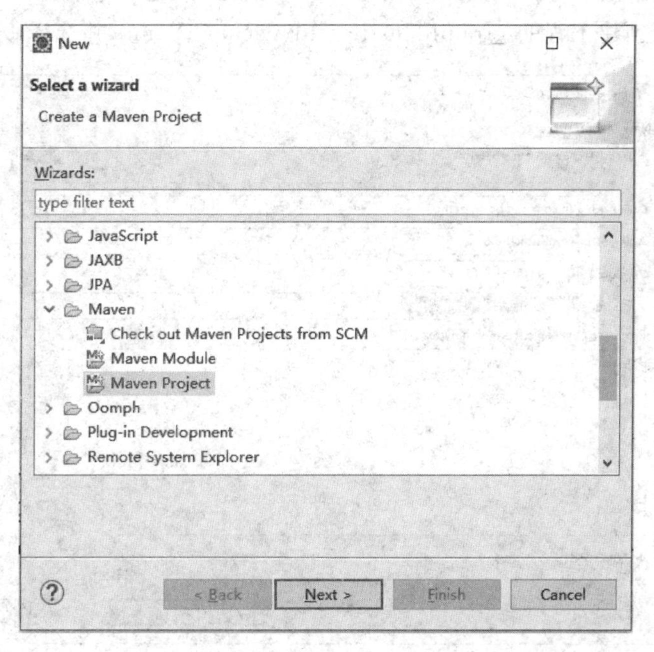

图 4-11 选择创建 Maven 工程

选择 Maven 中的 Maven Project，单击 Next 按钮，打开 New Maven Project 窗口，继续单击 Next 按钮，出现如图 4-12 所示界面。

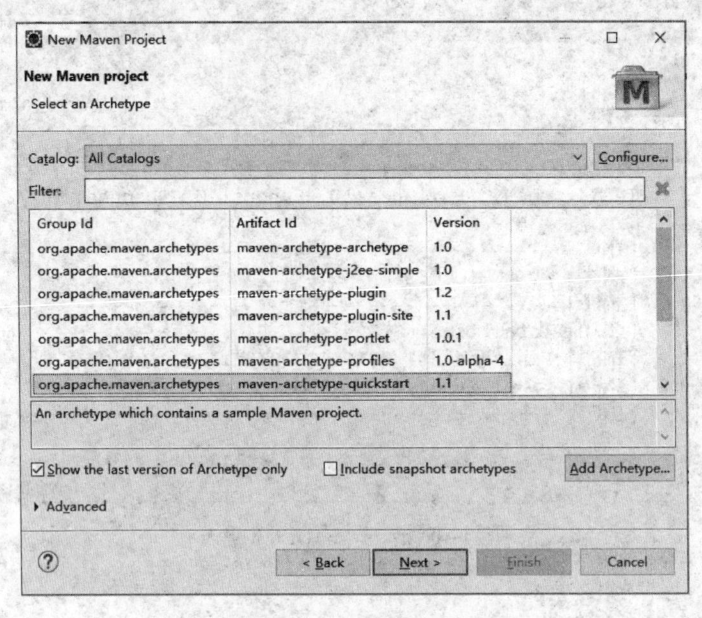

图 4-12　选择 Archetype

列表中显示的是当前常用的 Archetype 插件的 groupId、artifactId 和版本号。Archetype 插件是用来创建工程的。

选择 1.1 版本的 quickstart 插件，单击 Next 按钮，出现下一个窗口，如图 4-13 所示。在窗口中输入新创建工程的 groupId、artifactId、packageName，并选择版本。

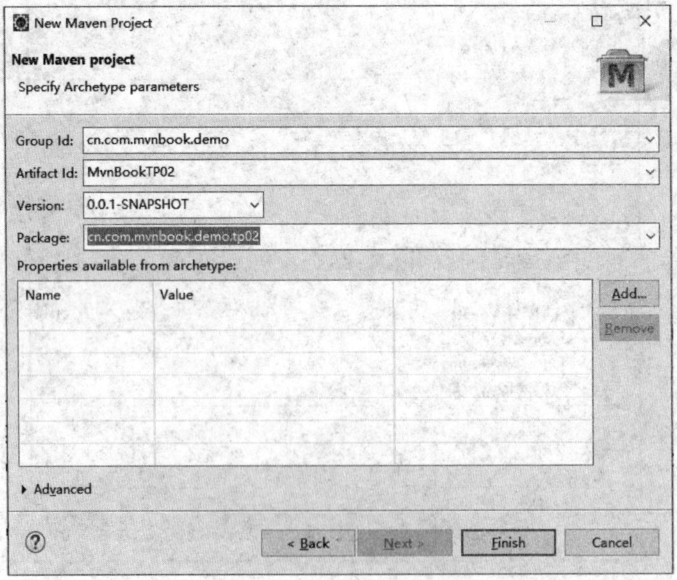

图 4-13　Maven 工程坐标

单击 Finish 按钮，创建一个新的 Maven 项目，如图 4-14 所示。

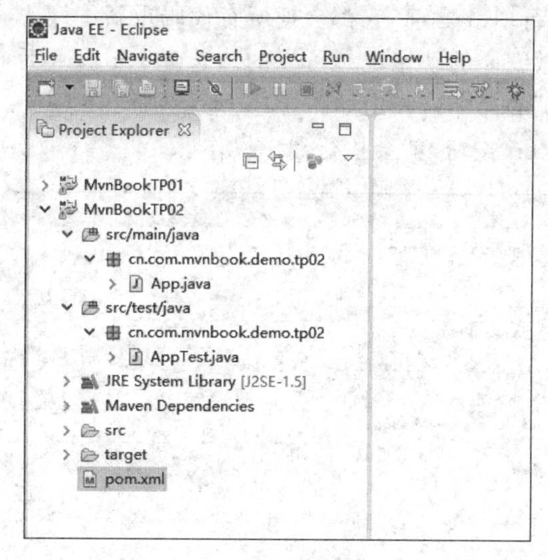

图 4-14　新建 Maven 结构

这样就可以分别在 src/main/java 中和 src/test/java 中添加自己的 Java 源代码和测试代码了。

这里直接将上次手动编写的 HelloWorld.java 和 TestHelloWorld.java 复制过来，同时把 pom.xml 中 JUnit 的版本改成 4.7(默认生成的是 3.8.1)。

到现在为止，这里用 Eclipse＋M2Eclipse 插件完成了 Maven 项目的创建和相关代码的编写工作。

4.4　构建 Maven 项目

现在工程创建好，相关的代码也写好了，接下来就是程序员的惯例：清理旧操作、编译源代码、运行测试案例、打包安装。

以前的操作是用 mvn clean→compile→test→install 命令实现的，现在在 Eclipse 中，单击命令选项就行。

右击左边的"工程"，选择 Run As→Maven clean→test→install 命令，如图 4-15 所示，就可以完成该工程清理、测试和打包安装工作。

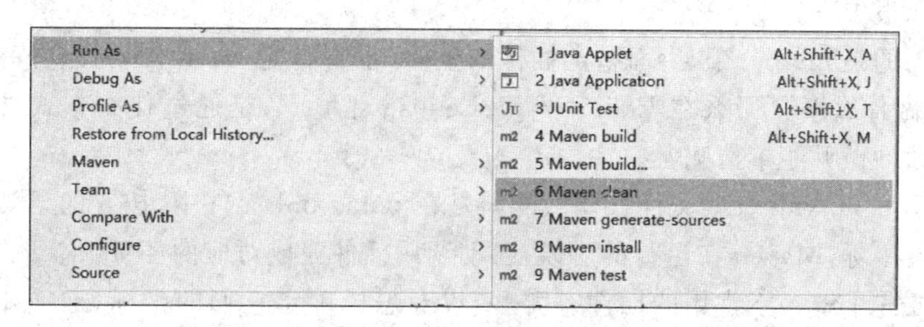

图 4-15　基于 M2Eclipse 构建 Maven 项目

当然，这里面缺少一个编译(compile)的选项，不过这也是正常的。Eclipse一般都是自动编译的，而且在运行test之前，它都会把所有代码重新编译一遍。

如果一定要明确做编译的动作也是可以的。选择Run As后面的Maven build...命令(注意，是后面带"..."的命令)，弹出如图4-16所示界面，在Goals后面的输入框中输入"compile"命令，单击Run按钮，就会执行编译操作。

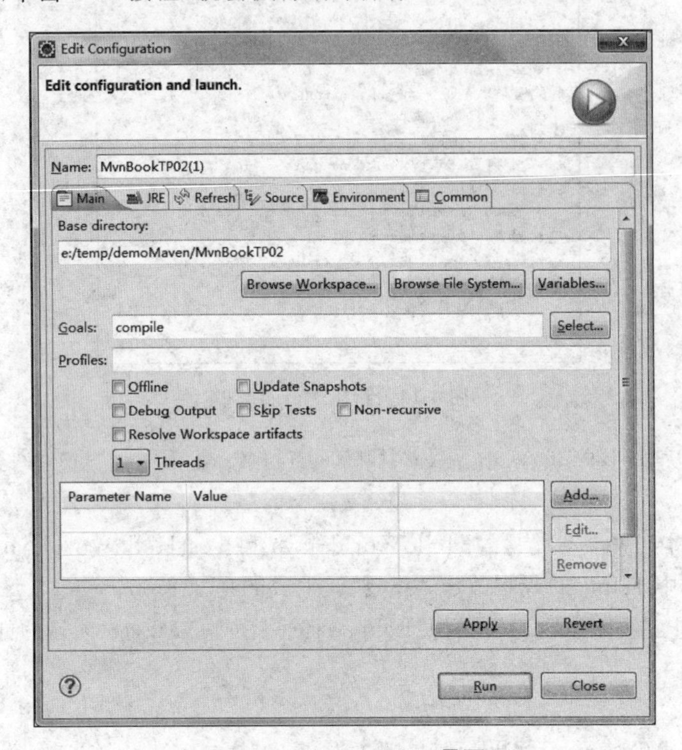

图4-16 Maven build...界面

到现在为止，项目构建相关的动作都做完了。这比以前手动使用mvn命令方便了很多。

4.5 基于M2Eclipse完成所有工作

前面介绍了基于Eclipse+M2Eclipse完成工程的基本构建，接下来介绍怎样生成相关的文档和报告。

之前用的是mvn命令，后面指定插件的坐标(没有自定，mvn自动找仓库中最新的)告知mvn做什么事。那么在Eclipse+M2Eclipse环境下，是通过什么方式告诉Maven使用哪些插件做哪些事情呢？

靠的是pom.xml骨架文件。要做的就是在pom.xml文件中，按它的语法要求指定相关的插件坐标，Maven在运行的时候，自动调用插件完成对应的任务。

这里要先了解一下常用的插件有哪些，以及怎样确定它们的坐标，这样才好在pom.xml中描述，如表4-1所示。

表 4-1　常用的插件

插件名称	用　途	来　源
maven-clean-plugin	清理项目	Apache
maven-compile-plugin	编译项目	Apache
maven-deploy-plugin	发布项目	Apache
maven-site-plugin	生成站点	Apache
maven-surefire-plugin	运行测试	Apache
maven-jar-plugin	构建 jar 项目	Apache
maven-javadoc-plugin	生成 javadoc 文件	Apache
maven-surefire-report-plugin	生成测试报告	Apache

接下来在工程里面体验运行测试、生成 javadoc、生成站点和测试报告插件的使用。

4.5.1　运行测试

在 Maven Repository(仓库)中找到 surefire 插件的坐标。

用浏览器打开 http://mvnrepository. com/，在 Search 输入框中输入"surefire-plugin"，单击 Search 按钮，如图 4-17 所示。

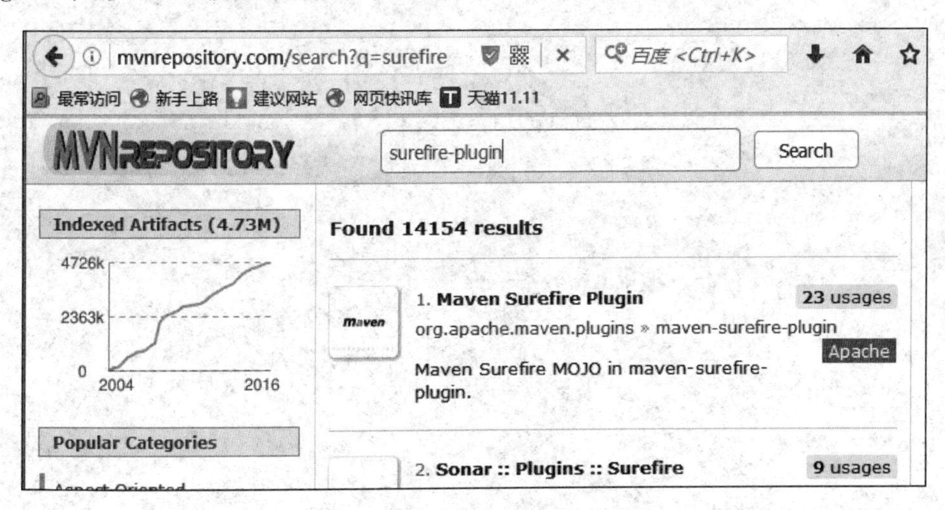

图 4-17　中央仓库查询 surefire 插件

单击 maven-surefire-plugin，查看它的所有版本信息。单击想使用的版本(这里使用 2.19.1)，会显示该版本的 groupId、artifactId 等坐标信息，如图 4-18 所示。

在 pom. xml 中添加 surefire 插件描述。

在 Eclipse 中打开 pom. xml 文件，在 pom. xml 后面添加一个 build 标签，里面添加 surefire 插件的描述信息，具体内容如下所示，被粗体显示的为新添加的内容。

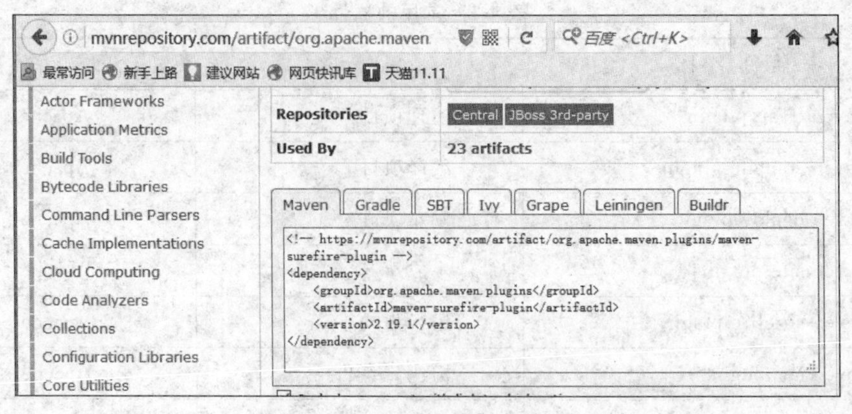

图 4-18 surefire 插件的坐标页面

```
<project xmlns="http://maven.apache.org/POM/4.0.0" xmlns:xsi="http://www.
w3.org/2001/XMLSchema-instance"
    xsi:schemaLocation="http://maven.apache.org/POM/4.0.0
                        http://maven.apache.org/xsd/maven-4.0.0.xsd">
    <modelVersion>4.0.0</modelVersion>
    <groupId>cn.com.mvnbook.demo</groupId>
    <artifactId>MvnBookTP02</artifactId>
    <version>0.0.1-SNAPSHOT</version>
    <packaging>jar</packaging>
    <name>MvnBookTP02</name>
    <url>http://maven.apache.org</url>
    <properties>
        <project.build.sourceEncoding>UTF-8</project.build.sourceEncoding>
    </properties>
    <dependencies>
        <dependency>
            <groupId>junit</groupId>
            <artifactId>junit</artifactId>
            <version>4.7</version>
            <scope>test</scope>
        </dependency>
    </dependencies>
    <build>
        <plugins>
            <plugin>
                <groupId>org.apache.maven.plugins</groupId>
                <artifactId>maven-surefire-plugin</artifactId>
                <version>2.19.1</version>
                <configuration>
                    <!--设置包含的测试类 -->
                    <includes>
                        <include>******</include>
                    </includes>
```

```
                    <!--设置不进行测试类 -->
                    <excludes>
                        <exclude>Test * </exclude>
                    </excludes>
                    <!--跳过测试阶段,测试类写得有问题也会出错,一般不推荐 -->
                    <!--<skip>true</skip>-->
                </configuration>
            </plugin>
        </plugins>
    </build>
</project>
```

见随书代码(MvnBookTP02\pom.xml)。

上面内容中被粗体显示的就是 surefire-plugin 的描述。具体的描述方式和说明上面有注释。

启动 Maven,运行 test。

右击“工程”,选择 Run As→Maven test 命令,Maven 会自动启动插件进行编译和测试。如果是第一次运行测试,在控制台会发现如下下载信息,说明 Maven 将用到之前配置的 surefire-plugin 运行测试。

```
[INFO] ---maven-surefire-plugin:2.19.1:test (default-test) @MvnBookTP02 ---
[INFO] Downloading: https://repo.maven.apache.org/maven2/org/apache/maven/
surefire/maven-surefire-common/2.19.1/maven-surefire-common-2.19.1.pom
```

4.5.2　生成 javadoc API 帮助文档

查找合适版本的坐标。

在 mvnrepository.com 中,类似查找 surefire-plugin 的方式,输入“javadoc-plugin”查询,找到自己需要的版本坐标信息。

将 javadoc-plugin 添加到 pom.xml。

在 pom.xml 的 plugins 标签之间添加如下内容。

```
<!--项目 API Doc 报告 -->
            <plugin>
                <groupId>org.apache.maven.plugins</groupId>
                <artifactId>maven-javadoc-plugin</artifactId>
                <version>2.7</version>
                <configuration>
                    <aggregate>true</aggregate>
                </configuration>
                <executions>
                <execution>
                <id>attach-javadocs</id>
```

```
            <goals>
                <goal>jar</goal>
            </goals>
            <!--执行 maven test 的时候运行插件-->
            <phase>test</phase>
            </execution>
            </executions>
        </plugin>
```

这里面除了 javadoc-plugin 的坐标信息外，还有其他配置信息。中间被粗体显示的信息的意思是：当选择 Run As→Maven test 命令时，执行 javadoc 插件，生成 doc 帮助文档。

运行 javadoc-plugin 插件，查看 doc ap 文档。

右击“工程”，选择 Run As→Maven test 命令，Maven 会自动调用插件生成 API 文档。在工程的 target 目录下会自动产生一个 apidocs 目录，里面就是生成的 API 文档。

前面介绍了 2 个插件的坐标查找和配置方法，接下来是生成站点和测试报告。

4.5.3 生成站点

```
<!--构建项目站点报告插件 -->
            <plugin>
                <groupId>org.apache.maven.plugins</groupId>
                <artifactId>maven-site-plugin</artifactId>
                <version>3.0-beta-3</version>
                <configuration>
                    <!--配置站点国际化 -->
                    <locales>zh_CN</locales>
                    <!--输出编码 -->
                    <outputEncoding>GBK</outputEncoding>
                </configuration>
            </plugin>
```

4.5.4 测试报告

```
<!--单元测试报告 html -->
<plugin>
    <groupId>org.apache.maven.plugins</groupId>
    <artifactId>maven-surefire-report-plugin</artifactId>
    <version>2.12.2</version>
    <configuration>
        <showSuccess>true</showSuccess>
    </configuration>
    <executions>
        <execution>
```

```
            <id>test-report</id>
            <phase>test</phase>
        </execution>
    </executions>
</plugin>

<!--测试覆盖率的报告 -->
<plugin>
    <groupId>org.codehaus.mojo</groupId>
    <artifactId>cobertura-maven-plugin</artifactId>
    <version>2.5.1</version>
    <configuration>
        <formats>
            <format>html</format>
            <format>xml</format>
        </formats>
    </configuration>
    <executions>
        <execution>
            <id>cobertura-report</id>
            <goals>
                <goal>cobertura</goal>
            </goals>
            <phase>test</phase>
        </execution>
    </executions>
</plugin>
```

第5章 基于Maven开发Web应用

前面的内容讲述了如何在Eclipse环境下，结合M2Eclipse创建、编译、测试、打包、安装一个基本的Java项目，当然还包括几个常用文档的生成。但是，目前的Java程序员最常要面对的是Java Web应用。所以本章的主要内容针对的是最基本的JSP/Servlet Web应用。

5.1 开发Web应用的思路

一切还是以实际案例进行，不过分两步。

第1步，实现一个简单的JSP/Servlet。

(1) 搭建创建Web应用工程的环境。

(2) 创建Web应用工程。

(3) Web应用工程的目录结构。

(4) 结合Web服务器，发布Web应用。

(5) 体验Web应用的开发和发布测试过程。

第2步，实现经典的MVC版本的用户CRUD。

(1) 熟练第1步中的几个方面。

(2) 结合典型的业务逻辑，实现CRUD。

5.2 实现Web版HelloWorld

5.2.1 安装配置Web应用的Archetype Catalog

按照前面创建普通Java工程的步骤。

选择File→New→Others命令。

选择Create Maven Project命令，单击“下一步”按钮。

选中创建Web应用工程的Archetype，如图5-1所示。

如果没有同图中一样的选项，可以选择其他类似的，创建Web应用的都可以，比如maven-archetype-webapp也可以。当然，也可以选择从网上找到坐标后的Archetype插件，再安装进去。

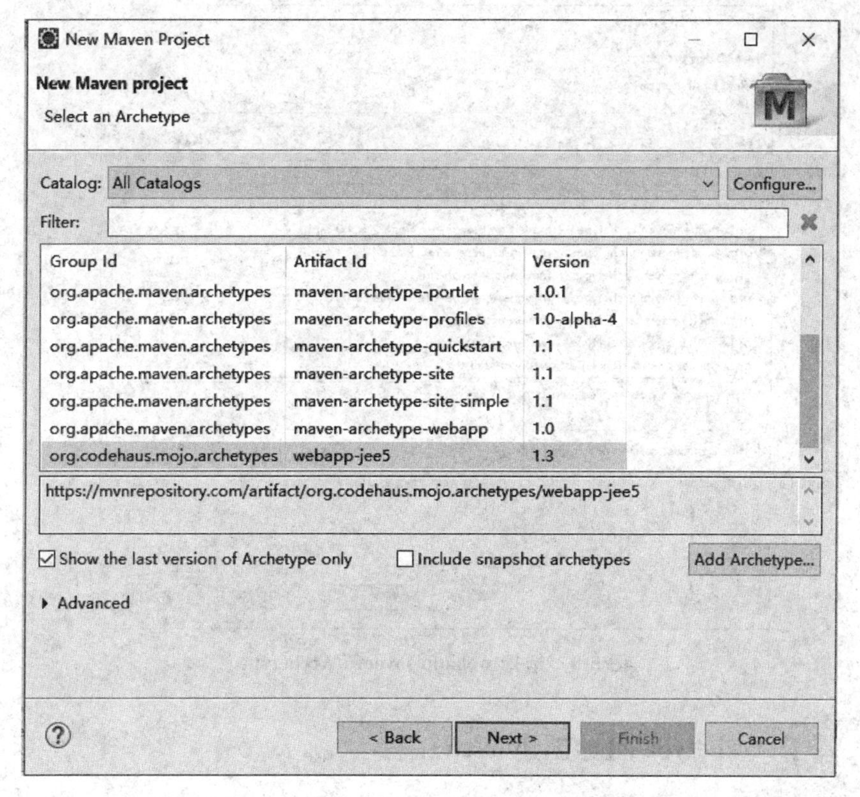

图 5-1 选择 Web Archetype

怎么安装新的 Archetype 呢？单击图中的 Add Archetype...按钮，在出现的窗口中输入在网上找到的插件坐标信息，如图 5-2 所示。

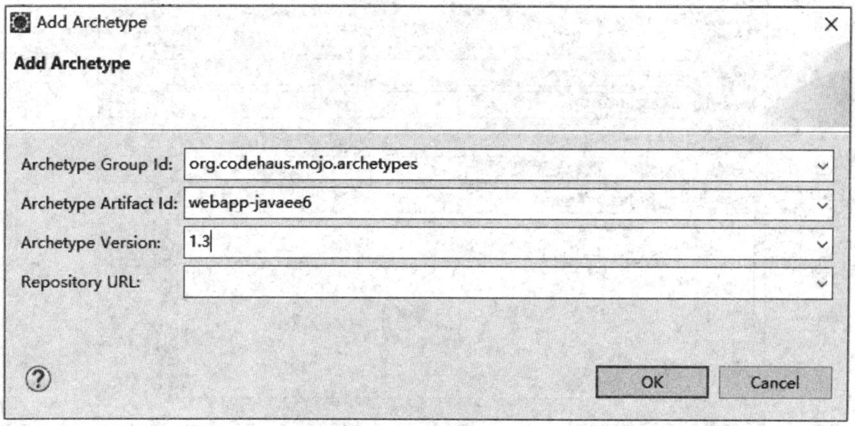

Add Archetype

Add Archetype

Archetype Group Id: org.codehaus.mojo.archetypes

Archetype Artifact Id: webapp-javaee6

Archetype Version: 1.3

Repository URL:

OK Cancel

图 5-2 添加 Archetype

单击 OK 按钮，Eclipse 会自动下载该构件。重新打开创建工程的向导页面，就可以发现新增了刚刚添加的 Archetype 插件，如图 5-3 所示。

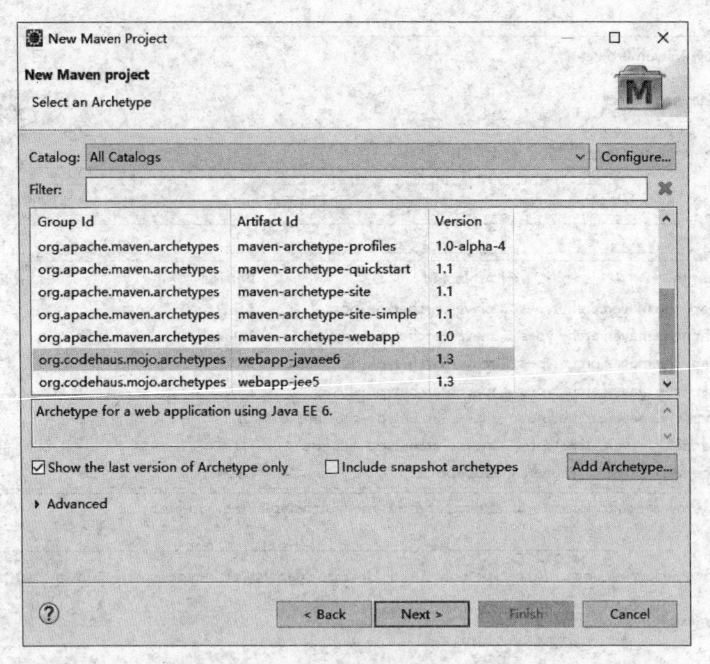

图 5-3　选择 webapp-javaee6 Archetype

5.2.2　基于 Archetype 向导创建 Web 工程

继续上节的创建工程的向导页面，选中 jee5。在下一个界面中输入新创建的 Web 工程的坐标信息和包名，如图 5-4 所示。

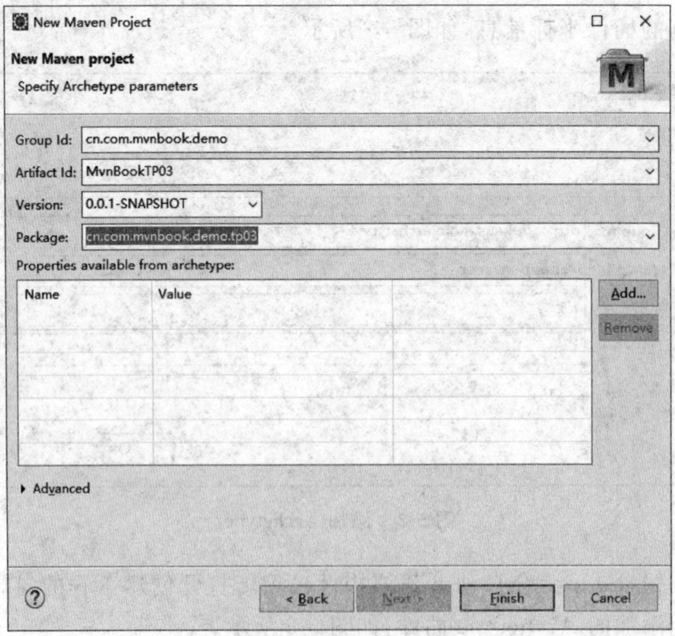

New Maven Project
New Maven project
Specify Archetype parameters
Group Id: cn.com.mvnbook.demo
Artifact Id: MvnBookTP03
Version: 0.0.1-SNAPSHOT
Package: cn.com.mvnbook.demo.tp03
Properties available from archetype:
Name　Value
Add...
Remove
Advanced
< Back　Next >　Finish　Cancel

图 5-4　Maven 项目坐标

单击 Finish 按钮，M2Eclipse 会自动创建一个 Web 工程 MvnBookTP03，目录结构如图 5-5 所示。其在 src/main 目录下添加了 webapp 目录，里面有 Web 应用特有的 WEB-INF 目录，web. xml 和 index. jsp 等。

其中，webapp 目录和里面的文件以及结构在 Maven 中也是固定的。

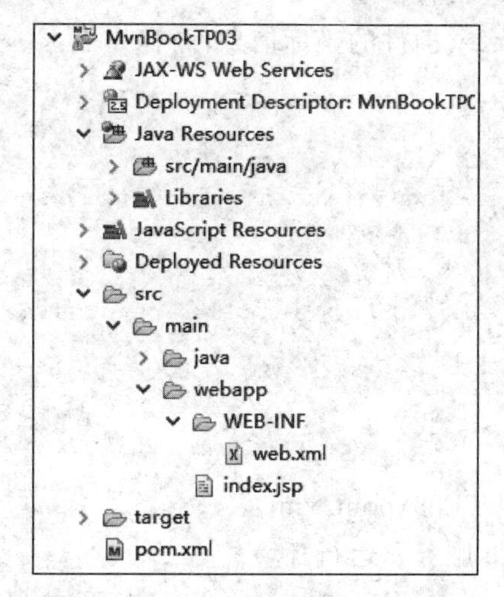

图 5-5　Maven Web 项目目录结构

这样就创建好了 Web 应用工程。

5.2.3　编写样例代码

工程创建好了，下一步就是写测试代码了。接下来，本节会写 3 个代码(2 个 jsp 和 1 个 servlet)。

index. jsp，里面显示输入框，能提交输入的内容。

welcome. jsp，显示问候信息。

welcomeServlet，接收 index. jsp 发过来的名称，生成问候信息，转给 welcome. jsp 显示。

当然，除了编写代码外，还需要配置 web. xml，servlet 的，不要忘记了。

案例代码如下。

见随书代码(MvnBookTP03\src\main\webapp\index. jsp)。

见随书代码(MvnBookTP03\src\main\webapp\welcome. jsp)。

见随书代码(MvnBookTP03\src\main\java\cn\com\mvnbook\demo\tp03\WelcomeServlet. java)。

见随书代码(MvnBookTP03\src\main\webapp\WEB-INF\web. xml)。

5.2.4　构建 Web 项目

前期的构建过程同前面基本的 Java 工程一样，根据自己的需要，在 pom. xml 中配置好对应功能的插件，再运行对应的图形化菜单命令就可以了，在这里不做重复说明。

一个 Web 应用构建好后,不只是编译打包安装就可以了,还需要将它发布到 Web 服务器中进行测试调试才行。这里主要介绍两种发布到 Tomcat 7 服务器启动测试的方式。在项目开发过程中可以根据自己的需要,选择其中一种。

1. 使用 Maven 的 Jetty 插件部署 Web

在 pom. xml 中添加 Jetty 插件的坐标信息,内容如下:

```
<plugin>
    <groupId>org.mortbay.jetty</groupId>
    <artifactId>maven-jetty-plugin</artifactId>
    <version>6.1.26</version>
    <configuration>
        <webAppSourceDirectory>${basedir}/src/main/webapp</webAppSource_
        Directory>
    </configuration>
</plugin>
```

见随书代码(MvnBookTP03\pom. xml)。

在 Eclipse 中配置 Web 服务器运行环境。

选择 Eclipse 菜单 Window→Preferences 命令,打开 Preferences 窗口,选中左边树 Server→Runtime Environment,如图 5-6 所示。

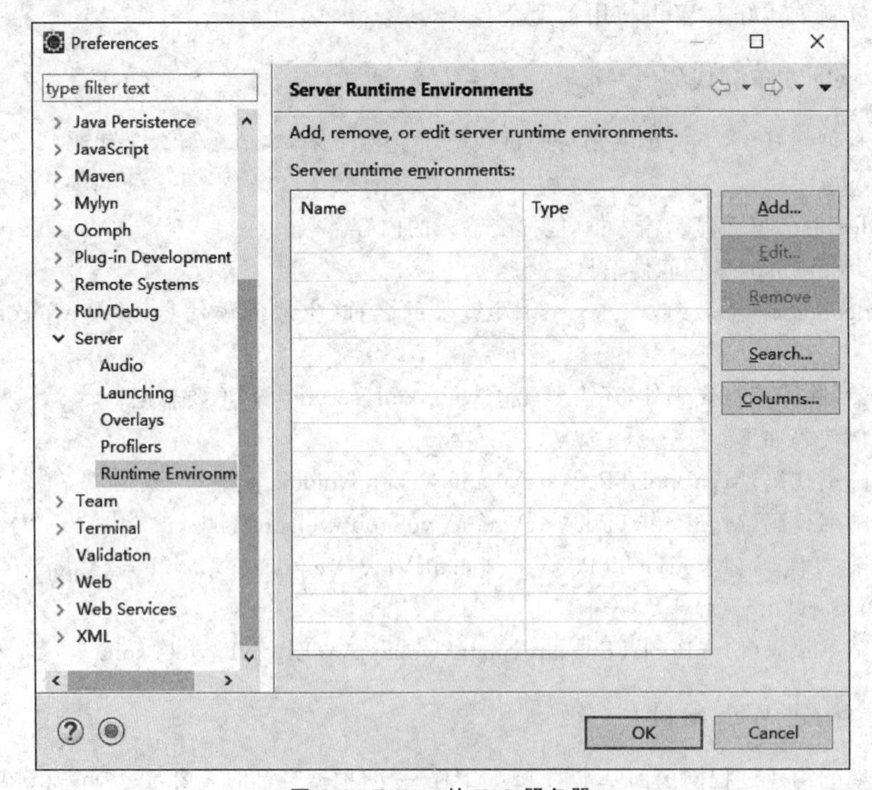

图 5-6 Eclipse 的 Web 服务器

单击右边的 Add...按钮，弹出一个选择服务器的窗口。选中窗口中的 Apache→Apache Tomcat v 7.0 服务器，如图 5-7 所示。

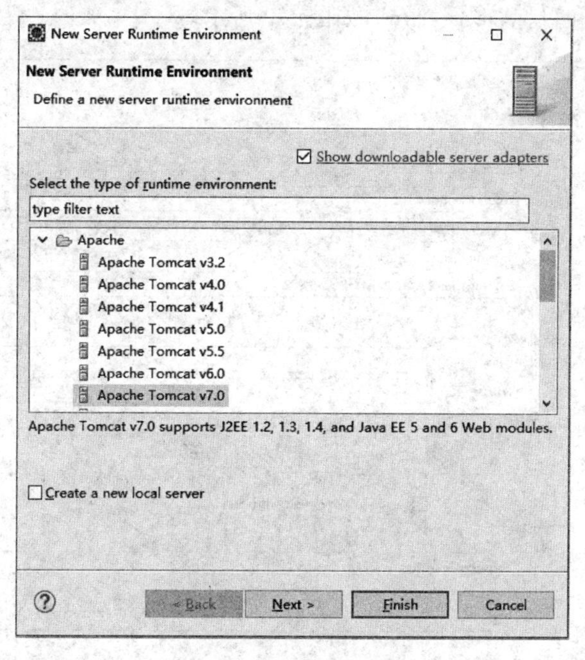

图 5-7 添加 Tomcat 7.0

单击 Next 按钮，进入选择 Tomat Server 配置页面，选择 Tomcat 的安装目录和 JRE 运行环境(JDK)，如图 5-8 所示。

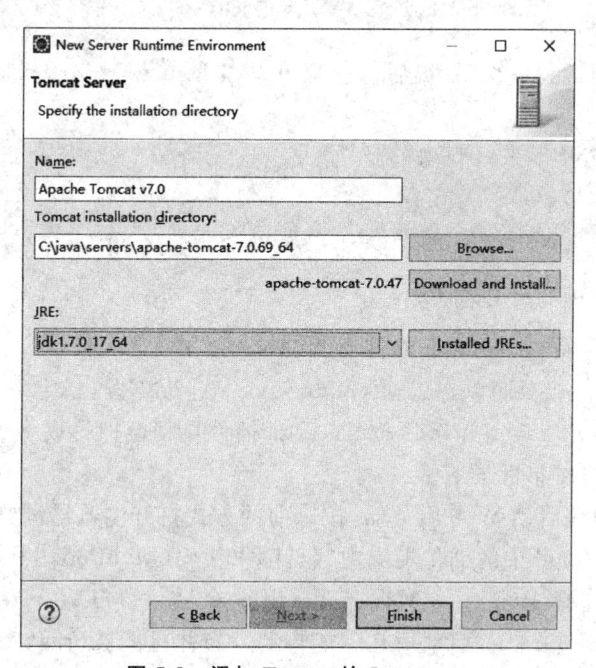

图 5-8 添加 Tomcat 的 Java home

单击 Finish 和 OK 按钮，关闭所有配置窗口，完成 Eclipse 中的 Web Server 配置。

右击“工程”，选择 Run As→Maven build 命令，打开自定义 launch 窗口，在 Goals 中输入启动的插件名和目标“jetty:run”，如图 5-9 所示。

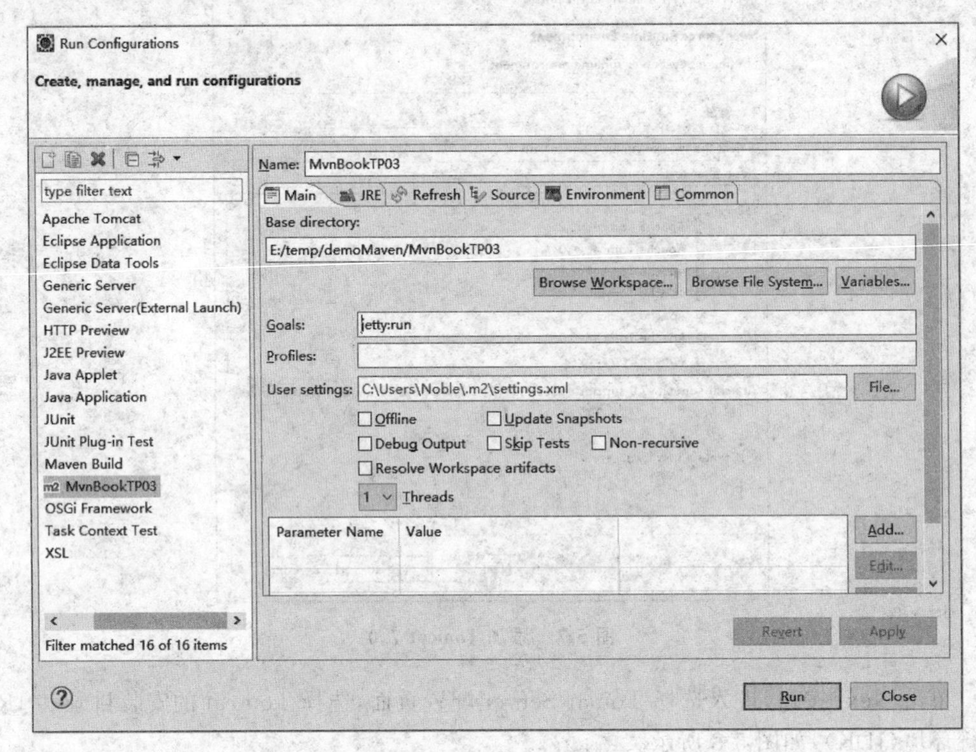

图 5-9　运行 jetty

单击 Run 按钮运行一次后，以后每次都可以在 Run As→Maven build 命令中选择重复运行。

服务器启动了，接下来打开浏览器，输入：

```
http://localhost:8080/MvnBookTP03/index.jsp
```

这样就可以访问第一个页面了。

2. 使用 cargo-maven2-plugin 插件部署 Web

使用 cargo 插件相对简单，只需在 pom. xml 中进行配置，指定部署应用所需要的信息，再运行 Run As→Maven install 命令，cargo 插件自动会把打成 war 包的应用，发布到指定 Web 服务器的发布目录下。

接下来要做的是启动 Web 服务器，按以前的方式打开浏览器浏览页面。

Gargo 在 pom. xml 中的插件配置内容见随书代码(MvnBookTP03\pom. xml)。

右击“工程”，选择 Run As→Maven install 命令后，就可以在 Tomcat 7 的发布目录下发现 MvnBookTP03. war，启动后它就能自动发布并且能被访问。

5.2.5 测试

不管前面哪种方式,启动服务器后,打开浏览器,输入 http://localhost:8080/MvnBookTP03/index.jsp 链接后,会出现如图 5-10 所示页面,后面的操作相信大家都能自己完成了。

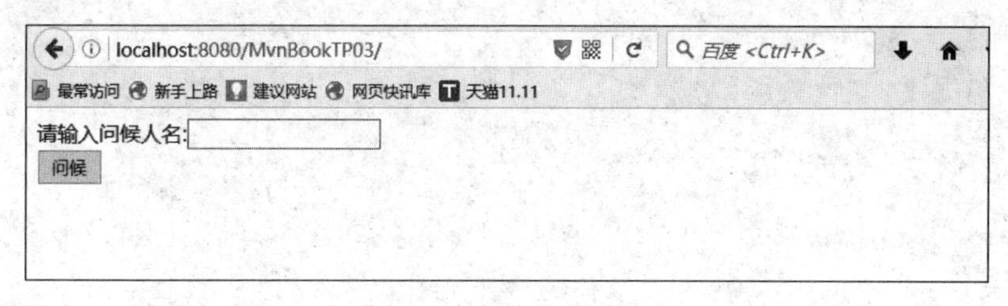

图 5-10 index.jsp 页面

5.3 基于 Maven 开发用户模块的 CRUD

前面介绍了怎样实现一个简单的 Web 应用,讲述了创建 Web 应用、编写代码、在 pom.xml 中配置相关的构件、最后发布测试,接下来再介绍一个经典的实现了 CRUD 的用户 Web 管理应用。

5.3.1 创建 Web 工程和初始化数据库

首先,按照前面章节的指导创建一个 Web 工程,目录结构如图 5-11 所示。

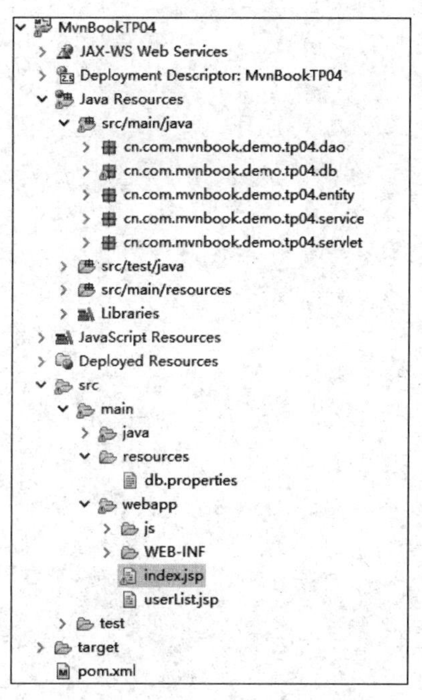

图 5-11 Maven Web 工程目录

创建好工程后，下一步就是初始化数据库了。

这里用的是 MySQL 数据库。建议先安装好数据库，然后创建一个数据库，用如下脚本初始化表。

```
CREATE TABLE mvn_user(
  ur_id int(11) NOT NULL AUTO_INCREMENT,
  ur_user_name varchar(255) DEFAULT NULL,
  ur_password varchar(255) DEFAULT NULL,
  ur_age int(11) DEFAULT NULL,
  ur_status varchar(255) DEFAULT NULL,
  PRIMARY KEY (ur_id)
) ENGINE=InnoDB AUTO_INCREMENT=15 DEFAULT CHARSET=utf8;

INSERT INTO mvn_user(ur_user_name,ur_password,ur_age,ur_status) VALUES
('zhangsan', '123', 11, 'Active');
INSERT INTO mvn_user(ur_user_name,ur_password,ur_age,ur_status) VALUES
('lisi', '123', 13, 'Inactive');
INSERT INTO mvn_user(ur_user_name,ur_password,ur_age,ur_status) VALUES
('wangwu', '123', 13, 'Active');
```

见随书代码(mysql_script. sql)。

5.3.2 添加相关依赖

在整个 Demo 应用中，需要在创建 Web 工程后，额外添加 4 个依赖，分别是 jstl 依赖、MySQL 数据库驱动依赖、JUnit 4.7 依赖和 json-lib 依赖。它们的依赖配置文件如下：

```
<dependency>
    <groupId>javax.servlet</groupId>
    <artifactId>jstl</artifactId>
    <version>1.2</version>
</dependency>
<dependency>
    <groupId>mysql</groupId>
    <artifactId>mysql-connector-java</artifactId>
    <version>5.1.34</version>
</dependency>
<dependency>
    <groupId>junit</groupId>
    <artifactId>junit</artifactId>
    <version>4.7</version>
    <scope>test</scope>
</dependency>
<!--https://mvnrepository.com/artifact/net.sf.json-lib/json-lib -->
<dependency>
    <groupId>net.sf.json-lib</groupId>
    <artifactId>json-lib</artifactId>
```

```
    <version>2.4</version>
    <classifier>jdk15</classifier>
</dependency>
```

见随书代码(MvnBookTP04\pom.xml)。

5.3.3 添加注册代码

Demo 的文件如下所示。

MvnUser.java,用户实体类。

DBConnection.java,连接数据库的公共类。

MvnUserDAO.java,用户的 DAO 持久层类。

UserService.java,用户服务类。

AddUserServlet.java,添加用户 Servlet。

DeleteUserServlet.java,删除用户 Servlet。

EditUserServlet.java,修改用户 Servlet。

SearchUserServlet.java,根据用户 Id 或用户名查找用户 Servlet。

SearchUsersServlet.java,查询所有用户 Servlet。

userList.jsp,显示用户列表 jsp。

index.jsp,进入首页(框架 jsp)。

db.properties,数据库信息配置文件。

它们的内容分别如下所示。

(1) MvnUser.java。

见随书代码(MvnBookTP04\MvnBookTP04\src\main\java\cn\com\mvnbook\demo\tp04\entity\MvnUser.java)。

(2) DBConnection.java。

见随书代码(MvnBookTP04\MvnBookTP04\src\main\java\cn\com\mvnbook\demo\tp04\db\DBConnection.java)。

(3) MvnUserDAO.java。

见随书代码(MvnBookTP04\MvnBookTP04\src\main\java\cn\com\mvnbook\demo\tp04\dao\MvnUserDAO.java)。

(4) UserService.java。

见随书代码(MvnBookTP04\MvnBookTP04\src\main\java\cn\com\mvnbook\demo\tp04\service\UserService.java)。

(5) AddUserServlet.java。

见随书代码(MvnBookTP04\MvnBookTP04\src\main\java\cn\com\mvnbook\demo\tp04\servlet\AddUserServlet.java)。

(6) DeleteUserServlet.java。

见随书代码(MvnBookTP04\MvnBookTP04\src\main\java\cn\com\mvnbook\

demo\tp04\servlet\DeleteUserServlet. java)。

(7) EditUserServlet. java。

见随书代码(MvnBookTP04\MvnBookTP04\src\main\java\cn\com\mvnbook\demo\tp04\servlet\EditUserServlet. java)。

(8) SearchUserServlet. java。

见随书代码(MvnBookTP04\MvnBookTP04\src\main\java\cn\com\mvnbook\demo\tp04\servlet\SearchUserServlet. java)。

(9) SearchUsersServlet. java。

见随书代码(MvnBookTP04\MvnBookTP04\src\main\java\cn\com\mvnbook\demo\tp04\servlet\SearchUsersServlet. java)。

(10) userList. jsp。

见随书代码(MvnBookTP04\MvnBookTP04\src\main\webapp\userList. jsp)。

(11) index. jsp。

见随书代码(MvnBookTP04\MvnBookTP04\src\main\webapp\index. jsp)。

(12) db. properties。

见随书代码(MvnBookTP04\MvnBookTP04\src\main\resources\db. properties)。

5.3.4 构建项目

代码写好了,接下来是在 pom. xml 中添加发布 Web 应用和同 Web 服务器相关的插件,这些在前面的简易 Web 案例中已提到,这里就直接贴出当前 Web 应用到的插件配置,代码如下:

```
<build>
    <plugins>
        <plugin>
            <groupId>org.mortbay.jetty</groupId>
            <artifactId>maven-jetty-plugin</artifactId>
            <version>6.1.26</version>
            <configuration>
            <webAppSourceDirectory>$ {basedir}/src/main/webapp
                </webAppSourceDirectory>
            </configuration>
        </plugin>
        <plugin>
            <groupId>org.apache.maven.plugins</groupId>
            <artifactId>maven-compiler-plugin</artifactId>
            <version>2.0.2</version>
            <configuration>
                <source>1.5</source>
                <target>1.5</target>
            </configuration>
        </plugin>
    </plugins>
</build>
```

见随书代码(MvnBookTP04\MvnBookTP04\pom. xml)。

5.3.5　测试

右击“工程”,选择 Run As→Maven build...命令,在 Goals 后面输入“jetty:run”目标,运行 jetty 服务器。在浏览器中输入“http://localhost:8080/MvnBookTP04/index. jsp”,运行的界面如图 5-12 所示。

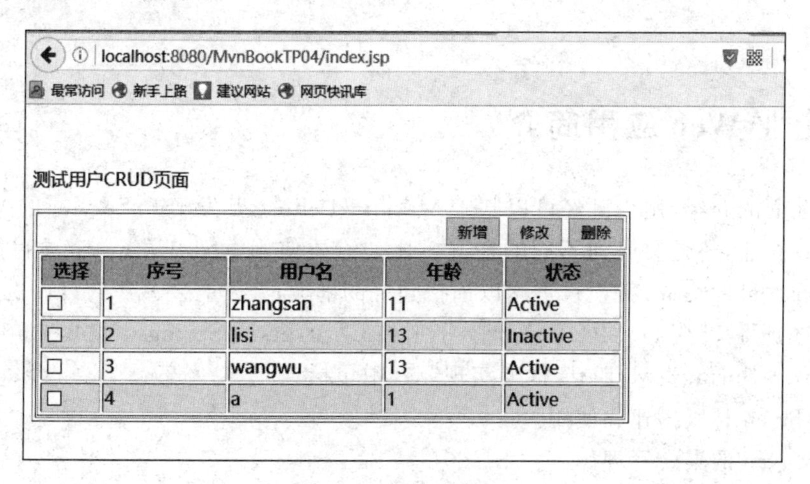

图 5-12　CRUD 首页

第6章 开发企业级 Web 应用

6.1 企业 Web 应用简介

通过前面的介绍，用户已经可以基于 Maven+Eclipse 开发 JSP/Servlet 的 Web 应用了。但是在企业，还是会遇到不同的情况。比如需要使用框架开发；一个项目需要分成多个模块开发最后集成；新项目重用以前搭建好的框架；开发时要减少对外网的依赖等。

接下来还是以用户 CRUD 为例，分别使用 Struts+Spring+Hibernate 框架和 SpringMVC+Spring+MyBatis 框架实现。其中包括：

（1）Maven 私服搭建和使用。

（2）Maven 的聚合管理。

（3）Maven 的继承。

（4）SSH、SSM 两大流行框架的搭建。

6.2 搭建 Maven 私服

在以前的案例开发过程中，曾强烈要求同外网保存连接，为什么呢？

因为一旦开发需要的依赖在本地环境中不存在，Maven 会自动到网上的资源仓库中查找，并且下载。

基于这种情况，需要在公司搭建一台服务器。程序员需要构件时，先看本地有没有，若是没有，再找公司服务器要，公司服务器要是没有，再从外网下载。下载后，先在公司服务器保存，再在程序员本地计算机保存。这样就可以在公司内网重复使用下载的构件，从而减少对外网的依赖。

目前常用的搭建 Maven 私服的服务器有 3 台：Apache 基金会的 Archiva、JFrog 的 Artifactory 和 Sonatype 的 Nexus。作为刚入门的初学者，就不要考虑它们有什么区别了。接下来介绍 Apache 基金会的 Archiva 服务器的搭建方法。

6.2.1 下载 Archiva

下载链接 http://archiva.apache.org/download.cgi。有三种内容下载：一个是 tar.gz 包；另一个是 war 包；还有一个是 source 源代码。这里下载的是 tar.gz 包：apache-archiva-2.2.1-bin.tar.gz。该版本里面包含自己的 Web 服务器，直接解压，作为独立 Web

服务器启动。

6.2.2 启动服务器

用压缩工具解压压缩文件，结果如图 6-1 所示。

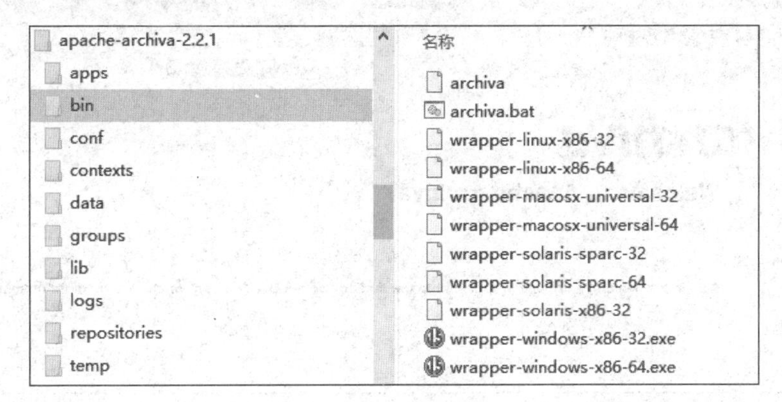

图 6-1 Archiva 目录结构

bin 目录下有个 archiva. bat 文件，该文件是在 Windows 操作系统下的服务启动程序。

安装配置好 JDK(1.7 以上)。打开 CMD 窗口，切换到 archiva. bat 所在的目录，输入"archiva console"命令，按 Enter 键启动 Archiva 服务器，如图 6-2 所示。

```
C:\java\servers\apache-archiva-2.2.1\bin>archiva console
wrapper  | --> Wrapper Started as Console
wrapper  | Launching a JVM...
jvm 1    | Wrapper (Version 3.2.3) http://wrapper.tanukisoftware.org
jvm 1    |   Copyright 1999-2006 Tanuki Software, Inc.  All Rights Reserved.
jvm 1    |
jvm 1    | 2016-11-16 20:14:46.767:WARN:oejd.ContextDeployer:ContextDeployer is
deprecated. Use ContextProvider
jvm 1    | 2016-11-16 20:14:46.767:WARN:oejd.WebAppDeployer:WebAppDeployer is de
precated. Use WebAppProvider
jvm 1    | 2016-11-16 20:14:46.930:INFO:oejs.Server:jetty-8.1.14.v20131031
jvm 1    | 2016-11-16 20:14:46.962:INFO:oejs.NCSARequestLog:Opened C:\java\serve
rs\apache-archiva-2.2.1\logs\request-20161116.log
jvm 1    | 2016-11-16 20:14:47.024:INFO:oejd.ContextDeployer:Deploy C:\java\serv
ers\apache-archiva-2.2.1\contexts\archiva.xml -> o.e.j.w.WebAppContext{/,null},C
:\java\servers\apache-archiva-2.2.1/apps/archiva
jvm 1    | 2016-11-16 20:14:52.434:INFO:oejpw.PlusConfiguration:No Transaction m
anager found - if your webapp requires one, please configure one.
jvm 1    | 2016-11-16 20:14:52.746:INFO:oejw.StandardDescriptorProcessor:NO JSP
Support for /, did not find org.apache.jasper.servlet.JspServlet
jvm 1    | 2016-11-16 20:14:54.455:INFO:/:Initializing Spring root WebApplicatio
nContext
jvm 1    | 十一月 16, 2016 8:15:17 下午 org.apache.tomcat.jdbc.pool.ConnectionPo
ol init
jvm 1    | WARNING: maxIdle is larger than maxActive, setting maxIdle to: 20
jvm 1    | 2016-11-16 20:15:49.524:INFO:oejs.AbstractConnector:Started SelectCha
nnelConnector@0.0.0.0:8080
```

图 6-2 Archiva 服务器启动提示

最后显示当前的 Web 请求端口是 8080。

6.2.3 初始化和配置 Archiva 服务器

在浏览器中输入 http://localhost:8080,打开页面,如图 6-3 所示。

图 6-3 Archiva 首页

单击右上角的 Create Admin User 按钮,在显示的页面上输入管理员的用户名和密码,单击 Save 按钮创建,如图 6-4 所示。

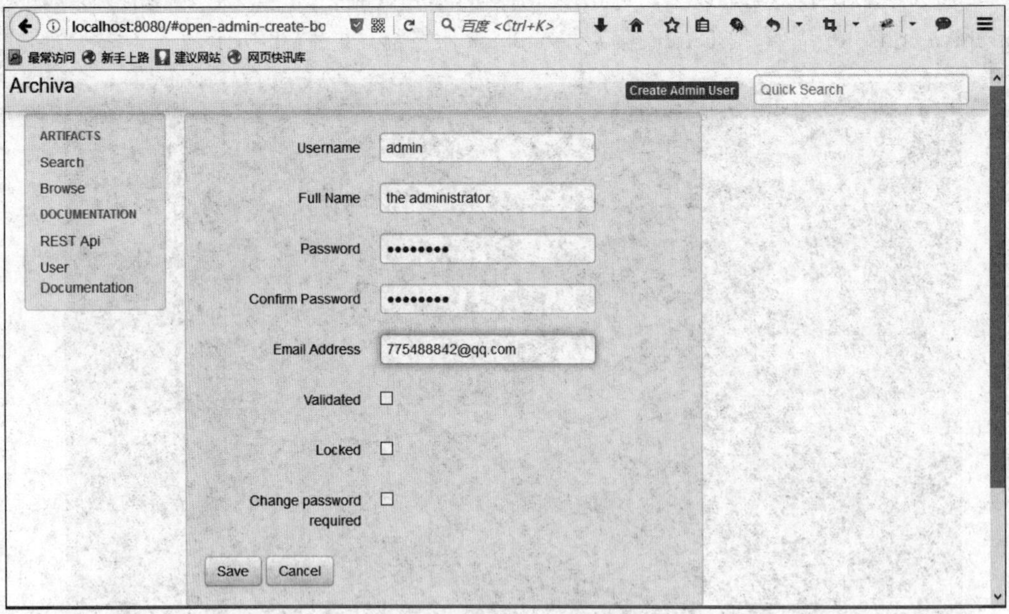

图 6-4 创建 Admin 用户

选择页面左边的 Manage,单击 Add 按钮,在输入框中输入要添加的用户信息,如图 6-5 所示。

单击 Save 按钮,创建一个新的用户。根据项目团队的需要,可以给每个开发人员创建访问私服的用户名和密码。

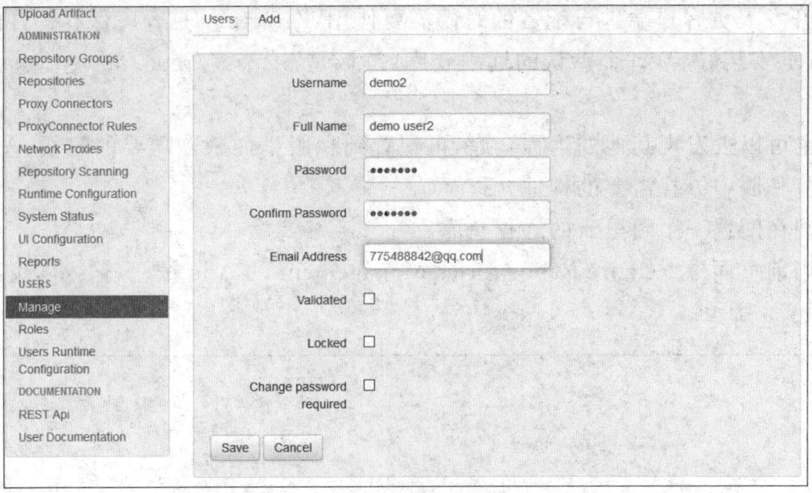

图 6-5　添加普通用户

选择页面左边的 Repositories 菜单，页面会显示本地仓库和远程仓库的配置，如图 6-6 所示。

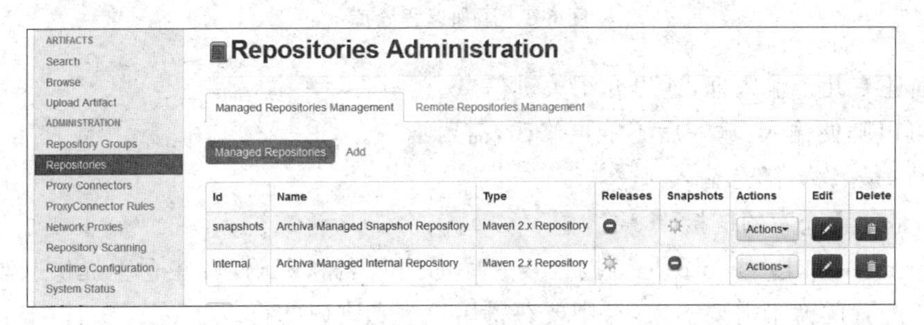

图 6-6　管理仓库

单击图 6-6 上的 Add 按钮，添加一个本地仓库位置，具体填写的信息，参考已有的配置就行。当然，也可以修改现在有的，比如 Id 为 internal 的本地仓库，单击 Edit 图标，会显示如图 6-7 所示界面。

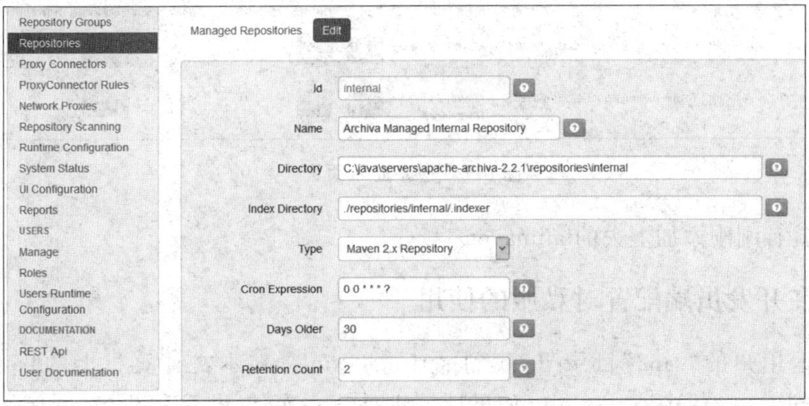

图 6-7　修改本地仓库

Id 在开发人员客户端进行配置的时候需要使用，Directory 是仓库保存构件的路径。

Archiva 安装好后，有个默认的远程仓库，链接是 https://repo.maven.apache.org/maven2。

当然也可以去发现其他的远程仓库，再配置到私服里面来。需要的时候，Archiva 会自动从这些私服中寻找需要的构件。

比如现在配置一个阿里云的远程仓库。

单击当前页面中 Remote Repositories Management 的 Add 按钮，输入阿里云仓库的信息，如图 6-8 所示。

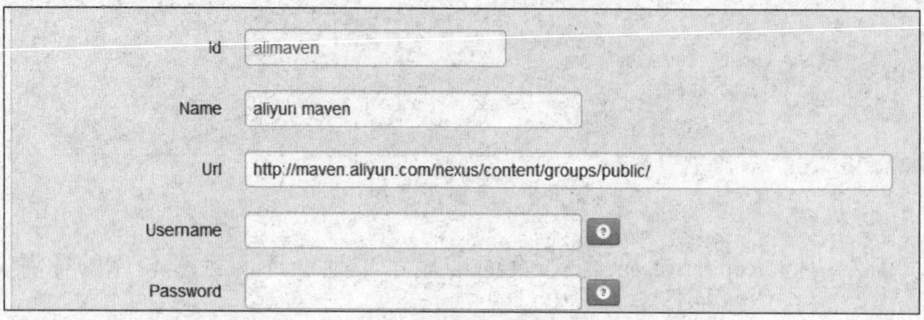

Id alimaven
Name aliyun maven
Url http://maven.aliyun.com/nexus/content/groups/public/
Username
Password

图 6-8 添加远程仓库

后面还有几个输入框，这里介绍关键信息。

Id 可以随便输入，输入后不能再修改，需要唯一。

Name 是名称，随意输入。

Url 是远程仓库的链接。

Username 和 Password 是链接远程仓库的用户名和密码，有些仓库提供共享访问，比如现在配置的就不需要输入，否则要获得用户名和密码才行。

单击 Save 按钮，出现如图 6-9 所示界面。

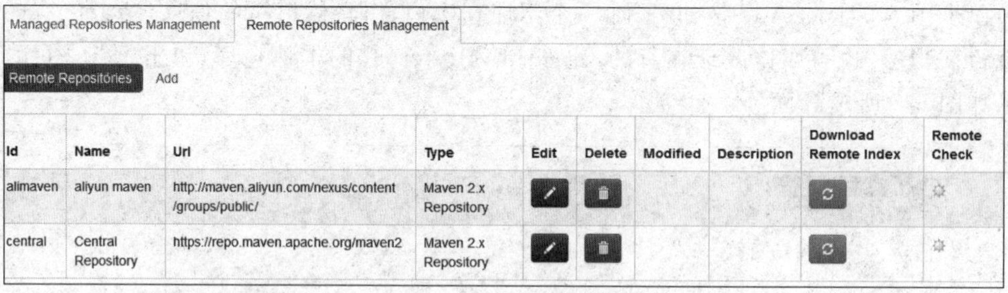

Managed Repositories Management　Remote Repositories Management

Remote Repositories　Add

Id	Name	Url	Type	Edit	Delete	Modified	Description	Download Remote Index	Remote Check
alimaven	aliyun maven	http://maven.aliyun.com/nexus/content/groups/public/	Maven 2.x Repository						
central	Central Repository	https://repo.maven.apache.org/maven2	Maven 2.x Repository						

图 6-9 仓库显示页面

其中就有刚刚添加上去的 alimaven。

6.2.4 在开发员端配置对私服的使用

在本地用户的“.m2”目录下，找到 settings.xml。在本文计算机上的目录是 C:\Users\Noble\.m2\settings.xml。如果计算机是第一次使用，可能没有 settings.xml 文件，不过在 apache-maven-3.3.9 的安装目录里面有个 conf/settings.xml，把这个文件复制到用户的".m2"目录下就行。

见随书代码(settings.xml)。

下面就按照步骤，在 settings.xml 中完成开发员计算机同私服连接的配置。

1. 配置同服务器的认证信息

根据前面搭建的私服，应该可以得出结论。私服就是 Web 服务器，里面提供了构件资源，程序员可以通过 Web 下载。既然要连接 Web 服务器访问，首先是在本地配置能访问 Web 服务器的认证信息(用户名和密码)。

在 settings.xml 文件中找到 servers 标签，在里面添加一个 server 的认证信息配置，格式如下：

```
<server>
    <id>archivaServer</id>
    <username>admin</username>
    <password>admin123</password>
</server>
```

注：id 是要认证的服务器名称，可以配置多个。它是用来标记服务器的，要唯一。

username 和 password 是用户名和密码。这里直接在初始化 Archiva 服务器的时候，创建了 admin 用户名和密码。

如果要连接多个私服，可以类似地配置多个 server，每个 server 是一个私服的认证信息。

2. 配置要连接的私服信息

前面在 settings.xml 中配置了连接私服的认证信息。认证信息对应的是哪个私服呢？接下来就在 settings.xml 中配置私服信息。

很简单，直接在 settings.xml 中找到 mirrors 标签，在该标签中插入如下内容。

```
<mirror>
    <id>archivaServer</id>
    <mirrorOf>*</mirrorOf>
    <name>MyOwnRepo2</name>
    <url>http://localhost:8080/repository/internal</url>
</mirror>
```

注：id 是私服映射的标记，该标记要同 server 中的 id 一样。如果连接私服需要认证信息，Maven 可以通过 id 找对应的 server，用 server 的认证信息进行认证。

mirrorOf 指定哪些内容需要通过私服下载，* 表示所有构件都需要从私服下载。

name 是私服的名称，随意取，方便自己记忆和理解就好。

url 指定私服的 Url，注意格式：

```
http://<私服 ip/名称>:<web 端口>/repository/<仓库 id>
```

上面的步骤比较烦琐，不过需要依赖时，可以直接从搭建的私服中获取。当然，不能保证私服有现成的。不过不要紧，私服自己会去网络中找对应的依赖，同时它也会在自己的仓库中备份，以备其他开发人员需要。

3. 配置本地工程的发布

前面将私服上的依赖下载到本地，进行项目开发了。本地的模块开发好了，怎样把它们打包，以构件的形式发布到私服上去，让同项目组的组员进一步开发其他项目或模块的功能呢？

这就是解决本地项目打包，在私服上发布成构件的问题。

要完成这些功能，需要做两件事：编写配置文件和运行发布命令。

(1) 编写配置文件。前面的步骤都是在 settings. xml 中进行配置。这步需要在工程的 pom. xml 文件中，在 project 标签内，添加 distributionManagement 配置，指定要发布的目标地(私服)。具体内容如下：

```
<distributionManagement>
    <repository>
        <id>archivaServer</id>
        <url>http://localhost:8080/repository/internal</url>
    </repository>
    <snapshotRepository>
        <id>archivaServer</id>
        <url>http://localhost:8080/repository/snapshots</url>
    </snapshotRepository>
</distributionManagement>
```

注：上面的信息配置了两个仓库 url，一个是 repository；另一个是快照 repository。每个 repository 中都有一个 url。其中 url 就是要发布的私服仓库 url，与在 settings. xml 中配置 mirror 中的 url 一样。同样，有两个 Id。需要注意，要与在 settings. xml 中用 server 配置的验证信息中的 Id 对应。因为发布就是上传文件，上传文件前需要安全认证。Maven 是通过 Id 将 server 中的验证信息发送给私服，私服认证通过了，才允许用户将本地构件上传。

(2) 运行发布命令。前面已经将配置信息都配置好了，右击“工程”，选择 Run As→Maven build...命令，在弹出框的 Goal 后面输入 deploy，单击 Run 按钮，它们就会自动发布到私服。

6.3 实现 Struts2＋Spring＋Hibernate 框架应用

前面介绍了基于 Archiva 的私服搭建工作，现在全项目组就可以在私服下共用 Maven 开发环境了。接下来在 Maven 环境下，基于 Struts2＋Spring4. 2＋Hibernate4. 1

框架，体验 Web 应用的开发过程。

为了展现 Maven 开发的优势，将按如下步骤进行。

(1) 创建三个 POM 工程，定义好 Hibernate、Spring 和 Struts 的基本依赖。

(2) 创建 Service 和 DAO 层的接口模块。

(3) 创建 Service 和 DAO 层的实现模块。

(4) 创建基于 Struts 的 Web 模块。

(5) 整合前面的所有模块，形成一个完整的 SSH 项目。

(6) 完善相关的文档插件的配置，进行安装和测试。

6.3.1 创建公共 POM 模块

1. 创建 Hibernate 的公共 POM 模块

基于 Eclipse 的 maven-archetype-quickstart 创建 Maven 工程(同前面创建基本的 Maven 工程一样)。因为用的是公共 POM 模块，这里不需要写代码，只需将 Hibernate 和相关的依赖配置在 pom. xml 中，并且在 pom. xml 中将 packaging 方式设置成 pom，表示是一个公共的父 pom。代码如下：

```
<project xmlns="http://maven.apache.org/POM/4.0.0"
    xmlns:xsi="http://www.w3.org/2001/XMLSchema-instance"
   xsi:schemaLocation="http://maven.apache.org/POM/4.0.0
   http://maven.apache.org/xsd/maven-4.0.0.xsd">
   <modelVersion>4.0.0</modelVersion>
   <groupId>cn.com.mvnbook.pom</groupId>
   <artifactId>Hibernate4MySQLPOM</artifactId>
   <version>0.0.1-SNAPSHOT</version>
   <packaging>pom</packaging>
   <name>Hibernate4MySQLPOM</name>
   <url>http://maven.apache.org</url>
   <properties>
      <project.build.sourceEncoding>UTF-8</project.build.sourceEncoding>
      <!--3.6.5.Final,3.3.2.GA -->
      <project.build.hibernate.version>4.1.0.Final</project.build
      .hibernate.version>
   </properties>
   <dependencies>
      <dependency>
         <groupId>junit</groupId>
         <artifactId>junit</artifactId>
         <version>4.7</version>
         <scope>test</scope>
      </dependency>
      <!--hibernate -->
```

```
        <dependency>
            <groupId>org.hibernate</groupId>
            <artifactId>hibernate-core</artifactId>
            <version>$ {project.build.hibernate.version}</version>
        </dependency>
        <dependency>
            <groupId>org.hibernate</groupId>
            <artifactId>hibernate-ehcache</artifactId>
            <version>$ {project.build.hibernate.version}</version>
        </dependency>
        <dependency>
            <groupId>org.hibernate.javax.persistence</groupId>
            <artifactId>hibernate-jpa-2.0-api</artifactId>
            <version>1.0.0.Final</version>
        </dependency>
        <dependency>
            <groupId>mysql</groupId>
            <artifactId>mysql-connector-java</artifactId>
            <version>5.1.34</version>
        </dependency>
    </dependencies>
<distributionManagement>
<repository>
    <id>archivaServer</id>
    <url>http://localhost:8080/repository/internal</url>
</repository>
<snapshotRepository>
    <id>archivaServer</id>
    <url>http://localhost:8080/repository/snapshots</url>
</snapshotRepository>
</distributionManagement>
</project>
```

见随书代码(Hibernate4MySQLPOM\pom. xml)。

注意 pom. xml 中的粗体部分，<packaging>pom</packaging>表示当前的 pom 是一个独立的 pom 父模块，可以独立安装到仓库中，被其他工程继承使用。

同时注意最后的 distributionManagement 配置，该配置可以让工程以构件的形式发布到指定的私服。

右击“工程”，选择 Run As→Maven install 命令，就可以把当前 pom 安装到前面搭建好 Archiva 私服。安装后，可以在 Archiva 管理界面的 Browse 导航页中，看到如图 6-10 所示的 Hibernate4MySQLPOM 构件。

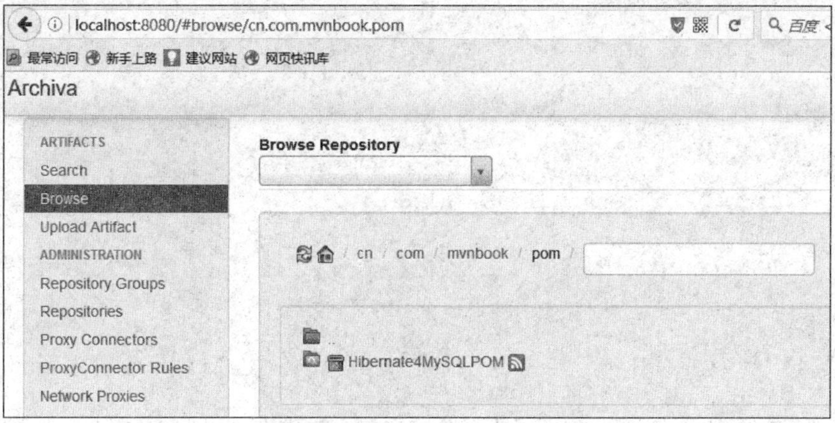

图 6-10　浏览 Archiva 中的构件

2. 创建 Spring 的公共 POM 模块

同前面 Hibernate 的 POM 创建一样，可以创建基于 Spring 的 POM 公共构件模块。具体工程创建就不演示了，直接复制到 pom. xml 中。

```
<project xmlns="http://maven.apache.org/POM/4.0.0"
    xmlns:xsi="http://www.w3.org/2001/XMLSchema-instance"
    xsi:schemaLocation="http://maven.apache.org/POM/4.0.0
    http://maven.apache.org/xsd/maven-4.0.0.xsd">
    <modelVersion>4.0.0</modelVersion>
    <groupId>cn.com.mvnbook.pom</groupId>
    <artifactId>SpringPOM</artifactId>
    <version>0.0.1-SNAPSHOT</version>
    <packaging>pom</packaging>
    <name>SpringPOM</name>
    <url>http://maven.apache.org</url>
    <properties>
        <project.build.sourceEncoding>UTF-8</project.build.sourceEncoding>
        <!--3.2.16.RELEASE,3.1.4.RELEASE -->
        <project.build.spring.version>4.2.7.RELEASE</project.build
        .spring.version>
    </properties>
    <dependencies>
        <dependency>
            <groupId>junit</groupId>
            <artifactId>junit</artifactId>
            <version>4.7</version>
            <scope>test</scope>
        </dependency>
        <!--spring -->
        <dependency>
            <groupId>org.springframework</groupId>
```

```
        <artifactId>spring-core</artifactId>
        <version>${project.build.spring.version}</version>
    </dependency>
    <dependency>
        <groupId>org.springframework</groupId>
        <artifactId>spring-aop</artifactId>
        <version>${project.build.spring.version}</version>
    </dependency>
    <dependency>
        <groupId>org.springframework</groupId>
        <artifactId>spring-beans</artifactId>
        <version>${project.build.spring.version}</version>
    </dependency>
    <dependency>
        <groupId>org.springframework</groupId>
        <artifactId>spring-context</artifactId>
        <version>${project.build.spring.version}</version>
    </dependency>
    <dependency>
        <groupId>org.springframework</groupId>
        <artifactId>spring-context-support</artifactId>
        <version>${project.build.spring.version}</version>
    </dependency>
    <dependency>
        <groupId>org.springframework</groupId>
        <artifactId>spring-web</artifactId>
        <version>${project.build.spring.version}</version>
    </dependency>
    <dependency>
        <groupId>org.springframework</groupId>
        <artifactId>spring-webmvc</artifactId>
        <version>${project.build.spring.version}</version>
    </dependency>
    <!--https://mvnrepository.com/artifact/org.springframework/spring-
    aspects -->
    <dependency>
        <groupId>org.springframework</groupId>
        <artifactId>spring-aspects</artifactId>
        <version>${project.build.spring.version}</version>
    </dependency>
    <dependency>
        <groupId>org.springframework</groupId>
        <artifactId>spring-orm</artifactId>
        <version>${project.build.spring.version}</version>
    </dependency>
    <dependency>
        <groupId>org.hibernate</groupId>
        <artifactId>hibernate-validator</artifactId>
```

```
            <version>5.0.0.Final</version>
        </dependency>
    </dependencies>
<distributionManagement>
<repository>
    <id>archivaServer</id>
    <url>http://localhost:8080/repository/internal</url>
</repository>
<snapshotRepository>
    <id>archivaServer</id>
    <url>http://localhost:8080/repository/snapshots</url>
</snapshotRepository>
</distributionManagement>
</project>
```

见随书代码(SpringPOM\pom.xml)。

同样注意粗体提示部分。右击"工程",选择 Run As→Maven install 命令,安装POM构件,如图6-11所示。

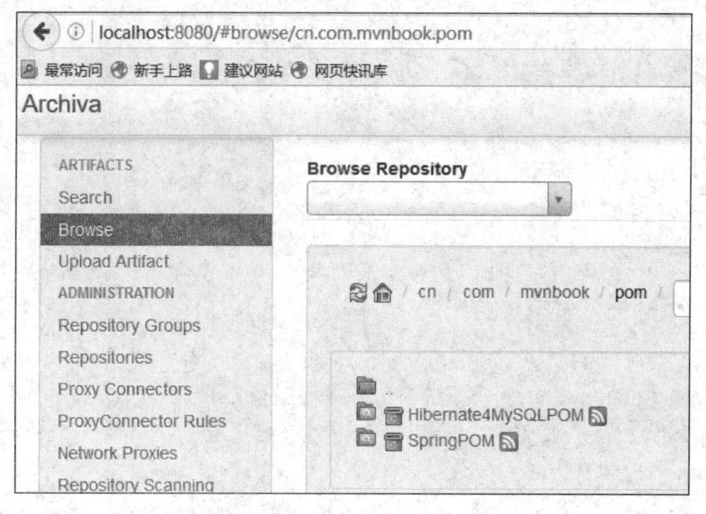

图6-11　显示发布后的构件

3. 创建 Struts 的公共 POM 模块

重复前面的流程,直接复制 pom.xml 代码和安装 pom 后的管理界面。需要注意,在 pom.xml 中,除了 Struts 的依赖之外,还有 jsp/servlet 的依赖和 Struts 同 Spring 集成的插件依赖。

pom.xml 内容如下:

```
<project xmlns="http://maven.apache.org/POM/4.0.0"
    xmlns:xsi="http://www.w3.org/2001/XMLSchema-instance"
   xsi:schemaLocation="http://maven.apache.org/POM/4.0.0
```

```
http://maven.apache.org/xsd/maven-4.0.0.xsd">
<modelVersion>4.0.0</modelVersion>
<groupId>cn.com.mvnbook.pom</groupId>
<artifactId>StrutsPOM</artifactId>
<version>0.0.1-SNAPSHOT</version>
<packaging>pom</packaging>
<name>StrutsPOM</name>
<url>http://maven.apache.org</url>
<properties>
   <project.build.sourceEncoding>UTF-8</project.build.sourceEncoding>
</properties>
<dependencies>
   <!--jsp servlet -->
   <dependency>
      <groupId>javax.servlet</groupId>
      <artifactId>servlet-api</artifactId>
      <version>2.5</version>
      <scope>provided</scope>
   </dependency>
   <dependency>
      <groupId>javax.servlet.jsp</groupId>
      <artifactId>jsp-api</artifactId>
      <version>2.1</version>
      <scope>provided</scope>
   </dependency>
   <dependency>
      <groupId>javax.servlet</groupId>
      <artifactId>jstl</artifactId>
      <version>1.2</version>
   </dependency>
   <!--struts2 -->
   <!--https://mvnrepository.com/artifact/org.apache.struts/struts2-
   core -->
   <dependency>
      <groupId>org.apache.struts</groupId>
      <artifactId>struts2-core</artifactId>
      <version>2.3.16</version>
   </dependency>
   <!--https://mvnrepository.com/artifact/org.apache.struts/struts2-
   spring-plugin -->
   <dependency>
      <groupId>org.apache.struts</groupId>
      <artifactId>struts2-spring-plugin</artifactId>
      <version>2.3.4.1</version>
   </dependency>
   <dependency>
      <groupId>junit</groupId>
      <artifactId>junit</artifactId>
```

```
            <version>4.7</version>
            <scope>test</scope>
        </dependency>
    </dependencies>
<distributionManagement>
<repository>
    <id>archivaServer</id>
    <url>http://localhost:8080/repository/internal</url>
</repository>
<snapshotRepository>
    <id>archivaServer</id>
    <url>http://localhost:8080/repository/snapshots</url>
</snapshotRepository>
</distributionManagement>
</project>
```

见随书代码(StrutsPOM\pom.xml)。

安装 Archiva 后的 POM 构件如图 6-12 所示。

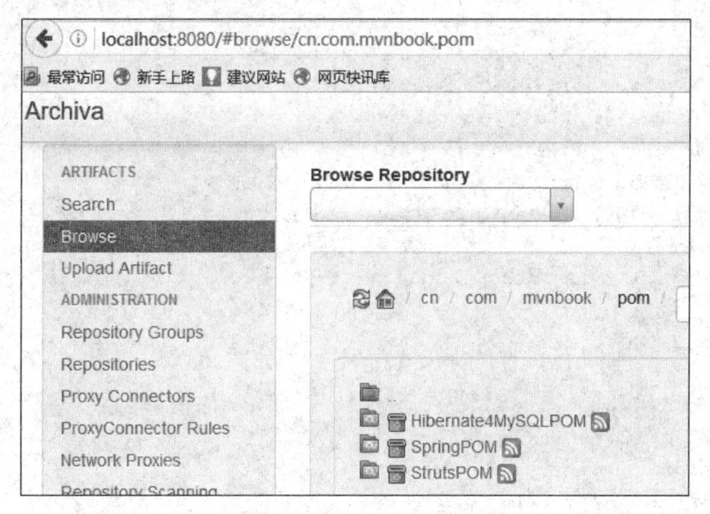

图 6-12　StrutsPOM 构件

6.3.2　实现 Hibernate DAO 模块

在实际项目中,一般会使用面向接口编程,从而实现调用者和被调用者的完全解耦,方便项目的团队开发和后期的扩展。鉴于这样的考虑,Hibernate 持久层的实现分两步进行:第 1 步定义公共 DAO 接口和类;第 2 步基于 Hibernate 完成 DAO 接口的实现。详细介绍如下。

1. 定义公共 DAO 接口和类

创建一个普通的 Maven 工程:MvnBookSSHDemo.DAO。目录结构如图 6-13 所示。见随书代码(MvnBookSSHDemo.DAO)。

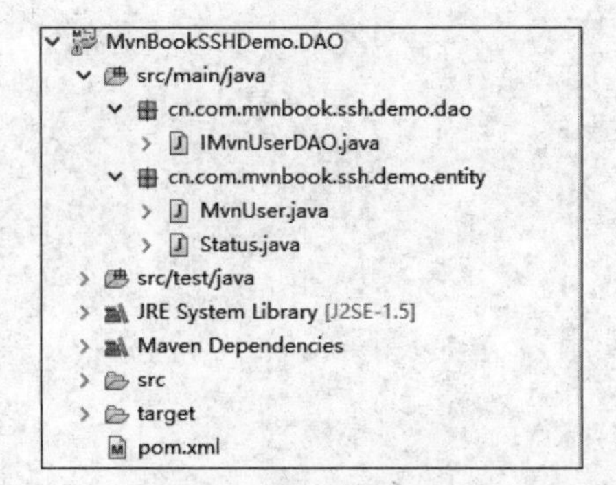

图 6-13　DAO 项目结构

pom. xml 内容如下：

```
<project xmlns="http://maven.apache.org/POM/4.0.0"
    xmlns:xsi="http://www.w3.org/2001/XMLSchema-instance"
    xsi:schemaLocation="http://maven.apache.org/POM/4.0.0
    http://maven.apache.org/xsd/maven-4.0.0.xsd">
<modelVersion>4.0.0</modelVersion>
<groupId>cn.com.mvnbook.ssh.demo</groupId>
<artifactId>MvnBookSSHDemo.DAO</artifactId>
<version>0.0.1-SNAPSHOT</version>
<packaging>jar</packaging>
<name>MvnBookSSHDemo.DAO</name>
<url>http://maven.apache.org</url>
<properties>
    <project.build.sourceEncoding>UTF-8</project.build.sourceEncoding>
</properties>
<dependencies>
<dependency>
    <groupId>junit</groupId>
    <artifactId>junit</artifactId>
    <version>4.7</version>
    <scope>test</scope>
</dependency>
</dependencies>
<distributionManagement>
<repository>
    <id>archivaServer</id>
    <url>http://localhost:8080/repository/internal</url>
</repository>
<snapshotRepository>
    <id>archivaServer</id>
    <url>http://localhost:8080/repository/snapshots</url>
</snapshotRepository>
</distributionManagement>
</project>
```

见随书代码(MvnBookSSHDemo.DAO\pom.xml)。

这里有两类代码:一类是实体类(MvnUser);另一类是实体DAO接口(IMvnUserDAO)。因为MvnUser里面有个状态(status)属性,定义了一个枚举状态类(Status)。具体内容如下。

(1) Status.java。

见随书代码(MvnBookSSHDemo.DAO\src\main\java\cn\com\mvnbook\ssh\demo\entity\Status.java)。

(2) MvnUser.java。

见随书代码(MvnBookSSHDemo.DAO\src\main\java\cn\com\mvnbook\ssh\demo\entity\MvnUser.java)。

(3) IMvnUserDAO.java。

见随书代码(MvnBookSSHDemo.DAO\src\main\java\cn\com\mvnbook\ssh\demo\dao\IMvnUserDAO.java)。

右击"工程",选择Run As→Maven install命令,Eclipse会自动将工程代码编译打包。如果没有错误,最后会以构件的形式安装在本地仓库中。结果如图6-14所示。

```
[INFO] --- maven-install-plugin:2.4:install (default-install) @ MvnBookSSHDe
[INFO] Installing E:\temp\demoMaven\MvnBookSSHDemo.DAO\target\MvnBookSSHDemo
[INFO] Installing E:\temp\demoMaven\MvnBookSSHDemo.DAO\pom.xml to C:\Users\N
[INFO] ------------------------------------------------------------------------
[INFO] BUILD SUCCESS
[INFO] ------------------------------------------------------------------------
[INFO] Total time: 11.974 s
[INFO] Finished at: 2016-11-19T10:22:49+08:00
[INFO] Final Memory: 12M/59M
[INFO] ------------------------------------------------------------------------
```

图6-14 安装构件提示

为了方便公司其他开发人员使用,接下来将该项目以构件的形式发布到前面搭建好的私服。为了使发布成功,请按前面的私服介绍搭建并启动私服,同时在当前工程的pom.xml中,添加distributionManagement配置,详细参考前面的pom.xml。具体操作和效果图如下所示。

右击"工程",选择Run As→Maven build...命令。

在Goals中输入deploy,单击Run按钮。

Archiva上关于发布的构件效果如图6-15所示。

2. 基于Hibernate完成DAO接口的实现

团队商量确定好接口,接下来就是对接口的实现和基于接口上的开发工作了。因为有共同的接口,所以这两个工作可以同步进行。这种现象同计算机配件一样(硬盘、内存、CPU、显卡等),事先定义好标准(插口),不同厂商就可以按同样的标准各自生产,然后顺利组装在一起,不用管是哪个厂家、在哪里、用哪条流水线生产的。

接下来介绍DAO接口的实现,分以下4步进行。

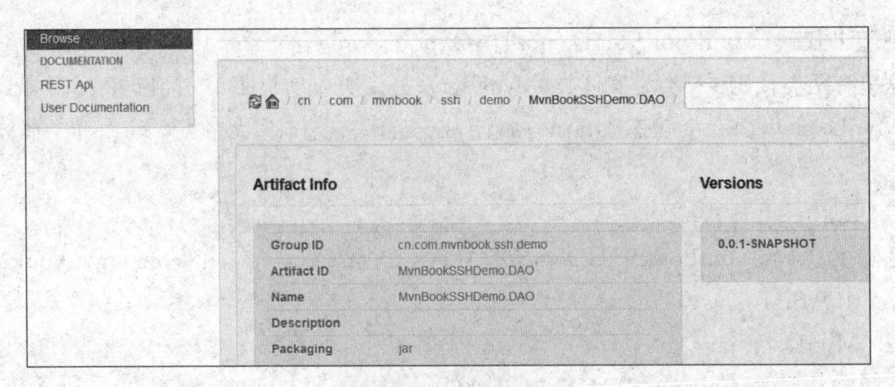

图 6-15 DAO 构件发布

(1) 创建工程,添加相关依赖

这个步骤比较简单,创建工程的方式同以前一样,具体创建过程不重复,项目结构如图 6-16 所示。

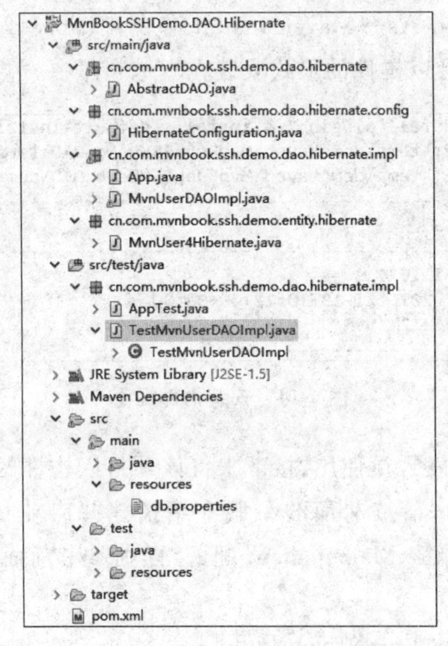

图 6-16 Hibernate DAO 项目结构

注:

① 因为前面创建了公共的 Hibernate POM 工程,里面有描述好了 Hibernate 相关的依赖(目的是让所有开发人员重用,不再重复编写),并且以构件的形式安装发布好了。这里要体现的是怎样继承前面定义好的 pom。

② 同样地,因为新工程里面要实现 MvnBookSSHDemo.DAO 中定义的接口,并且用到里面定义的公共类,而且根据前面的介绍,MvnBookSSHDemo.DAO,也以构件的形式安装发布到私服中了。在这里,要介绍一下怎样在自己的工程里面设置团队内部发布的构件。

这两点注意事项主要体现在 pom.xml 中，pom.xml 内容如下：

```
<?xml version="1.0"?>
<project
    xsi:schemaLocation="http://maven.apache.org/POM/4.0.0
    http://maven.apache.org/xsd/maven-4.0.0.xsd"
    xmlns="http://maven.apache.org/POM/4.0.0"
    xmlns:xsi="http://www.w3.org/2001/XMLSchema-instance">
    <modelVersion>4.0.0</modelVersion>
    <parent>
        <groupId>cn.com.mvnbook.pom</groupId>
        <artifactId>Hibernate4MySQLPOM</artifactId>
        <version>0.0.1-SNAPSHOT</version>
    </parent>
    <groupId>cn.com.mvnbook.ssh.demo.dao.hibernate</groupId>
    <artifactId>MvnBookSSHDemo.DAO.Hibernate</artifactId>
    <name>MvnBookSSHDemo.DAO.Hibernate</name>
    <url>http://maven.apache.org</url>
    <properties>
        <project.build.sourceEncoding>UTF-8</project.build.
        sourceEncoding>
    </properties>
    <dependencies>
        <dependency>
            <groupId>cn.com.mvnbook.ssh.demo</groupId>
            <artifactId>MvnBookSSHDemo.DAO</artifactId>
            <version>0.0.1-SNAPSHOT</version>
        </dependency>
        <dependency>
            <groupId>cn.com.mvnbook.pom</groupId>
            <artifactId>SpringPOM</artifactId>
            <version>0.0.1-SNAPSHOT</version>
            <type>pom</type>
        </dependency>
    </dependencies>
<distributionManagement>
<repository>
    <id>archivaServer</id>
    <url>http://localhost:8080/repository/internal</url>
</repository>
<snapshotRepository>
    <id>archivaServer</id>
    <url>http://localhost:8080/repository/snapshots</url>
</snapshotRepository>
</distributionManagement>
</project>
```

见随书代码(MvnBookSSHDemo.DAO.Hibernate\pom.xml)。

其中：

```
<parent>
    <groupId>cn.com.mvnbook.pom</groupId>
    <artifactId>Hibernate4MySQLPOM</artifactId>
    <version>0.0.1-SNAPSHOT</version>
</parent>
```

这是 pom. xml 中的第 1 个粗体内容，它描述的是当前的 pom. xml，继承了 Hibernate4-MySQLPOM 构件中定义的 pom 内容，其中 groupId、artifactId 和 version 共同形成构件的坐标。当 pom 需要继承别人定义好的 pom 时，只需要使用如上 parent 配置指定就行。不过这里的继承同 Java 中继承一样，只能单继承，而且只能继承 packaging 类型为 pom 的构件(这点可以看 Hibernate4MySQLPOM 中的 pom. xml 文件，里面的 packaging 是 pom)。

```
<dependency>
    <groupId>cn.com.mvnbook.ssh.demo</groupId>
    <artifactId>MvnBookSSHDemo.DAO</artifactId>
    <version>0.0.1-SNAPSHOT</version>
</dependency>
<dependency>
    <groupId>cn.com.mvnbook.pom</groupId>
    <artifactId>SpringPOM</artifactId>
    <version>0.0.1-SNAPSHOT</version>
    <type>pom</type>
</dependency>
```

这是在 pom. xml 中第 2 个粗体的内容，描述的是两个依赖。第 1 个依赖是前面定义的 DAO 接口和公共类的构件依赖。通过查看代码，其实同使用从网上找的其他依赖一样。第 2 个虽然也是使用前面定义的 Spring 的公共 pom 依赖，但是有点不同，里面包含了一个＜type＞pom＜/type＞，这个元素指定的是依赖的 packaging 类型。依赖的 packaging 类型默认是 jar(前面所有 pom. xml 中没有指定 type 的情况)，如果 pom 引用的依赖是 pom 类型，就需要在 dependency 中添加 type 元素，指定是类型 pom，形同这里用到的第 2 个依赖，否则构建的时候会报错。

(2) 编写实现代码

基于 Hibernate 的 DAO 实现代码主要有如下几个类。

① MvnUser4Hibernate. java，该类继承了 MvnUser 类，里面用注解描述了实体信息。

② AbstractDAO. java，该类定义了实体的公共持久化方法，所有的 DAO 实现类就继承它。

③ MvnUserDAOImpl. java，该类实现了 MvnUser 实体类的所有持久化方法。

④ HibernateConfiguration. java，Hibernate 的配置类，描述 Hibernate 的配置信息，

代替 hibernate. cfg. xml。

⑤ db. properties，描述数据库连接信息和 Hibernate 的一些配置信息。

各个内容如下所示。

① MvnUser4Hibernate. java。

见随书代码（MvnBookSSHDemo. DAO. Hibernate\src\main\java\cn\com\mvnbook\ssh\demo\entity\hibernate\MvnUser4Hibernate. java）。

② AbstractDAO. java。

见随书代码（MvnBookSSHDemo. DAO. Hibernate\src\main\java\cn\com\mvnbook\ssh\demo\dao\hibernate\AbstractDAO. java）。

③ MvnUserDAOImpl. java。

见随书代码（MvnBookSSHDemo. DAO. Hibernate\src\main\java\cn\com\mvnbook\ssh\demo\dao\hibernate\impl\MvnUserDAOImpl. java）。

④ HibernateConfiguration. java。

见随书代码（MvnBookSSHDemo. DAO. Hibernate\src\main\java\cn\com\mvnbook\ssh\demo\dao\hibernate\config\HibernateConfiguration. java）。

⑤ db. properties(存放在工程的 src/main/resources 目录下)。

见随书代码（MvnBookSSHDemo. DAO. Hibernate\src\main\resources\db. properties）。

（3）编写测试代码

测试代码基于 JUnit，相对比较简单，只有一个类，针对 MvnUserDAOImpl. java 进行测试，另外还有一个 Spring 的配置文件 applicationContext. xml。

需要注意的是，测试的所有代码和资源文件，都分别放在 src/test 目录下对应的子目录中。在 Maven 中具体文件的存放位置是固定的。测试代码和配置文件的内容如下所示。

① TestMvnUserDAOImpl. java。

见随书代码(MvnBookSSHDemo. DAO. Hibernate\src\test\java\cn\com\mvnbook\ssh\demo\dao\hibernate\impl\TestMvnUserDAOImpl. java）。

② applicationContext. xml。

见随书代码（MvnBookSSHDemo. DAO. Hibernate\src\test\resources\applicationContext. xml）。

（4）测试安装发布

右击“工程”，选择 Run As→Maven test 命令，Maven 会自动对 JUnit 写的测试代码进行测试，并且显示测试结果，如图 6-17 所示。

右击“工程”，选择 Run As→Maven install 命令，Maven 会自动将工程代码编译，运行完测试代码，通过后，打包成构件，发布到本地仓库。结果如图 6-18 所示。

右击“工程”，选择 Run As→Maven build... 命令，在弹出框的 Goals 输入框中输入 deploy，单击 Run 按钮，Maven 会自动将工程构件发布到指定的私服仓库。需要注意，一定要在 pom. xml 中配置 distributionManagement，指定发布的位置如图 6-19 所示。

```
Results :

Tests run: 4, Failures: 0, Errors: 0, Skipped: 0

[INFO] ------------------------------------------------------------
[INFO] BUILD SUCCESS
[INFO] ------------------------------------------------------------
[INFO] Total time: 11.041 s
[INFO] Finished at: 2016-11-19T22:06:34+08:00
[INFO] Final Memory: 12M/169M
[INFO] ------------------------------------------------------------
```

图 6-17　测试提示

```
[INFO] --- maven-install-plugin:2.4:install (default-install) @ MvnBoc
[INFO] Installing E:\temp\demoMaven\Hibernate4MySQLPOM\MvnBookSSHDemo.
[INFO] Installing E:\temp\demoMaven\Hibernate4MySQLPOM\MvnBookSSHDemo.
[INFO] ------------------------------------------------------------------
[INFO] BUILD SUCCESS
[INFO] ------------------------------------------------------------------
[INFO] Total time: 12.146 s
[INFO] Finished at: 2016-11-19T22:09:27+08:00
[INFO] Final Memory: 14M/169M
[INFO] ------------------------------------------------------------------
```

图 6-18　DAO Hibernate 项目构建提示

图 6-19　DAO Hibernate 私服发布

6.3.3　实现 Service 模块

同 DAO 层定义的接口类似，先将 Service 的接口定义好，并且发布成一个单独的构件，在自己的计算机上创建一个新的工程，继承 SpringPOM，集成 DAO 接口的依赖和 Service 接口的依赖，独立进行 Service 的实现代码编写和测试。

因为要对 Service 实现方法进行测试，编码的时候可以面向接口编程。测试的时候，肯定要基于 DAO 的实现才能操作数据库。所以在测试的时候还需要额外添加前面 Hibernate 的 DAO 实现依赖，不过该依赖的 score 是 test，即只在测试的时候有效。详细情况请注意接下来介绍的工程 pom. xml 中的备注。

下面按类似 Hibernate 的 DAO 实现的思路,介绍 Service 的实现模块。

1. 配置 pom. xml

同之前一样,创建一个 Maven 工程,工程目录结构如图 6-20 所示。

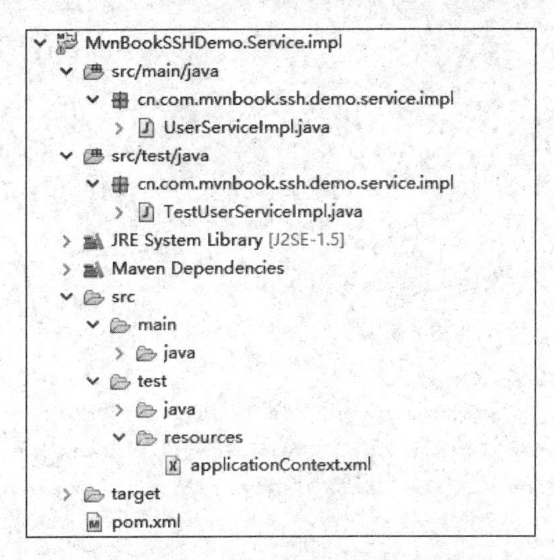

图 6-20 Maven Service 项目结构

见随书代码(MvnBookSSHDemo. Service. impl)。

根据本节开始的介绍,需要在 pom. xml 中做如下设置。

(1) 配置继承 SpringPOM 构件的信息(里面配置了 Spring 需要的依赖)。

(2) 添加 DAO 接口构件和 Service 接口构件的依赖。

(3) 添加 Hibernate DAO 实现构件的依赖,作用范围是 test。

请查看如下 pom. xml,注意加粗部分内容和注释,细心的读者会发现里面没有添加 DAO 接口的构件依赖,只添加 Service 接口的构件依赖,同前面介绍的第 2 点要求不符合。原因是 Service 接口构件内部有配置好对应 DAO 接口构件的依赖,只要在这里配置 Service 接口构件的依赖,Maven 会在加载 Service 接口构件依赖的同时,自动地连带着将 Service 接口构件内部所需要的其他依赖加进来。

pom. xml 内容如下:

```
<project xmlns="http://maven.apache.org/POM/4.0.0"
    xmlns:xsi="http://www.w3.org/2001/XMLSchema-instance"
    xsi:schemaLocation="http://maven.apache.org/POM/4.0.0
    http://maven.apache.org/xsd/maven-4.0.0.xsd">
    <modelVersion>4.0.0</modelVersion>
    <!--继承 SpringPOM 构件-->
    <parent>
        <groupId>cn.com.mvnbook.pom</groupId>
```

```
        <artifactId>SpringPOM</artifactId>
        <version>0.0.1-SNAPSHOT</version>
    </parent>
    <groupId>cn.com.mvnbook.ssh.demo</groupId>
    <artifactId>MvnBookSSHDemo.Service.impl</artifactId>
    <packaging>jar</packaging>
    <name>MvnBookSSHDemo.Service.impl</name>
    <url>http://maven.apache.org</url>
    <properties>
        <project.build.sourceEncoding>UTF-8</project.build.
        sourceEncoding>
    </properties>
    <dependencies>
        <!--Service 接口构件依赖-->
        <dependency>
            <groupId>cn.com.mvnbook.ssh.demo</groupId>
            <artifactId>MvnBookSSHDemo.Service</artifactId>
            <version>0.0.1-SNAPSHOT</version>
        </dependency>
        <!--Hibernate DAO 实现构件依赖-->
        <dependency>
            <groupId>cn.com.mvnbook.ssh.demo.dao.hibernate</groupId>
            <artifactId>MvnBookSSHDemo.DAO.Hibernate</artifactId>
            <version>0.0.1-SNAPSHOT</version>
            <!--作用范围-->
            <scope>test</scope>
        </dependency>
    </dependencies>
</project>
```

见随书代码(MvnBookSSHDemo. Service. impl\pom. xml)。

2. 编写 Service 实现代码

Service 的实现代码相对比较简单,只是要有 Spring 容器管理相关的基础,因为里面用到 Spring 内部的组件注解、依赖注入注解和事务管理注解,详情请看代码和 Spring 相关的资料。

见随书代码(MvnBookSSHDemo. Service. impl\src\main\java\cn\com\mvnbook\ssh\demo\service\impl\UserServiceImpl. java)。

3. 编写 Service 的测试案例代码和必需的配置资源文件

因为测试代码的测试环境是依赖 Spring 容器的,所以测试部分的内容除了有针对 UserServiceImpl. java 的测试案例类之外,还需要配置一个 applicationContext. xml。而且还要注意,不管是测试类还是测试资源,都需要放在 src/test 的对应子目录下。

（1）TestUserServiceImpl. java。

见随书代码(MvnBookSSHDemo. Service. impl\src\test\java\cn\com\mvnbook\ssh\demo\service\impl\TestUserServiceImpl. java)。

（2）applicationContext. xml。

见随书代码(MvnBookSSHDemo. Service. impl \ src \ test \ resources \ applicationContext. xml)。

4. 测试安装和发布

这里的测试安装和发布同 Hibernate DAO 实现里面的一样。

右击“工程”,选择 Run As→Maven test 命令。

测试效果如图 6-21 所示。

```
Results :

Tests run: 6, Failures: 0, Errors: 0, Skipped: 0

[INFO] ------------------------------------------
[INFO] BUILD SUCCESS
[INFO] ------------------------------------------
[INFO] Total time: 15.757 s
[INFO] Finished at: 2016-11-20T21:49:42+08:00
[INFO] Final Memory: 12M/169M
[INFO] ------------------------------------------
```

图 6-21 Maven Service 测试提示

右击“工程”,选择 Run As→Maven install 命令。

安装效果如图 6-22 所示。

```
[INFO] --- maven-install-plugin:2.4:install (defau
[INFO] Installing E:\temp\demoMaven\MvnBookSSHDemo
[INFO] Installing E:\temp\demoMaven\MvnBookSSHDemo
[INFO] ------------------------------------------
[INFO] BUILD SUCCESS
[INFO] ------------------------------------------
[INFO] Total time: 20.256 s
[INFO] Finished at: 2016-11-20T21:50:54+08:00
[INFO] Final Memory: 14M/170M
[INFO] ------------------------------------------
```

图 6-22 Maven Service 安装提示

右击“工程”,选择 Run As→Maven build...命令。

在打开窗口的 Goals 输入框中输入 deploy,单击 Run 按钮,发布效果如图 6-23 所示。

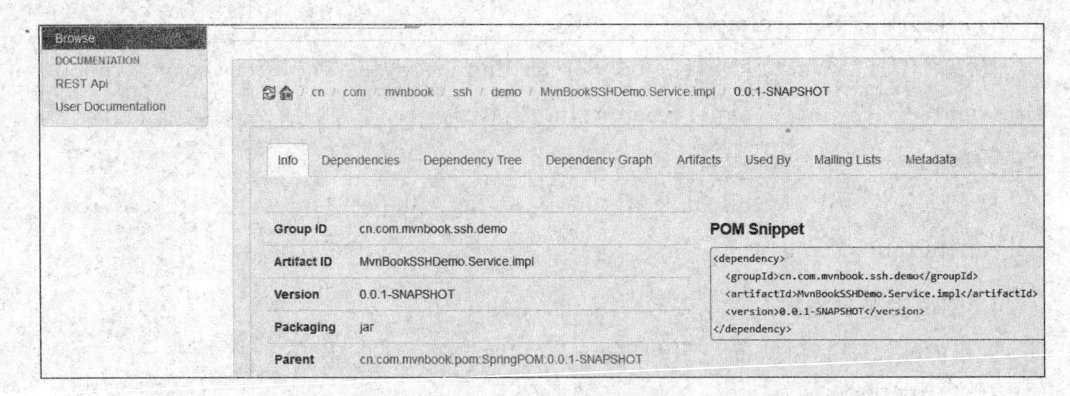

图 6-23　Maven Service 发布

6.3.4　实现 Struts2 Web 模块

前面分别基于 Spring 和 Hibernate 实现了 Service 接口和 DAO 接口功能，接下来基于 Struts2 实现 Web 层功能。

根据前面的 Jsp/Servlet 实现，对需求的理解和 Struts2 开发的相关组件的了解（Struts2 需要单独参考其他资料），Struts2 Web 层的代码需要做以下工作。

（1）实现视图层代码(jsp)

视图层代码同以前用 Jsp/Servlet 开发的内容一样，有两个 jsp。

Index.jsp，首页框架 jsp。

userList.jsp，显示用户列表的 jsp。

（2）编写 Action 代码

UserAction.java，实现用户 CRUD 的所有控制逻辑代码。

（3）Spring 容器的配置文件

applicationContext.xml，配置 Spring 容器的初始化组件。

（4）编写 struts.xml 配置文件

完成 Struts 常量的配置和 Action 的配置。

（5）配置 web.xml

配置 Struts 的入口过滤器和 Spring 的初始化 Listener。

1. 创建 Web 工程

基于 webapp 的 Archetypes 创建 Web 工程，这里用的是 webapp-jee5，如图 6-24 所示。

单击 Next 按钮，在输入框中输入对应信息，单击 Finish 按钮，创建一个 Maven 的 Web 工程，仓库目录结构如图 6-25 所示。

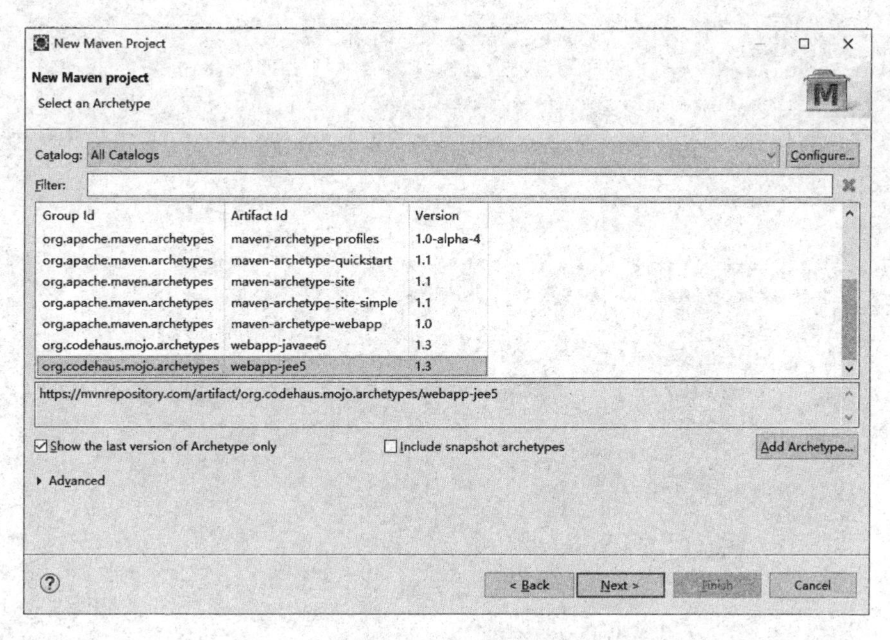

图 6-24　选择 webapp-jee5 创建 Web 应用

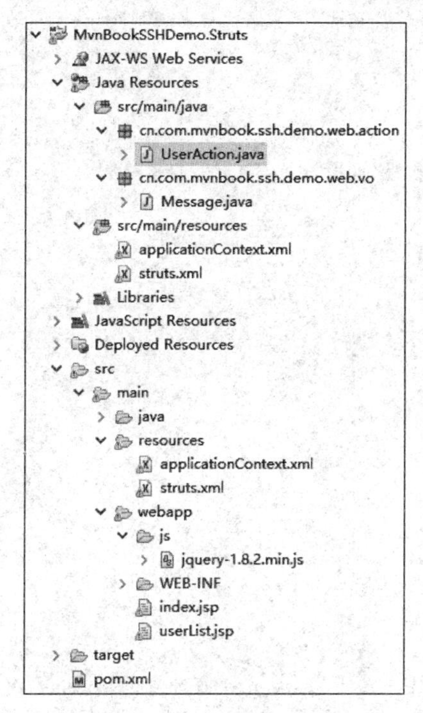

图 6-25　Struts Web 工程结构

2. 配置依赖和插件

pom. xml 内容如下：

```
<project xmlns="http://maven.apache.org/POM/4.0.0"
    xmlns:xsi="http://www.w3.org/2001/XMLSchema-instance"
    xsi:schemaLocation="http://maven.apache.org/POM/4.0.0
    http://maven.apache.org/xsd/maven-4.0.0.xsd">
    <modelVersion>4.0.0</modelVersion>
    <parent>
        <groupId>cn.com.mvnbook.pom</groupId>
        <artifactId>StrutsPOM</artifactId>
        <version>0.0.1-SNAPSHOT</version>
    </parent>
    <groupId>cn.com.mvnbook.ssh.demo</groupId>
    <artifactId>MvnBookSSHDemo.Struts</artifactId>
    <packaging>war</packaging>
    <name>MvnBookSSHDemo.Struts</name>
    <url>http://maven.apache.org</url>
    <dependencies>
        <!--struts json 插件 -->
        <!--https://mvnrepository.com/artifact/org.apache.struts/struts2-
        json-plugin -->
        <dependency>
            <groupId>org.apache.struts</groupId>
            <artifactId>struts2-json-plugin</artifactId>
            <version>2.3.28</version>
        </dependency>
        <dependency>
            <groupId>cn.com.mvnbook.ssh.demo.dao.hibernate</groupId>
            <artifactId>MvnBookSSHDemo.DAO.Hibernate</artifactId>
            <version>0.0.1-SNAPSHOT</version>
        </dependency>
        <dependency>
            <groupId>cn.com.mvnbook.ssh.demo</groupId>
            <artifactId>MvnBookSSHDemo.Service</artifactId>
            <version>0.0.1-SNAPSHOT</version>
        </dependency>
        <dependency>
            <groupId>cn.com.mvnbook.ssh.demo</groupId>
            <artifactId>MvnBookSSHDemo.Service.impl</artifactId>
            <version>0.0.1-SNAPSHOT</version>
        </dependency>
    </dependencies>
    <build>
        <plugins>
            <!--<plugin><groupId>org.mortbay.jetty</groupId><artifactId>
           maven-jetty-plugin</artifactId>

               <version>6.1.26</version><configuration>
               <webAppSourceDirectory>${basedir}/src/main/webapp
               </webAppSourceDirectory>
```

```
        </configuration></plugin>-->
    <plugin>
        <!--指定插件名称及版本号 -->
        <groupId>org.codehaus.cargo</groupId>
        <artifactId>cargo-maven2-plugin</artifactId>
        <version>1.4.8</version>
        <configuration>
            <wait>true</wait>
            <!--是否说明,操作 start、stop 等后续操作必须等前面操作完成才能
            继续 -->
            <container>
            <!--容器的配置 -->
                <containerId>tomcat7x</containerId>
            <!--指定 Tomcat 版本 -->
                <type>installed</type>
                    <!--指定类型: standalone、installed 等 -->
                <home>C:\java\servers\apache-tomcat-7.0.69_64</home>
                    <!--指定 Tomcat 的位置,即 catalina.home -->
            </container>
            <configuration>
                    <!--具体的配置 -->
                <type>existing</type>
                    <!--类型,existing:存在 -->
                <home>C:\java\servers\apache-tomcat-7.0.69_64</home>
                    <!--Tomcat 的位置,即 catalina.home -->
            </configuration>
            <deployables>    <!--部署设置 -->
                <deployable>            <!--部署的 War 包名等 -->
                    <groupId>cn.com.mvnbook.ssh.demo</groupId>
                    <artifactId>MvnBookSSHDemo.Struts</artifactId>
                    <type>war</type>
                    <properties><!--部署路径 -->
                        <context>MvnBookSSHDemo</context>
                    </properties>
                </deployable>
            </deployables>
            <deployer>         <!--部署配置 -->
                <type>installed</type>
                <!--类型 -->
            </deployer>
        </configuration>
        <executions>
            <!--执行的动作 -->
            <execution>
                <id>verify-deployer</id>
                <phase>install</phase>    <!--解析 install -->
                <goals>
                    <goal>deployer-deploy</goal>
```

```
                    </goals>
                </execution>
                <execution>
                    <id>clean-deployer</id>
                    <phase>clean</phase>
                    <goals>
                        <goal>deployer-undeploy</goal>
                    </goals>
                </execution>
            </executions>
        </plugin>
        <plugin>
            <groupId>org.apache.maven.plugins</groupId>
            <artifactId>maven-compiler-plugin</artifactId>
            <version>2.0.2</version>
            <configuration>
                <source>1.5</source>
                <target>1.5</target>
            </configuration>
        </plugin>
    </plugins>
  </build>
</project>
```

相对以前的工程，这里有如下几点不同。

(1) 当前是 webapp 工程，packaging 要设置成 war。

(2) 在操作过程中，添加、修改、删除的返回要用 JSON，所以这里需要集成 struts-json 依赖。

(3) 本工程用的不是 jetty 插件发布 Web 应用，用的是 cargo-maven2-plugin 插件，直接发布到指定 Tomcat 的 webapps 目录下。

(4) cargo-maven2-plugin 插件的配置在文档中有对应的注释。这里强调要注意的地方是粗体显示部分。groupId 和 artifactId 是当前工程的对应值，context 是发布到 Web 服务器中的上下文路径名称。

3. 添加实现代码

(1) 视图层代码文件内容如下。

见随书代码(MvnBookSSHDemo.Struts\src\main\webapp\index.jsp)。

见随书代码(MvnBookSSHDemo.Struts\src\main\webapp\userList.jsp)。

注：index.jsp 中的 JS 用到了 jQuery，要注意将 jQuery 的 JS 代码添加到应用中，并且用 script 应用到页面。index.jsp 中的添加函数、修改函数和删除函数从后台返回的是用 JSON 封装的提示信息。

(2) Action。

Message.java 见随书代码(MvnBookSSHDemo.Struts\src\main\java\cn\com\mvnbook\ssh\demo\web\vo\Message.java)。

UserAction.java 见随书代码(MvnBookSSHDemo.Struts\src\main\java\cn\com\mvnbook\ssh\demo\web\action\UserAction.java)。

(3) applicationContext.xml。

见随书代码(MvnBookSSHDemo.Struts\src\main\resources\applicationContext.xml)。

(4) struts.xml。

见随书代码(MvnBookSSHDemo.Struts\src\main\resources\struts.xml)。

(5) web.xml。

见随书代码(MvnBookSSHDemo.Struts\src\main\webapp\WEB-INF\web.xml)。

4. 安装发布测试

右击"工程",选择 Run As→Maven install 命令。

Maven 会自动编译、测试代码,并且打成 war 包,将 war 包发布到指定的 Web 服务器的发布目录。接着就可以启动 Tomcat 服务器用浏览器进行测试了。浏览器操作过程同前面基于 Jsp/Servlet 开发的 Demo 一样。

6.3.5 整合成 SSH

按前面的操作,用户已经独立地实现了各自模块的功能,并且能将各自的功能封装成构件安装到本地仓库、发布到公司搭建的私服上面,供需要的地方当依赖构件使用。

这体现了模块化的思想,同时考虑到框架的依赖配置的共性,用户可以独立创建工程(POM),将每个独立框架的依赖配置都在公共 POM 工程中设置好。其他要使用的工程只需继承它们就行了,不需要重复配置。比如,MvnBookSSHDemo.Struts 就是继承自 StrutsPOM。这体现了 Maven 开发过程中的继承运用思想。

但是,当测试 MvnBookSSHDemo.Struts 模块功能的时候,发现前面的依赖模块的实现需要修改,这时候就要对修改的模块工程进行独立的编译、测试、打包、安装和发布,然后再测试 MvnBookSSHDemo.Struts。

如果依赖的第三方模块很多,这样每次改动都需要对每个模块进行重复操作,很麻烦。

为了解决这个问题,Maven 里面有个"聚合"的概念。它能将一个个依赖的模块聚合成一个大项目(工程)。

下面创建一个项目,将 MvnBookSSHDemo 的相关模块都聚合到一起,同时操作,具体步骤如下。

1. 创建一个普通工程

聚合工程结构如图 6-26 所示。

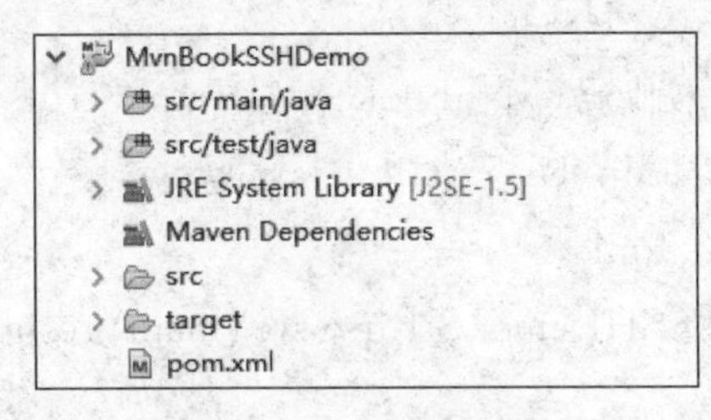

图 6-26　聚合工程结构

2. 在 pom. xml 中配置每个模块

```
<project xmlns="http://maven.apache.org/POM/4.0.0"
    xmlns:xsi="http://www.w3.org/2001/XMLSchema-instance"
    xsi:schemaLocation="http://maven.apache.org/POM/4.0.0
    http://maven.apache.org/xsd/maven-4.0.0.xsd">
    <modelVersion>4.0.0</modelVersion>
    <groupId>cn.com.mvnbook.ssh.demo</groupId>
    <artifactId>MvnBookSSHDemo</artifactId>
    <version>0.0.1-SNAPSHOT</version>
    <packaging>pom</packaging>
    <name>MvnBookSSHDemo</name>
    <url>http://maven.apache.org</url>
    <modules>
        <module>../MvnBookSSHDemo.DAO</module>
        <module>../MvnBookSSHDemo.DAO.Hibernate</module>
        <module>../MvnBookSSHDemo.Service</module>
        <module>../MvnBookSSHDemo.Service.impl</module>
        <module>../MvnBookSSHDemo.Struts</module>
    </modules>
    <properties>
        <project.build.sourceEncoding>UTF-8</project.build.sourceEncoding>
    </properties>
    <dependencies>
    </dependencies>
    <build>
        <plugins>
        </plugins>
    </build>
    <distributionManagement>
        <repository>
            <id>archivaServer</id>
            <url>http://localhost:8080/repository/internal</url>
```

```
        </repository>
        <snapshotRepository>
            <id>archivaServer</id>
            <url>http://localhost:8080/repository/snapshots</url>
        </snapshotRepository>
    </distributionManagement>
</project>
```

见随书代码(MvnBookSSHDemo\pom.xml)。

注:这个 pom.xml 中没有太多信息,注意粗体部分的配置,就是将相关的依赖工程以模块的形式聚合进来。

这些工程都需要在同一个工作空间下,才能用"../"类似的相对路径进行定位应用。本 Demo 的工程目录结构如图 6-27 所示。

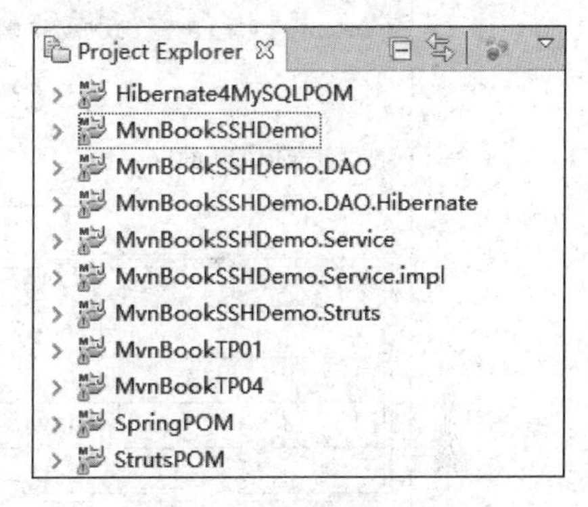

图 6-27 MvnBookSSHDemo 子模块工程结构

3. 构建

要对所有模块进行编译、测试、安装、发布的话,都可以直接右击 MvnBookSSHDemo 工程,选择 Run As→Maven clean→test→install→build...→build 等命令。

当选择 Maven install 命令后,Maven 会自动把整个工程打成 MvnBookSSHDemo.war 包,发布到 Tomcat 的 webapps 目录中。

同样,如果选择 Maven build...命令,输入 deploy,单击 Run 按钮,在安装的 Archiva 私服上就可以浏览到所有的构件,如图 6-28 所示。

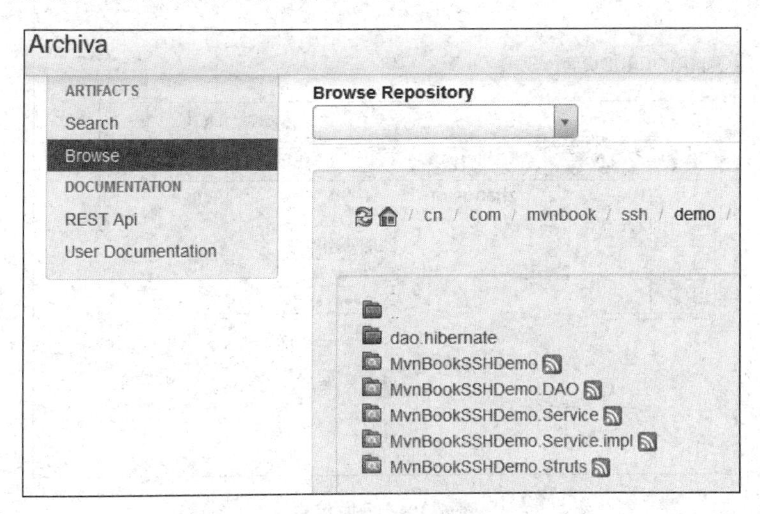

图 6-28 MvnBookSSHDemo 项目发布

4. 测试

启动 Tomcat，就可以开始测试操作了，只是请注意：前面有搭建 Archiva 私服的，如果这个私服在开发的时候启动着，并且私服就搭建在自己的计算机上，请将它关闭后再启动测试应用的 Tomcat，或者修改测试应用 Tomcat 的端口，否则会出现端口冲突异常。因为 Archiva 也用 Tomcat 服务器，默认端口就是 8080 系列的。

（1）首页。如图 6-29 所示。

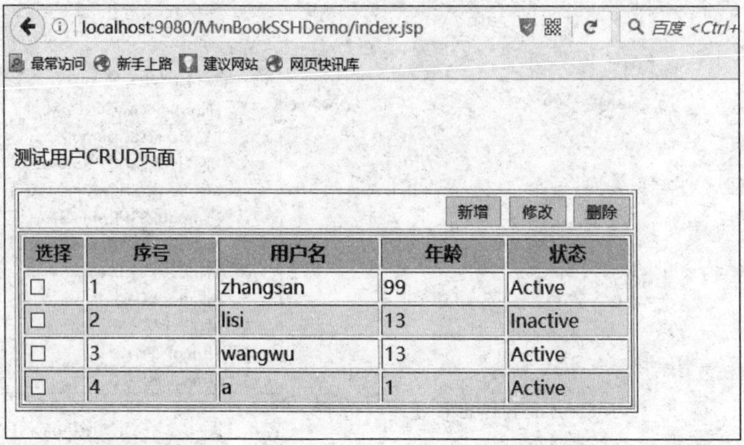

localhost:9080/MvnBookSSHDemo/index.jsp

最常访问 新手上路 建议网站 网页快讯库

测试用户CRUD页面

新增 修改 删除

选择	序号	用户名	年龄	状态
□	1	zhangsan	99	Active
□	2	lisi	13	Inactive
□	3	wangwu	13	Active
□	4	a	1	Active

图 6-29　首页

（2）添加用户。单击“新增”按钮，显示添加用户页面，如图 6-30 所示。

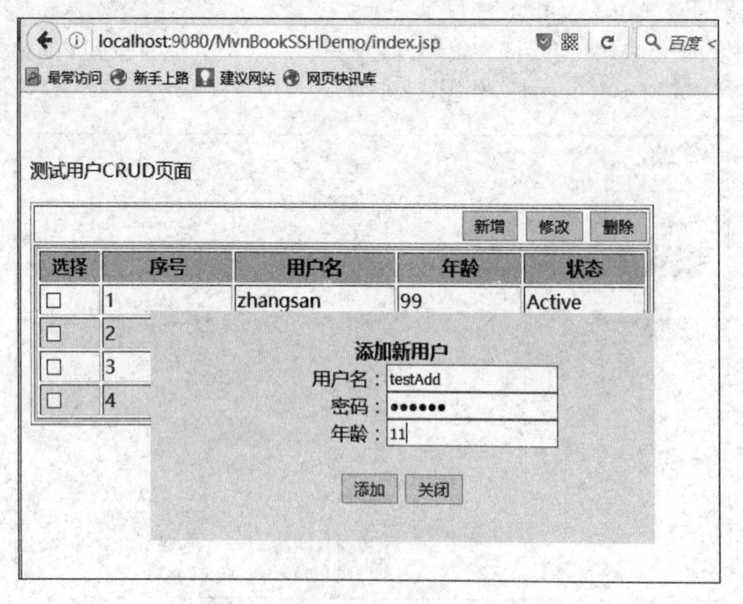

图 6-30　添加用户

单击“添加”按钮后会查看到新增了一个用户，如图 6-31 所示。

localhost:9080/MvnBookSSHDemo/index.jsp

最常访问　新手上路　建议网站　网页快讯库

测试用户CRUD页面

新增　修改　删除

选择	序号	用户名	年龄	状态
☐	1	zhangsan	99	Active
☐	2	lisi	13	Inactive
☐	3	wangwu	13	Active
☐	4	a	1	Active
☐	5	testAdd	11	Active

图 6-31　查询用户列表

(3) 修改用户。选择要修改的用户，单击“修改”按钮，在页面修改提交，实现选择用户信息的修改，如图 6-32 所示。

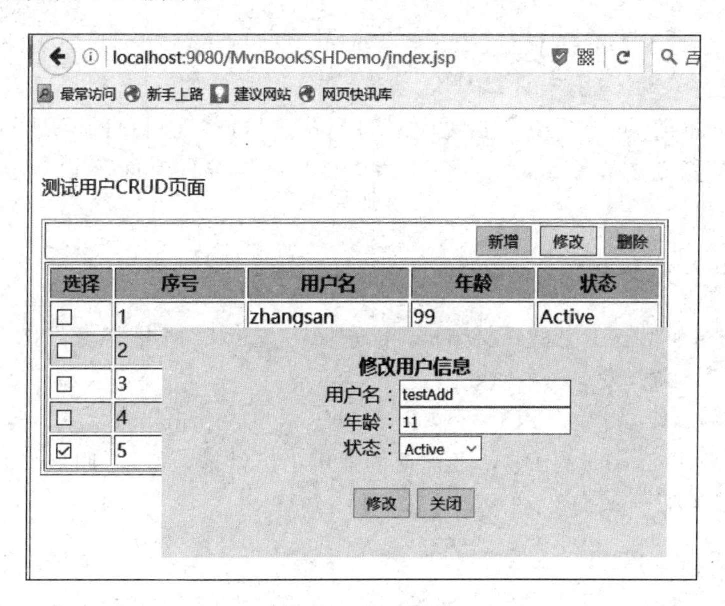

图 6-32　修改用户

(4) 删除用户。选择要删除的用户，单击“删除”按钮，如图 6-33 所示。

至此，我们在 Maven 上面基于 SSH 完成了一个用户的 CRUD 功能，中间还体现了项目的模块思想、面向接口编程思想和 Maven 的继承、聚合思想。

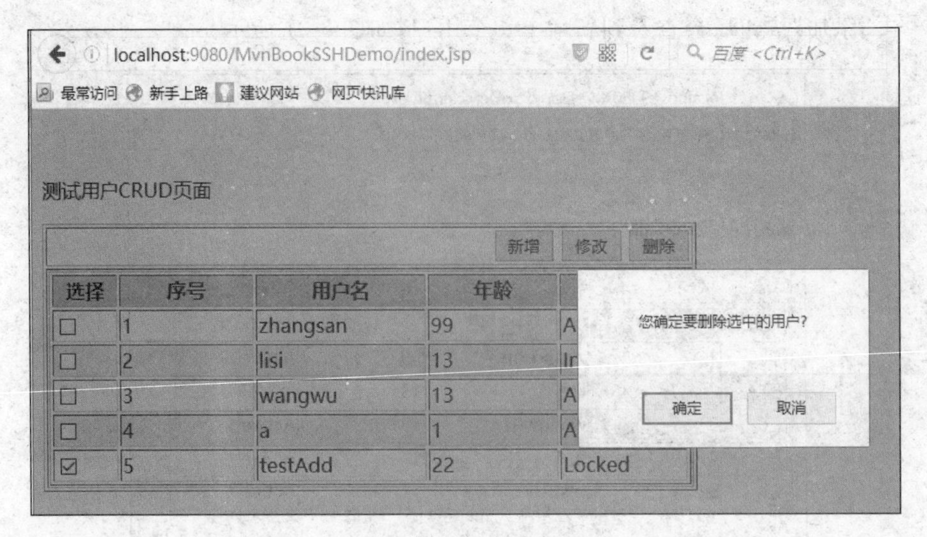

图 6-33 删除用户

6.4 实现 SpringMVC＋Spring＋MyBatis 框架应用

前面介绍了基于 Maven 使用 Struts＋Spring＋Hibernate(SSH)框架，模仿企业级应用的开发过程，实现了用户的 CRUD 功能。接下来再使用 SpringMVC＋Spring＋MyBatis(SSM)框架，同样模仿企业级应用的开发过程，实现用户的 CRUD 功能。目的很明确，让用户能直接基于 SSH 和 SSM 两个流行框架进行项目开发，减少学习到使用之间的转换过程。

6.4.1 创建公共 POM

为了使公司项目有正常的沉淀和重用，先创建基于 SSM 框架开发的公共 POM 构件，以免以后项目和开发人员的重复搭建。

基于 SSM 框架，用户可以独立搭建 SpringMVC、Spring 和 MyBatis 三个基本的 POM 构件。其中，Spring 的 POM 在前面的样例中已经搭建好了，叫 SpringPOM 构件。本小节主要介绍 SpringMVC 和 MyBatis 构件 POM。

1. SpringMVC POM

因为 SpringMVC 同 Spring 已经在 SpringPOM 配置好了，现在只需继承 SpringPOM。

另外，SpringMVC 封装的是 Web 层应用，底层使用的是 Jsp/Servlet 技术，所以在 SpringMVC POM 中需要加入 Jsp/Servlet 相关的依赖。

因为在用户 CRUD 样例中需要有 JSON 的响应，而且 JSON 的请求和响应在实际项目中也很普通，所以在 SpringMVC POM 中也添加了 JSON 的相关依赖。

pom. xml 的详细内容如下：

```
<project xmlns="http://maven.apache.org/POM/4.0.0"
    xmlns:xsi="http://www.w3.org/2001/XMLSchema-instance"
    xsi:schemaLocation="http://maven.apache.org/POM/4.0.0
    http://maven.apache.org/xsd/maven-4.0.0.xsd">
    <modelVersion>4.0.0</modelVersion>
    <!--继承 SpringPOM 中的 pom -->
    <parent>
        <groupId>cn.com.mvnbook.pom</groupId>
        <artifactId>SpringPOM</artifactId>
        <version>0.0.1-SNAPSHOT</version>
    </parent>
    <artifactId>SpringMVCPOM</artifactId>
    <packaging>pom</packaging>
    <name>SpringMVCPOM</name>
    <url>http://maven.apache.org</url>
    <properties>
        <project.build.sourceEncoding>UTF-8</project.build.sourceEncoding>
    </properties>
    <dependencies>
        <!--jsp servlet -->
        <dependency>
            <groupId>javax.servlet</groupId>
            <artifactId>servlet-api</artifactId>
            <version>2.5</version>
            <scope>provided</scope>
        </dependency>
        <dependency>
            <groupId>javax.servlet.jsp</groupId>
            <artifactId>jsp-api</artifactId>
            <version>2.1</version>
            <scope>provided</scope>
        </dependency>
        <dependency>
            <groupId>javax.servlet</groupId>
            <artifactId>jstl</artifactId>
            <version>1.2</version>
        </dependency>
        <!--JSON 组件 -->
        <dependency>
            <groupId>com.fasterxml.jackson.core</groupId>
            <artifactId>jackson-databind</artifactId>
            <version>2.5.4</version>
        </dependency>
        <dependency>
            <groupId>com.fasterxml.jackson.core</groupId>
            <artifactId>jackson-core</artifactId>
            <version>2.5.4</version>
        </dependency>
```

```
        <dependency>
            <groupId>com.fasterxml.jackson.core</groupId>
            <artifactId>jackson-annotations</artifactId>
            <version>2.5.0</version>
        </dependency>
    </dependencies>
    <distributionManagement>
        <repository>
            <id>archivaServer</id>
            <url>http://localhost:8080/repository/internal</url>
        </repository>
        <snapshotRepository>
            <id>archivaServer</id>
            <url>http://localhost:8080/repository/snapshots</url>
        </snapshotRepository>
    </distributionManagement>
</project>
```

见随书代码(SpringPOM\pom.xml)。

2. MyBatis POM

考虑到MyBatis最终要同Spring集成，并且是基于MySQL数据库。在MyBatis的POM中需要定义如下关键的依赖。

(1) MyBatis构件。

(2) MyBatis同Spring集成的构件。

(3) 连接池构件。

(4) MySQL数据库驱动构件。

MyBatis4MySQLPOM的pom.xml详细内容如下：

```
<project xmlns="http://maven.apache.org/POM/4.0.0"
    xmlns:xsi="http://www.w3.org/2001/XMLSchema-instance"
    xsi:schemaLocation="http://maven.apache.org/POM/4.0.0
    http://maven.apache.org/xsd/maven-4.0.0.xsd">
    <modelVersion>4.0.0</modelVersion>
    <groupId>cn.com.mvnbook.pom</groupId>
    <artifactId>MyBatis4MySQLPOM</artifactId>
    <version>0.0.1-SNAPSHOT</version>
    <packaging>pom</packaging>
    <name>MyBatis4MySQLPOM</name>
    <url>http://maven.apache.org</url>
    <properties>
        <project.build.sourceEncoding>UTF-8</project.build.sourceEncoding>
        <!--3.6.5.Final,3.3.2.GA -->
        <project.build.mybatis.version>3.4.0</project.build.mybatis.version>
    </properties>
```

```
    <dependencies>
        <!--MyBatis -->
        <dependency>
            <groupId>org.mybatis</groupId>
            <artifactId>mybatis</artifactId>
            <version>${project.build.mybatis.version}</version>
        </dependency>
        <!--MyBatis 同 Spring 的集成构件 -->
        <dependency>
            <groupId>org.mybatis</groupId>
            <artifactId>mybatis-spring</artifactId>
            <version>1.3.0</version>
        </dependency>
        <dependency>
            <groupId>org.mybatis.generator</groupId>
            <artifactId>mybatis-generator-core</artifactId>
            <version>1.3.2</version>
        </dependency>
        <!--Datasource 连接池 -->
        <dependency>
            <groupId>commons-dbcp</groupId>
            <artifactId>commons-dbcp</artifactId>
            <version>1.4</version>
        </dependency>
        <!--MySQL 数据库驱动 -->
        <dependency>
            <groupId>mysql</groupId>
            <artifactId>mysql-connector-java</artifactId>
            <version>5.1.34</version>
        </dependency>
        <dependency>
            <groupId>junit</groupId>
            <artifactId>junit</artifactId>
            <version>4.7</version>
            <scope>test</scope>
        </dependency>
    </dependencies>
    <distributionManagement>
        <repository>
            <id>archivaServer</id>
            <url>http://localhost:8080/repository/internal</url>
        </repository>
        <snapshotRepository>
            <id>archivaServer</id>
            <url>http://localhost:8080/repository/snapshots</url>
        </snapshotRepository>
    </distributionManagement>
</project>
```

见随书代码(MyBatis4MySQLPOM \pom. xml)。

6.4.2 实现 MyBatis DAO 模块

因为它同 SSH 框架实现的用户 CRUD 功能一样，所以在 SSM 中，DAO 层的接口同 SSH 中的 DAO 层接口是一样的，这里就不再重新定义了，直接重用前面样例中创建的 MvnBookSSHDemo. DAO 构件。这里直接创建 MyBatis 的 DAO 实现部分工程，对 DAO 层接口基于 MyBatis 进行实现。

1. 创建 MvnBookSSMDemo. DAO. MyBatis 工程

MvnBookSSMDemo. DAO. MyBatis 的工程中，只需创建 Maven 的普通 Java 工程就行，目录结构如图 6-34 所示。

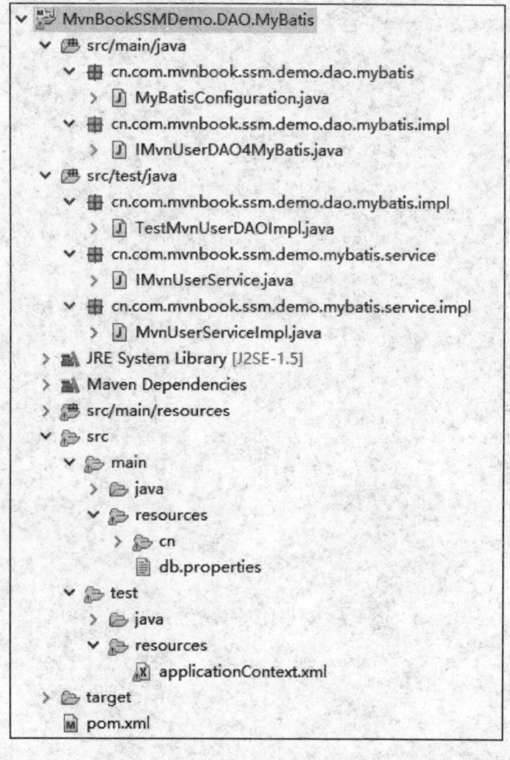

图 6-34 MvnBookSSMDemo. DAO. MyBatis 项目结构

2. 编写 pom. xml

MvnBookSSMDemo. DAO. MyBatis 是基于 MyBatis 实现的，所以 pom 先继承 MyBatis4MySQLPOM，然后考虑到同 Spring 集成，并且实现的是 MvnBookSSHDemo. DAO 中定义的接口，所以需要添加 SpringPOM 和 MvnBookSSHDemo. DAO 的构件依赖。注意，因为 SpringPOM 是 pom 构件，所以在应用它的依赖的时候，需要指定 type 为 pom，详细情况查看 pom. xml。

pom.xml 内容如下：

```
<project xmlns="http://maven.apache.org/POM/4.0.0"
    xmlns:xsi="http://www.w3.org/2001/XMLSchema-instance"
    xsi:schemaLocation="http://maven.apache.org/POM/4.0.0
    http://maven.apache.org/xsd/maven-4.0.0.xsd">
    <modelVersion>4.0.0</modelVersion>
    <parent>
        <groupId>cn.com.mvnbook.pom</groupId>
        <artifactId>MyBatis4MySQLPOM</artifactId>
        <version>0.0.1-SNAPSHOT</version>
    </parent>
    <groupId>cn.com.mvnbook.ssm.demo</groupId>
    <artifactId>MvnBookSSMDemo.DAO.MyBatis</artifactId>
    <packaging>jar</packaging>
    <name>MvnBookSSMDemo.DAO.MyBatis</name>
    <url>http://maven.apache.org</url>
    <properties>
        <project.build.sourceEncoding>UTF-8</project.build.sourceEncoding>
    </properties>
    <dependencies>
    <!--SpringPOM构件依赖-->
        <dependency>
            <groupId>cn.com.mvnbook.pom</groupId>
            <artifactId>SpringPOM</artifactId>
            <version>0.0.1-SNAPSHOT</version>
            <type>pom</type>
        </dependency>
        <!--DAO接口依赖-->
        <dependency>
            <groupId>cn.com.mvnbook.ssh.demo</groupId>
            <artifactId>MvnBookSSHDemo.DAO</artifactId>
            <version>0.0.1-SNAPSHOT</version>
        </dependency>
    </dependencies>
    <distributionManagement>
        <repository>
            <id>archivaServer</id>
            <url>http://localhost:8080/repository/internal</url>
        </repository>
        <snapshotRepository>
            <id>archivaServer</id>
            <url>http://localhost:8080/repository/snapshots</url>
        </snapshotRepository>
    </distributionManagement>
</project>
```

见随书代码(MvnBookSSMDemo.DAO.MyBatis\pom.xml)。

3. 编写实现代码

基于 MyBatis 实现的 DAO 持久层,需要写以下代码。

MyBatisConfiguration. java,配置 MyBatis 的基本信息,包括数据库连接信息。

IMvnBookDAO4MyBatis. java,继承前面定义的 DAO 接口,完成 MyBatis 接口定义。

MvnUserMapper. xml,MvnUser 实体的映射文件。

db. properties,数据库连接信息配置文件。

内容如下。

(1) MyBatisConfiguration. java。

见随书代码(MvnBookSSMDemo. DAO. MyBatis\src\main\java\cn\com\mvnbook\ssm\demo\dao\mybatis\MyBatisConfiguration. java)。

(2) IMvnBookDAO4MyBatis. java。

见随书代码(MvnBookSSMDemo. DAO. MyBatis\src\main\java\cn\com\mvnbook\ssm\demo\dao\mybatis\impl\IMvnBookDAO4MyBatis. java)。

(3) MvnUserMapper. xml。

注意 mapper 元素中 namespace 的值需要用户定义的 DAO 接口类,每个执行元素的 id 需要同接口类中的每个方法名称一一对应。

见随书代码(MvnBookSSMDemo. DAO. MyBatis\src\main\resources\cn\com\mvnbook\ssm\demo\dao\mybatis\entity\MvnUserMapper. xml)。

(4) db. properties。

见随书代码(MvnBookSSMDemo. DAO. MyBatis\src\main\resources\db. properties)。

4. 编写测试代码

测试代码是 TestMvnUserDAOImp. java 类,里面基于 JUnit 对 DAO 接口中的每个方法做了测试。为了完成它,同时避免 MyBatisDAO 集成到系统项目中的改动,添加了一个供 MvnUserDAOImpl 测试的服务类。里面不加业务逻辑,直接调用 DAO 接口中的方法,只是在类上面添加了事务管理。所以测试代码主要有以下几个部分。

(1) IMvnUserService. java。

临时测试用的服务层接口。

见随书代码(MvnBookSSMDemo. DAO. MyBatis\src\test\java\cn\com\mvnbook\ssm\demo\mybatis\service\IMvnUserService. java)。

(2) MvnUserServiceImpl. java。

临时测试的服务层实现类。

见随书代码(MvnBookSSMDemo. DAO. MyBatis\src\test\java\cn\com\mvnbook\ssm\demo\mybatis\service\impl\MvnUserServiceImpl. java)。

（3）TestMvnUserDAOImpl. java。

基于 JUnit 的单元测试类。

见随书代码（MvnBookSSMDemo. DAO. MyBatis\src\test\java\cn\com\mvnbook\ssm\demo\dao\mybatis\impl\TestMvnUserDAOImpl. java）。

（4）applicationContext. xml。

测试的时候，Spring 的配置文件。

见随书代码（MvnBookSSMDemo. DAO. MyBatis\src\test\resources\applicationContext. xml）。

5. 测试、安装和发布

同前面的类似。

6.4.3 实现 Spring 的 Service 层模块

SSM 中的 Service 层实现同 SSH 框架中的 Service 层实现一样。唯一不同的是 DAO 的注入只能用@Autowired 根据类型注入，不能用@Qualifier 根据名称注入。因为前面 MyBatis DAO 的实现使用的是 MyBatis3 的新特征：接口和映射文件自动绑定，没有自己独立实现 DAO 类，更没有在 Spring 容器中配置 DAO Bean、指定 Bean 的名称。

MvnBookSSMDemo. Service. Impl 工程的实现步骤如下。

1. 创建 MvnBookSSMDemo. Service. Impl 工程

只需创建 Maven 的简单 Java 工程，参考目录结构如图 6-35 所示。

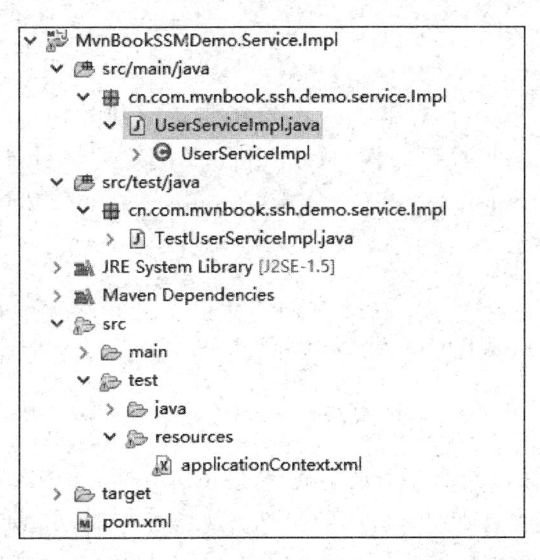

图 6-35 MvnBookSSMDemo Service 实现项目结构

见随书代码（MvnBookSSMDemo. Service. Impl）。

2. 编写 pom. xml 骨架文件

pom 内容主要体现在以下几个方面。

（1）继承 SpringPOM 公共构件，避免重复配置对 Spring 相关构件的依赖。

（2）添加 MvnBookSSHDemo. DAO 接口依赖和 MvnBookSSHDemo. Service 接口依赖。

（3）为了方便测试，添加 MvnBookSSMDemo. DAO. MyBatis 依赖，scope 范围是 test。

pom. xml 的内容见随书代码（MvnBookSSMDemo. Service. Impl\pom. xml）。

3. 编写实现代码

Service 层主要实现用户对象的 CRUD 功能，同 SSH 中的 Service 层的代码类似，唯一不同的是，对 DAO 对象的注入只能用 byType 的自动注入，不能用 byName。Service 层的内容如下。

UserServiceImpl. java，实现用户的 CRUD 功能。

见随书代码（MvnBookSSMDemo. Service. Impl\src\main\java\cn\com\mvnbook\ssh\demo\service\impl\UserServiceImpl. java）。

4. 编写测试代码

MvnBookSSMDemo. Service. Impl 的测试代码有两个。

（1）TestUserServiceImpl. java

实现测试 UserServiceImpl. java 的 JUnit 代码，内容见随书代码（MvnBookSSMDemo. Service. Impl \ src \ test \ java \ cn \ com \ mvnbook \ ssh \ demo \ service \ impl \ impl \ TestUserServiceImpl. java）。

（2）applicationContext. xml

测试时要初始化 Spring 容器。因为只在测试起作用，所以该文件要同前面的 TestUserServiceImpl. java 代码一样，放在 src/test 的对应子目录下，内容见随书代码（MvnBookSSMDemo. Service. Impl\src\test\resources\applicationContext. xml）。

5. 测试安装和发布

右击“工程”，选择 Run As→Maven test→install→deploy 命令完成测试安装和发布，发布完成后，Archiva 私服上可以看到 MvnBookSSMDemo. Service. Impl 的构件。

6. 4. 4 实现 SpringMVC Web 模块

用户 CRUD 模块的 SSM Web 层实现，这里采用的是 SpringMVC 4. x 版本，用的是零配置方式实现的。所以要理解后面的代码实现需要有 SpringMVC 4. x 的开发基础，建议没有接触过的读者先参考 SpringMVC 4. 0 注解开发 Web 应用的相关资料。

Web 层基于框架的开发流程可以抽象成以下几个部分。

（1）在 web. xml 中配置框架的拦截入口，可能是过滤器，也可能是 servlet。

（2）开发显示层代码一般是 jsp 页面。

（3）开发控制层代码，实现接收请求数据，调用 service 处理请求数据，返回结果 view

层的标记。

(4)通过配置文件描述框架运行时,对请求的处理代码的对应关系和页面转换流程。

基于 SpringMVC 4.x 用零配置方式开发 Web 层也是同样的流程。只是因为是零配置方式,也就看不到配置文件相关的代码,但是以前配置文件描述的信息肯定还是要描述的,只是用注解或其他方式体现。

对 SpringMVC Web 的实现思路有了基本了解后,接下来就开始实现 SSMDemo 的 Web 层功能。

1. 创建 Maven 的 Web 工程

前面大部分工程都是基于 Maven 的普通 Java 工程。这里要基于创建 Web 应用的插件创建 Web 工程,详细过程如下。

单击 Maven 中的创建 Maven Project 的选项,如图 6-36 所示。

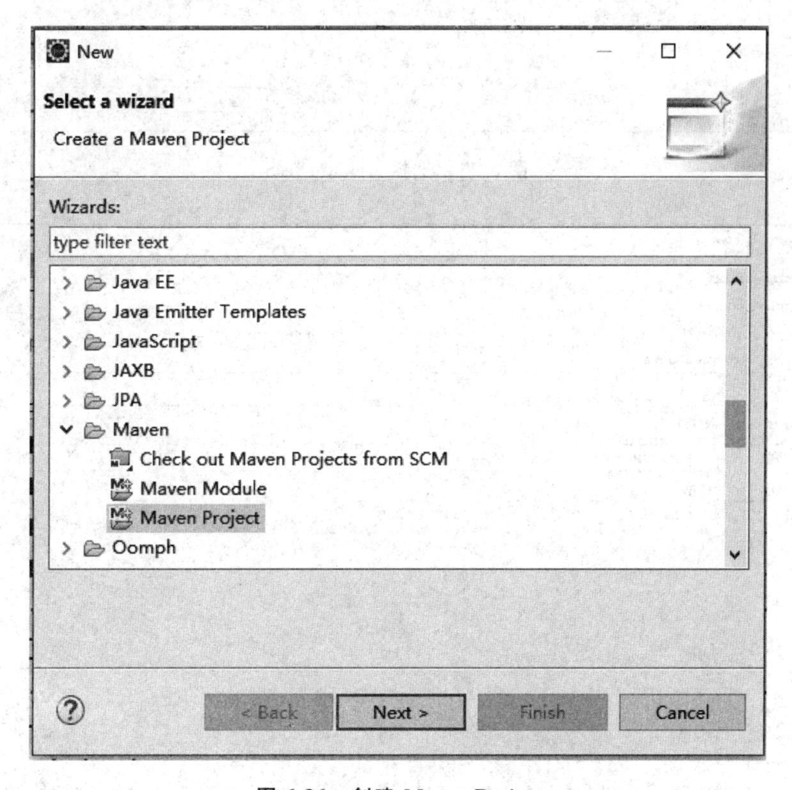

图 6-36 创建 Maven Project

单击 Next 按钮,进入 Archetype 的选择界面,选择 webapp-jee5 插件,如图 6-37 所示。

单击 Next 按钮,进入类似如图 6-38 所示的界面,在界面中输入工程的 Group Id、Artifact Id、Package,选择一个 Version 版本。

单击 Finish 按钮,创建 Web 工程,参考目录结构如图 6-39 所示。

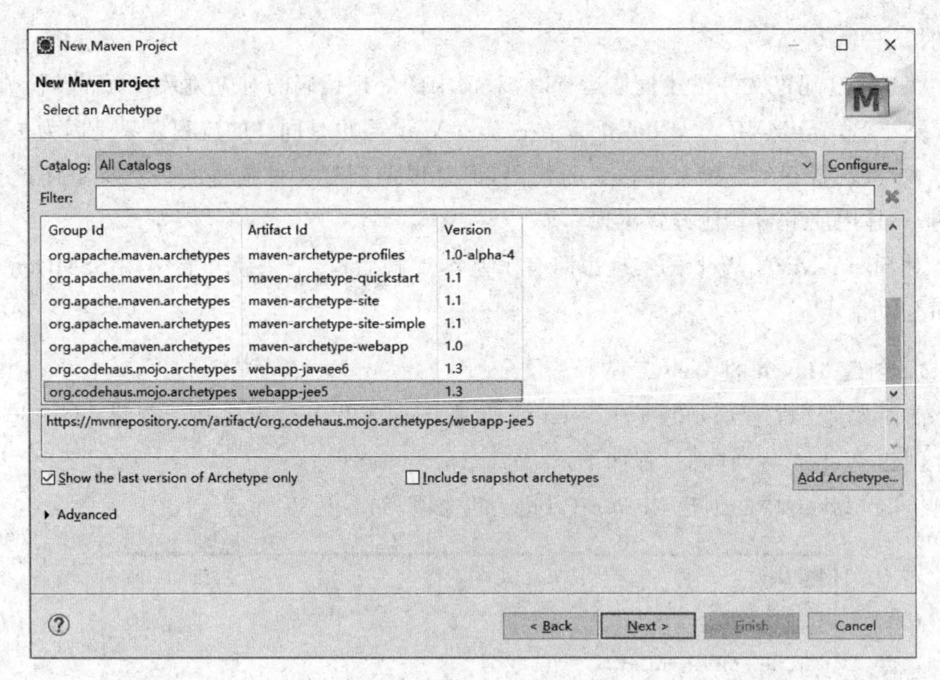

图 6-37　选择 webapp-jee5

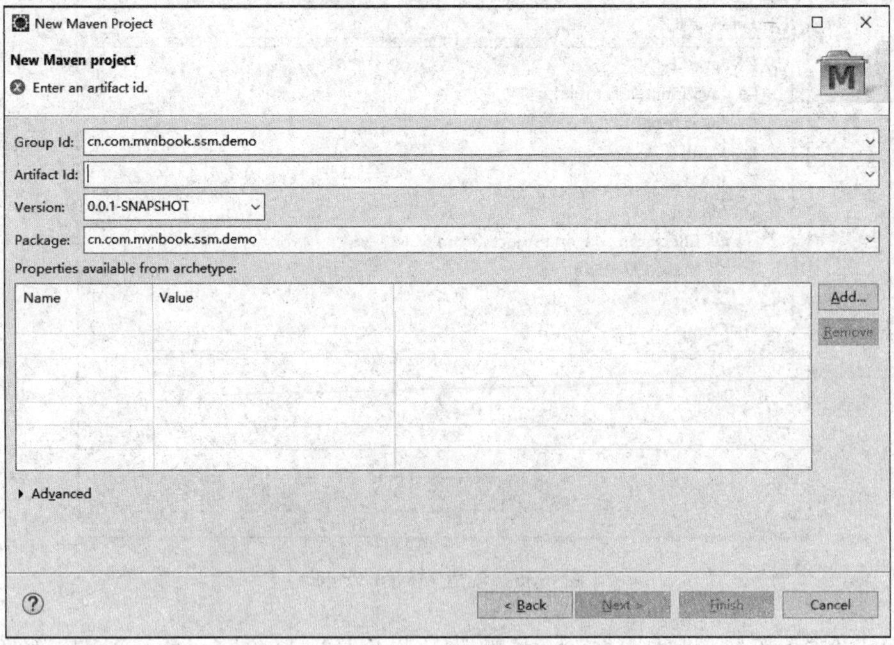

图 6-38　输入项目坐标

2. 编写和完善 pom. xml

用户 CRUD 的模块实现,需要有 Spring 和 Spring web,Spring webmvc 的相关 jar 包,同时还需要在前面阶段开发的 MvnBookSSHDAO. DAO 和 MvnBookSSHService.

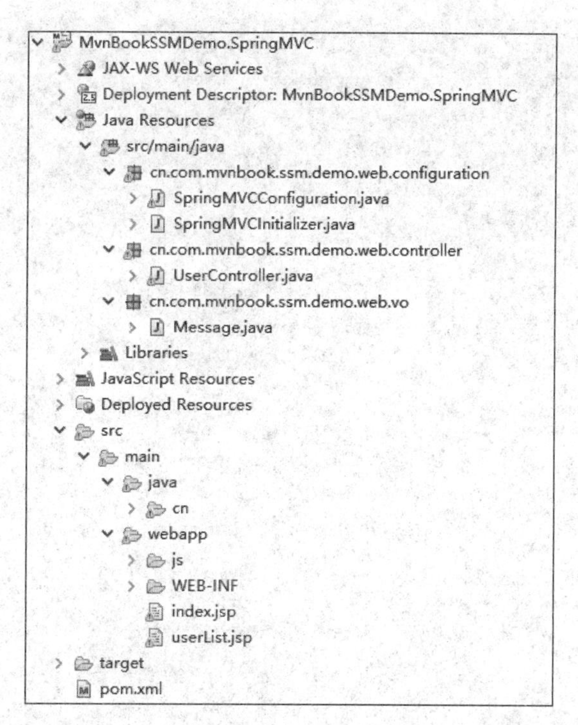

图 6-39　MvnBookSSMDemo. SpringMVC 项目结构

Service 定义的接口上进行开发，MvnBookSSMDAO. MyBatis 和 MvnBookSSMService. Service. Impl 的实现基础上进行测试。所以 pom. xml 中主要体现在对 SpringPOM 父 pom 构件的继承和对后面四个构件的依赖。

另外，为了发布到 Web 服务器上运行，需要配置 cargo-maven2-plugin 插件。

pom. xml 详细内容如下：

```
<project xmlns="http://maven.apache.org/POM/4.0.0"
   xmlns:xsi="http://www.w3.org/2001/XMLSchema-instance"
   xsi:schemaLocation="http://maven.apache.org/POM/4.0.0
   http://maven.apache.org/xsd/maven-4.0.0.xsd">
   <modelVersion>4.0.0</modelVersion>
   <parent>
      <groupId>cn.com.mvnbook.pom</groupId>
      <artifactId>SpringMVCPOM</artifactId>
      <version>0.0.1-SNAPSHOT</version>
   </parent>
   <groupId>cn.com.mvnbook.ssm.demo</groupId>
   <artifactId>MvnBookSSMDemo.SpringMVC</artifactId>
   <packaging>war</packaging>
   <name>MvnBookSSMDemo.SpringMVC</name>
   <url>http://maven.apache.org</url>
   <dependencies>
```

```
        <dependency>
            <groupId>cn.com.mvnbook.ssh.demo</groupId>
            <artifactId>MvnBookSSHDemo.Service</artifactId>
            <version>0.0.1-SNAPSHOT</version>
        </dependency>
        <!--接口和实现 -->
        <dependency>
            <groupId>cn.com.mvnbook.ssm.demo</groupId>
            <artifactId>MvnBookSSMDemo.Service.Impl</artifactId>
            <version>0.0.1-SNAPSHOT</version>
        </dependency>
        <dependency>
            <groupId>cn.com.mvnbook.ssm.demo</groupId>
            <artifactId>MvnBookSSMDemo.DAO.MyBatis</artifactId>
            <version>0.0.1-SNAPSHOT</version>
        </dependency>
        <dependency>
            <groupId>cn.com.mvnbook.ssh.demo</groupId>
            <artifactId>MvnBookSSHDemo.DAO</artifactId>
            <version>0.0.1-SNAPSHOT</version>
        </dependency>
    </dependencies>
    <build>
        <plugins>
            <!--Cargo 插件 -->
            <plugin>
                <!--指定插件名称及版本号 -->
                <groupId>org.codehaus.cargo</groupId>
                <artifactId>cargo-maven2-plugin</artifactId>
                <version>1.4.8</version>
                <configuration>
                    <wait>true</wait>
                        <!--是否说明,操作 start、stop 等后续操作必须等前面操作完成
                        才能继续 -->
                    <container>              <!--容器的配置 -->
                        <containerId>tomcat7x</containerId>
                            <!--指定 Tomcat 版本 -->
                        <type>installed</type>
                            <!--指定类型: standalone, installed 等 -->
                        <home>C:\java\servers\apache-tomcat-7.0.69_64</home>
                            <!--指定 Tomcat 的位置,即 catalina.home -->
                    </container>
                    <configuration>          <!--具体的配置 -->
                        <type>existing</type>
```

```
                    <!--类型,existing:存在-->
                <home>C:\java\servers\apache-tomcat-7.0.69_64</home>
                    <!--Tomcat的位置,即catalina.home-->
            </configuration>
            <deployables>                        <!--部署设置-->
                <deployable>                     <!--部署的war包名等-->
                    <groupId>cn.com.mvnbook.ssm.demo</groupId>
                    <artifactId>MvnBookSSMDemo.SpringMVC</artifactId>
                    <type>war</type>
                    <properties>
                        <context>MvnBookSSMDemo</context>
                            <!--部署路径-->
                    </properties>
                </deployable>
            </deployables>
            <deployer>                           <!--部署配置-->
                <type>installed</type>           <!--类型-->
            </deployer>
        </configuration>
        <executions>
            <!--执行的动作-->
            <execution>
                <id>verify-deployer</id>
                <phase>install</phase>           <!--解析install-->
                <goals>
                    <goal>deployer-deploy</goal>
                </goals>
            </execution>
            <execution>
                <id>clean-deployer</id>
                <phase>clean</phase>
                <goals>
                    <goal>deployer-undeploy</goal>
                </goals>
            </execution>
        </executions>
    </plugin>
  </plugins>
</build>
<distributionManagement>
    <repository>
        <id>archivaServer</id>
        <url>http://localhost:8080/repository/internal</url>
    </repository>
```

```
            <snapshotRepository>
                <id>archivaServer</id>
                <url>http://localhost:8080/repository/snapshots</url>
            </snapshotRepository>
        </distributionManagement>
    </project>
```

见随书代码(MvnBookSSMDemo. SpringMVC\pom. xml)。

3. 编写实现代码

SpringMVC Web 的代码列表和对应的作用描述如下。

(1) SpringMVCIntializer. java。在 Web 容器中初始化 DispatcherServlet。Web 服务器启动时会自己调用初始化,代替以前在 web. xml 中配置 DispatcherServlet 的 servlet 和 servlet-mapping。

(2) SpringMVCConfiguration. java。完成 SpringMVC 框架运行的基本信息配置,包括视图转换器、类型转换器、多国语言的资源文件、请求路径匹配和不被 SpringMVC 框架拦截的请求等。

(3) Message. java。定义 VO 类,封装页面提示信息,主要是 id 和 message。

(4) UserController. java。实现用户 CRUD 的所有控制逻辑代码,包括请求映射注解的描述。

(5) index. jsp。CRUD 的框架页面,里面包含 CRUD 的操作按钮和内嵌用户列表的 Div,还有每个操作对应的 JS 代码。

(6) userList. jsp。显示用户列表的页面。

(7) Jquery-3. 2. 1. min. js。jQuery 的 JS,CRUD 操作的时候需要实现逻辑 JS 代码,都是基于它来的。该文件放在 JS 目录下,千万不要遗忘。

下面是每个文件的详细内容。

(1) SpringMVCInitializer. java。

见随书代码(MvnBookSSMDemo. SpringMVC\src\main\java\cn\com\mvnbook\ssm\demo\web\configuration\SpringMVCInitializer. java)。

(2) SpringMVCConfiguration. java。

见随书代码(MvnBookSSMDemo. SpringMVC\src\main\java\cn\com\mvnbook\ssm\demo\web\configuration\SpringMVCConfiguration. java)。

(3) Message. java。

见随书代码(MvnBookSSMDemo. SpringMVC\src\main\java\cn\com\mvnbook\ssm\demo\web\vo\Message. java)。

(4) UserController. java。

见随书代码(MvnBookSSMDemo. SpringMVC\src\main\java\cn\com\mvnbook\ssm\demo\web\controller\UserController. java)。

(5) index.jsp。

见随书代码(MvnBookSSMDemo.SpringMVC\src\main\webapp\index.jsp)。

(6) userList.jsp。

见随书代码(MvnBookSSMDemo.SpringMVC\src\main\webapp\userList.jsp)。

4. 编译、测试、安装、发布和启动服务器

编译、测试、安装和发布同前面模块项目的操作一样。

具体操作都是:右击"工程",选择 Run As→Maven test→install→deploy 命令。

发布好后,在 Tomcat 的 webapps 发布目录下会有 MvnBookSSMDemo.war 文件,启动 Tomcat 就可以自动发布 Web 应用。

6.4.5　整合成 SSM

前面以分模块的方式实现了每个功能,包括公共 DAO、Service 接口的定义,基于 MyBatis 的 DAO 实现,Service 的独立实现,还有基于 SpringMVC 的 Web 层实现,并且能够集成到 SpringMVC 的 Web 层代码中共同完成测试。

但是为了方便管理,有必要创建一个工程,将前面独立实现的各个模块管理起来。这样每次编译、测试、安装和发布的时候都能基于 Maven 实现自动同步。

整合 SSM 模块的具体步骤如下。

1. 创建工程

只需创建一个简单的 Java 工程,按当初的设计输入 groupId 和 artifactId 与版本。这里的 demo 分别是 cn.com.mvnbook.ssm.demo、MvnBookSSMDemo 和 0.0.1-SNAPSHOT。

2. 配置 pom.xml

打开 pom.xml,在里面添加包含的模块,并且设置 packaging 为 pom。

前面介绍的是基于编辑器直接编写 pom.xml,这里介绍基于 Eclipse 的图形化界面,基于向导界面修改 pom.xml(添加模块)。

见随书代码(MvnBookSSMDemo\pom.xml),双击 pom.xml 文件,可以通过单击不同标签选择打开方式,如图 6-40 所示。

图 6-40　pom.xml

如果选择的是 pom.xml,显示的是 pom.xml 源文件,可以按以前的方式基于源代码修改 pom.xml。现在选择 Overview 标签,显示界面如图 6-41 所示。

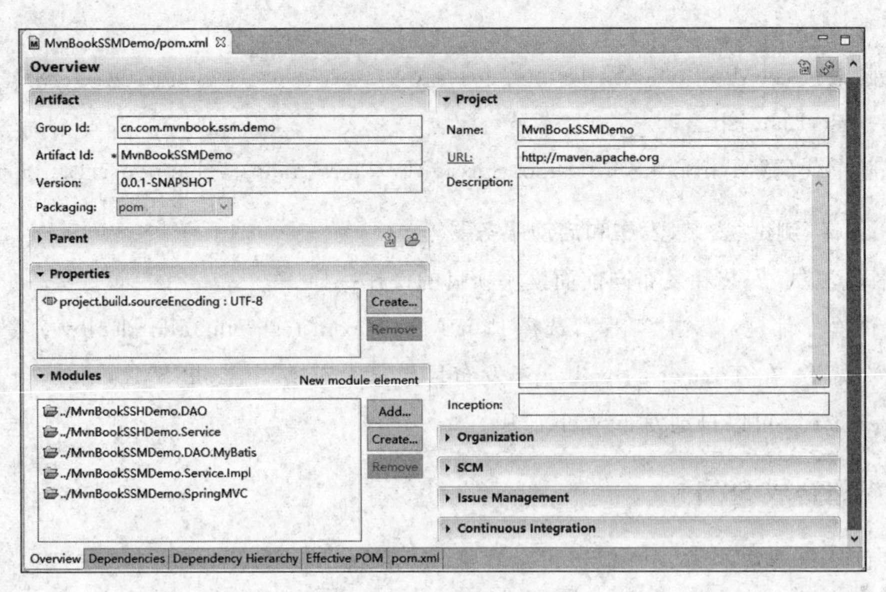

图 6-41　可视化 pom. xml

单击 Modules 范围内的 Add...按钮就可以通过图形界面选择需要添加的模块。保存后就完成了模块的集成。

3. 编译、测试、安装和发布

这个步骤同前面 SSH 集成后操作的步骤一样，请参考 SSH 集成里面最后的对应步骤。

第7章

生成项目站点

Maven 是一个自动化构建工具,也是一个公共依赖管理工具。这两点在前面的样例项目开发过程中已经有明确的体现。Maven 除了是构件工具和依赖工具外,它还能帮助集中管理项目相关的信息,促进项目团队之间的交流。

在 pom 中包含了项目的各种信息,比如,项目描述、版本控制系统信息、许可证信息、开发者信息等。用户可以用 Maven 将这些信息生成 Web 页面,然后将这些 Web 页面发布到公司的服务器上,让团队成员随时了解到最新的项目信息。同时,还可以在 pom 中动态地添加插件,生成包括 JavaDoc 文档、测试报告、测试覆盖率报告、代码规范报告等,集成到 Web 站点中统一发布。

本章主要介绍怎样基于 Maven 自动生成项目站点。

7.1 生成基本站点

7.1.1 简单站点

在 MvnBookSSMDemo 项目的 pom. xml 中,添加站点插件(maven-site-plugin)的配置,内容如下:

```
<build>
    <pluginManagement>
        <plugins>
            <plugin>
                <groupId>org.apache.maven.plugins</groupId>
                <artifactId>maven-site-plugin</artifactId>
                <version>3.4</version>
            </plugin>
        </plugins>
    </pluginManagement>
</build>
```

见随书代码(MvnBookSSMDemo\pom. xml)。

注:这块内容需要直接放在 project 元素里面。

右击“工程”,选择 Run As→Maven build... 命令,在弹出的配置窗口的 Goals 后面,输入 site,表示执行创建站点命令,单击 Run 按钮,在控制窗口中会显示如下内容,表示生成成功。

```
[INFO] Relativizing decoration links with respect to project URL: http://
maven.apache.org
[INFO] Rendering site with org.apache.maven.skins:maven-default-skin:jar:
1.0 skin.
[INFO] Generating "Dependency Convergence" report ---maven-project-info-
reports-plugin:2.9:dependency-convergence
[INFO] Generating "Dependency Information" report ---maven-project-info-
reports-plugin:2.9:dependency-info
[INFO] Generating "Distribution Management" report ---maven-project-info-
reports-plugin:2.9:distribution-management
[INFO] Generating "About" report --- maven-project-info-reports-plugin:
2.9:index
[INFO] Generating "Project Modules" report---maven-project-info-reports-
plugin:2.9:modules
[INFO] Generating "Plugin Management" report---maven-project-info-reports-
plugin:2.9:plugin-management
[INFO] Generating "Plugins" report--- maven-project-info-reports-plugin:
2.9:plugins
[INFO] Generating "Summary" report--- maven-project-info-reports-plugin:
2.9:summary
[INFO] ------------------------------------------------------------------------
[INFO] Reactor Summary:
[INFO]
[INFO] MvnBookSSHDemo.DAO ................................... SUCCESS [02:15 min]
[INFO] MvnBookSSHDemo.Service ............................... SUCCESS [  5.350 s]
[INFO] MvnBookSSMDemo.DAO.MyBatis ........................... SUCCESS [ 29.677 s]
[INFO] MvnBookSSMDemo.Service.Impl .......................... SUCCESS [ 13.300 s]
[INFO] MvnBookSSMDemo.SpringMVC ............................. SUCCESS [ 25.718 s]
[INFO] MvnBookSSMDemo ....................................... SUCCESS [01:32 min]
[INFO] ------------------------------------------------------------------------
[INFO] BUILD SUCCESS
[INFO] ------------------------------------------------------------------------
[INFO] Total time: 05:02 min
[INFO] Finished at: 2016-11-25T11:01:23+08:00
[INFO] Final Memory: 32M/314M
[INFO] ------------------------------------------------------------------------
```

Maven 运行完成后，用户可以在项目的 target/site 目录下找到 Maven 生成的站点文件，包括 index. html、project-info. html、modules. html、plugin-management. html、plugins. html 等文件，还有 css 和 images 两个目录。

使用浏览器打开 index. html 页面，可以看到如图 7-1 所示页面。

从图 7-1 中可以看出，左边导航栏包含项目的各类信息链接，有项目简介、项目模块、项目管理的插件、项目用到的依赖以及保护的子模块等信息。

当然，如果项目同本书的案例一样，是一个聚合项目(包含多个模块)的话，单击 modules 中的链接是找不到子页面的。这是因为每个模块的报告都生成在自己目录的

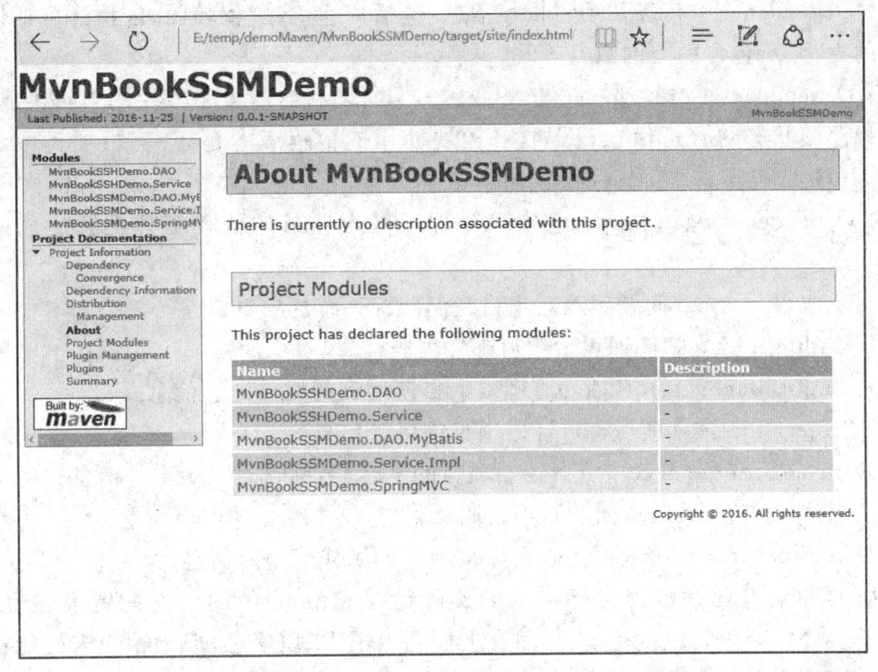

图 7-1 MvnBookSSMDemo 站点首页

target/site 目录下，每个模块的物理位置是独立的。用户只要把它们都发布到站点服务器里面，把它们放在一起，使用相对路径访问就可以连接到了。

如果暂时没有搭建 Web 站点服务器，又想看到子模块的连接效果的话，可以在生成站点文件的时候指定输出到一个目录，这样它们就可以相互连接上。具体操作是：

右击"工程"，选择 Run As→Maven build...命令，在弹出的配置窗口的 Goals 中，输入 site:stage -DstagingDirectory=e:\temp\site。

这样，就可以将站点文件生成到指定目录。不过比较麻烦，需要每个模块独立生成站点信息，并且按相对路径生成到不同的目录下，才能准确地连接上。

比如，总工程 MvnBookSSMDemo 的目标目录是 E:\temp\site，那它里面的 MvnBookSSHDemo.DAO 模块的目录应该是 E:\temp\site\MvnBookSSHDemo.DAO，而 MvnBookSSMDemo.DAO.MyBatis 的目录应该是 E:\temp\site\MvnBookSSMDemo.DAO.MyBatis，其他的模块目录按同样规律指定目标目录，最后才能连接成一个整体。

7.1.2 完善站点信息

在 Maven 中，生成站点信息是由 maven-site-plugin 插件自动完成的。至于站点里面的那些项目的链接，是由 maven-project-info-reports-plugin 插件产生的。该插件内置在 maven-site-plugin 中。所以这里不用做太多的配置就能生成大量的项目信息。接下来介绍这些信息报告。

(1) about(关于)：项目的一些整体描述信息。

(2) Continuous Integration(持续集成)：项目持续集成服务器信息。

（3）Dependencies（依赖）：项目依赖信息，包括传递依赖、依赖图、依赖许可证以及依赖文件的大小、所包含的类的数目等。

（4）Dependency Convergence（依赖收敛）：只针对包含有多个模块的项目生成，提供一些依赖健康状态的分析信息，比如，各模块使用的依赖版本是否一致、项目中是否有SNAPSHOT依赖等。

（5）Dependency Management（依赖管理）：基于项目的依赖管理配置生成的报告信息。

（6）Issue Tracking（问题跟踪）：项目漏洞跟踪系统的信息。

（7）Mailing Lists（邮件列表）：项目邮件列表信息。

（8）Plugin Management（插件管理）：项目使用到的插件列表信息。

（9）Project License（项目许可证）：项目许可证信息。

（10）Project Summary（项目概述）：项目的坐标、名称、描述、版本等信息。

（11）Project Team（项目团队）：项目团队信息。

（12）Source Repository（源代码仓库）：项目的源代码仓库信息。

上面列的信息都是根据自己项目的实际情况和pom中的已有配置描述生成的，Maven不会凭空产生。也就是说，虽然在上面列出了12项信息，但是用户未必能在自己的站点文件中看到所有信息，因为有些信息在pom文件中没有被配置。比如pom.xml。

```
<project xmlns="http://maven.apache.org/POM/4.0.0"
    xmlns:xsi="http://www.w3.org/2001/XMLSchema-instance"
    xsi:schemaLocation="http://maven.apache.org/POM/4.0.0
    http://maven.apache.org/xsd/maven-4.0.0.xsd">
    <modelVersion>4.0.0</modelVersion>
    <groupId>cn.com.mvnbook.ssm.demo</groupId>
    <artifactId>MvnBookSSMDemo</artifactId>
    <version>0.0.1-SNAPSHOT</version>
    <packaging>pom</packaging>
    <name>MvnBookSSMDemo</name>
    <url>http://maven.apache.org</url>
        …
    <organization>
        <name>Organization</name>
        <url>http://www.mvnbook.com</url>
    </organization>
    <issueManagement>
        <system>admin</system>
        <url>http://www.mvnbook.com/issue</url>
    </issueManagement>
    <ciManagement>
        <system>admin</system>
        <url>http://www.mvnbook.com/continuous</url>
```

```
    </ciManagement>
    <description>这是 MvnBook 的 SSM Demo 集成项目</description>
</project>
```

见随书代码(MvnBookSSMDemo\pom. xml)。

maven-site-plugin 就会根据 ciManagement 的配置,生成持续集成服务器信息;根据 issueManagement 的配置,生成漏洞跟踪系统的信息;根据 description 元素的配置,生成项目的描述信息;根据 organization 元素的配置,生成组织机构信息等。

其他情况在这里就不详细介绍了,后面有相关的内容会全面介绍 pom. xml 的元素。

7.2 添加插件丰富站点信息

除了前面介绍的项目信息报告外,Maven 还提供了大量的报告插件。这些插件由 Maven 社区的程序员和团体免费提供,用户只要稍稍配置就可以让 Maven 自动生成相关的报告。

接下来介绍如何编写比较常用的插件。稍微要注意一下的是这些生成报告的插件在 pom 中配置的位置和方式同以前用到的插件不太一样。以前的插件是配置在 project→builder→plugins,现在的报告插件需要配置在 project→reporting→plugins。

7.2.1 JavaDoc 插件

大家对 JavaDocs 应该是比较熟悉的。初学 Java 的人都需要学会查看 JDK 的 Doc 文档,以便查找和理解常用类和方法,从而在自己的代码中使用。

这里通过配置 maven-javadoc-plugin 插件,调用 JDK 的 JavaDoc 工具,基于项目的源代码生成 JavaDocs 文档。建议在 Maven 远程仓库中找到最新的 JavaDoc 插件版本配置到 pom 中去。因为现在开发项目基本上都是采用模块式开发的方法,最后用一个聚合项目把各个模块合在一起。这样生成 JavaDoc 文档的时候,程序员希望直接在聚合项目上执行 Maven 命令,将包含的各个模块的所有 JavaDoc 文档都生成,不需要每个模块一个个运行 Maven 命令生成文档后再手动合并。maven-javadoc-plugin 插件的最新版本就实现了这样的目的:只要在聚合工程上运行插件,就能自动将包含的所有模块的 JavaDoc 文档都生成出来。

在浏览器中输入 http://mvnrepository. com/. search,在窗口中输入 maven-javadoc-plugin,就可以找到 maven-javadoc-plugin 插件的所有版本。这里选择的是 2.10.3 版本。在 pom. xml 中的 project 标签下,添加如下内容,完成 maven-javadoc-plugin 的配置。

```
<reporting>
    <plugins>
        <plugin>
            <groupId>org.apache.maven.plugins</groupId>
```

```
                <artifactId>maven-javadoc-plugin</artifactId>
                <version>2.10.3</version>
            </plugin>
        </plugins>
    </reporting>
```

见随书代码(MvnBookSSMDemo\pom.xml)。

右击 MvnBookSSMDemo 工程,选择 Run As→Maven build...命令,在 Goals 后面输入 site,单击 Run 按钮。Maven 在生成站点的时候会自动调用 maven-javadoc-plugin 插件生成 JavaDocs 文档。该文档位置在 MvnBookSSMDemo 工程的 target/site 下,名为 apidocs 的目录里,里面的内容就是 JavaDocs 的文档网页。打开 site 目录下的 index.html 页面,里面左边的导航会出现一个 Project Reports 导航链接,如图 7-2 所示。

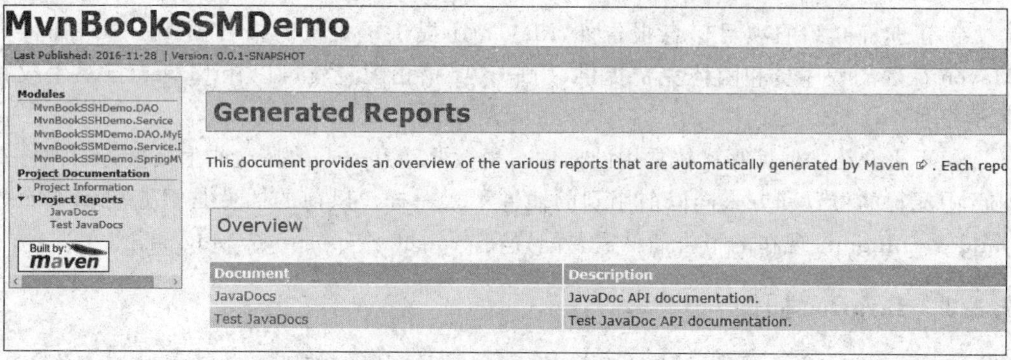

MvnBookSSMDemo
Last Published: 2016-11-28 | Version: 0.0.1-SNAPSHOT
Modules
MvnBookSSHDemo.DAO
MvnBookSSHDemo.Service
MvnBookSSMDemo.DAO.MyB
MvnBookSSMDemo.Service.I
MvnBookSSMDemo.SpringMV
Project Documentation
Project Information
Project Reports
JavaDocs
Test JavaDocs
Built by: maven

Generated Reports

This document provides an overview of the various reports that are automatically generated by Maven . Each repo

Overview

Document	Description
JavaDocs	JavaDoc API documentation.
Test JavaDocs	Test JavaDoc API documentation.

图 7-2 JavaDoc 报告

单击 Project Reports 导航链接,里面就有 JavaDocs 和 Test JavaDocs 两部分内容。JavaDocs 是项目源代码的文档,Test JavaDocs 是项目中测试代码的 doc 文档。如图 7-3 所示是 MvnBookSSMDemo 项目的 JavaDocs 文档的样例。

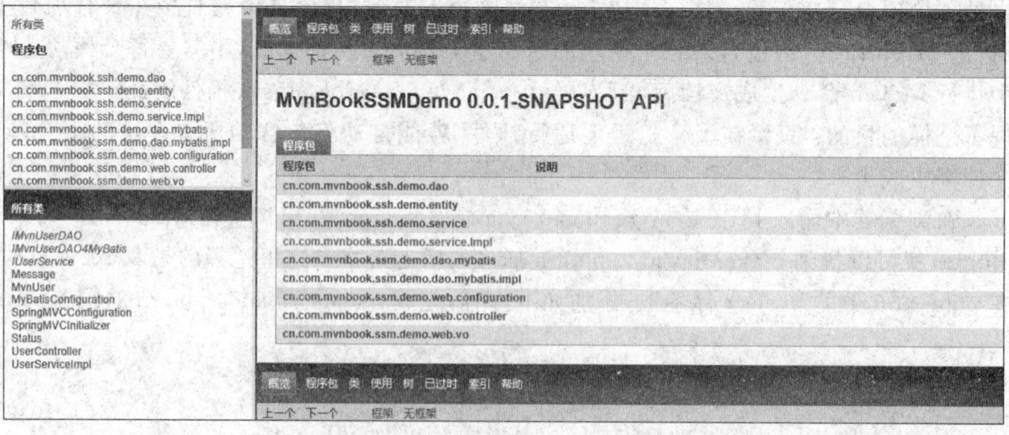

所有类
程序包
cn.com.mvnbook.ssh.demo.dao
cn.com.mvnbook.ssh.demo.entity
cn.com.mvnbook.ssh.demo.service
cn.com.mvnbook.ssh.demo.service.impl
cn.com.mvnbook.ssm.demo.dao.mybatis
cn.com.mvnbook.ssm.demo.dao.mybatis.impl
cn.com.mvnbook.ssm.demo.web.configuration
cn.com.mvnbook.ssm.demo.web.controller
cn.com.mvnbook.ssm.demo.web.vo
所有类
IMvnUserDAO
IMvnUserDAO4MyBatis
IUserService
Message
MvnUser
MyBatisConfiguration
SpringMVCConfiguration
SpringMVCInitializer
Status
UserController
UserServiceImpl

概览 程序包 类 使用 树 已过时 索引 帮助
上一个 下一个 框架 无框架

MvnBookSSMDemo 0.0.1-SNAPSHOT API

程序包

程序包	说明
cn.com.mvnbook.ssh.demo.dao	
cn.com.mvnbook.ssh.demo.entity	
cn.com.mvnbook.ssh.demo.service	
cn.com.mvnbook.ssh.demo.service.impl	
cn.com.mvnbook.ssm.demo.dao.mybatis	
cn.com.mvnbook.ssm.demo.dao.mybatis.impl	
cn.com.mvnbook.ssm.demo.web.configuration	
cn.com.mvnbook.ssm.demo.web.controller	
cn.com.mvnbook.ssm.demo.web.vo	

概览 程序包 类 使用 树 已过时 索引 帮助
上一个 下一个 框架 无框架

图 7-3 JavaDocs 文档

7.2.2　源代码插件

前面介绍了根据源代码利用 JavaDoc 工具生成 JavaDocs 文档的插件能自动生成项目的帮助文档。这样其他开发人员就可以通过版主文档了解到有哪些代码，每个代码有哪些方法，以及每个方法的功能、参数、返回等信息，从而了解调用的方法。

但是，如果用户能用查看帮助文档的方式查看到源代码的话，对源代码的阅读和理解，包括发现缺陷是很有帮助的。接下来就介绍一下 maven-jxr-plugin 插件，该插件可以实现源代码的生成。

首先，同查找 maven-javadoc-plugin 的方式一样，在 http://mvnrepository.com 中找到 maven-jxr-plugin 合适的版本，这里使用的是 2.4 版本。

其次，在 pom.xml 中，选择 project→reporting→plugins 命令添加 maven-jxr-plugin 插件的依赖，相关源代码如下：

```
<plugin>
    <groupId>org.apache.maven.plugins</groupId>
    <artifactId>maven-jxr-plugin</artifactId>
    <version>2.4</version>
</plugin>
```

见随书代码(MvnBookSSMDemo\pom.xml)。

右击“工程”，选择 Run As→Maven build ...命令，在 Goals 后面输入 site，如果前面有通过 build...配置过 site，直接选择 Maven build 命令，选择配置过的 site 并执行。完成后，就可以在 site 的 index.html 的 Project Reports 导航链接中，发现有 Source Xref 和 Test Source Xref 子链接，如图 7-4 所示。

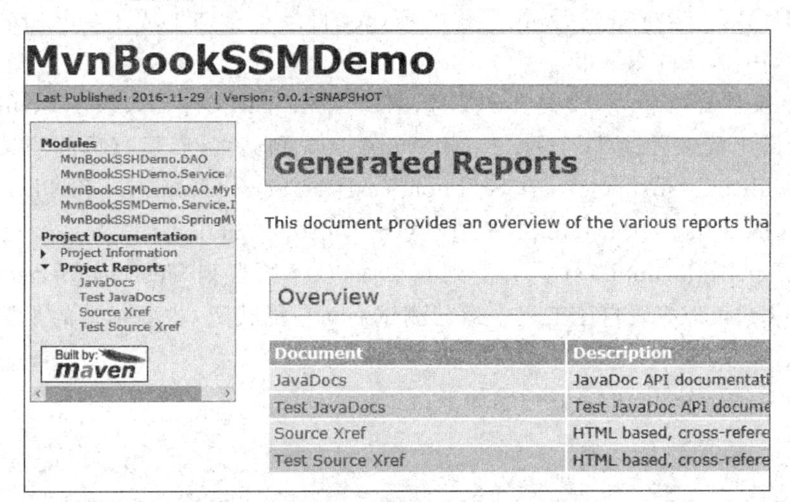

图 7-4　源代码报告

单击 Source Xref，发现可以以网页的形式查看所有类和接口的源代码。如图 7-5 所示，即查看 cn.com.mvnbook.ssh.demo.dao.IMvnUserDAO.java 的源代码。

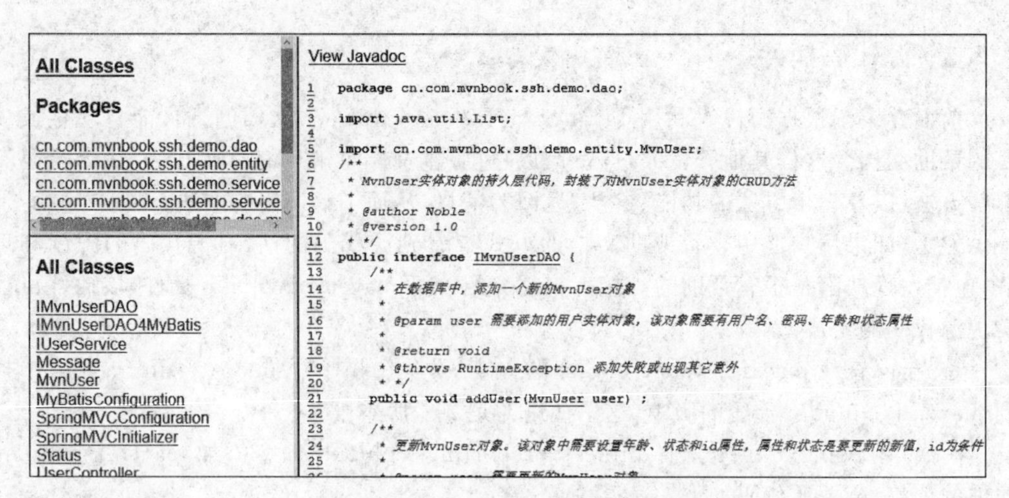

图 7-5　IMvnUserDAO 源代码文档

有意思的是，每个源代码页面的顶端都有一个 View Javadoc 链接。单击该链接可以直接跳到基于 maven-javadoc-plugin 插件生成的 JavaDocs 文档上面去，实现了源代码与对应 JavaDocs 文档的直接链接。

7.2.3　测试报告插件

在前面的每个案例中基本上都有基于 JUnit 框架编写的对应的测试案例代码，并且通过运行 mvn test 命令来运行测试案例代码，进行测试(前期是直接使用的 mvn test 命令；后期基本上是右击“工程”，选择 Run As→Maven test 命令运行的)。其实这个过程的内部是由 Maven 自动调用 maven-surefire-plugin 插件，启动 JUnit 单元测试框架，运行测试案例代码。运行完成后，在工程的 target 目录下自动生成了 surefire-reports 目录，里面有当前测试的测试报告。

报告的文件有两个：一个是.txt 文件；另一个是.xml 文件。如果在 MvnBookSSH.service.Impl 工程中写过 TestUserServiceImpl.java 测试案例，运行后的测试报告就是 cn.com.mvnbook.ssh.demo.service.Impl.TestUserServiceImpl.txt 和 TEST-cn.com.mvnbook.ssh.demo.service.Impl.TestUserServiceImpl.xml。

TestUserServiceImpl.txt 内容罗列在下面，就不再罗列 TestUserServiceImpl.xml 的内容了，用户可以查看自己工程中运行测试后对应的代码，主要描述的是测试相关的参数信息。

TestUserServiceImpl.xml 内容如下：

```
-------------------------------------------------------------------------------
Test set: cn.com.mvnbook.ssh.demo.service.Impl.TestUserServiceImpl
-------------------------------------------------------------------------------
Tests run: 6, Failures: 0, Errors: 0, Skipped: 0, Time elapsed: 9.18 sec
```

通过查看 maven-surefire-plugin 插件生成的测试报告，对比前面介绍的 JavaDocs 和源代码报告，感觉是不一样的。如果能将项目中的每个测试报告以同样 Web 网页的形式集成到站点报告中去，是不是更好呢？接下来就介绍如何将 maven-surefire-plugin 插件生成的报告集成到项目站点中去。

首先说明的是，maven-surefire-plugin 插件已经内置在 Maven 中，运行 mvn test 命令时，Maven 会自动寻找最新版本的插件，启动 JUnit 框架，运行对应的测试案例，并且生成 .txt 版本的测试报告。

要将测试结果形成 Web 页面形式的报告并集成到站点中去的话，可以使用 cobertura 插件（cobertura-maven-plugin）。

采用同样的方式，首先在 http://mvnrepository.com 站点中找到满意的版本，这里使用的是 2.6 版。选择 project→reporting→plugins 命令，添加 cobertura-maven-plugin 的坐标，代码如下：

```
<plugin>
    <groupId>org.codehaus.mojo</groupId>
    <artifactId>cobertura-maven-plugin</artifactId>
    <version>2.6</version>
</plugin>
```

见随书代码（MvnBookSSMDemo.Service.Impl\pom.xml）。

右击“工程”，选择 Run As→Maven build...命令，在 Goals 后面输入 site，单击“运行”按钮，就会生成测试代码覆盖率报告。在站点文档的 index.html 中通过导航链接直接链入，美中不足的是，当前版本还不支持聚合项目中模块报告的生成。

如图 7-6 所示是对 UserServiceImpl.java 代码进程测试的测试覆盖报告。

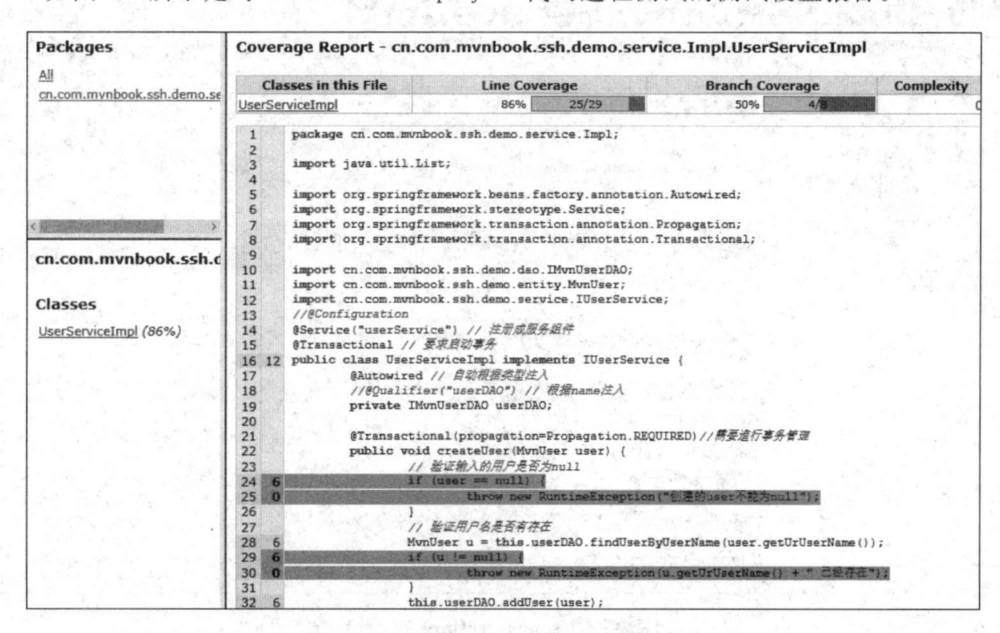

图 7-6 UserServiceImpl 的测试覆盖报告

7.2.4 源代码分析插件

前面介绍了三个比较常用，也比较容易理解的插件。接下来再介绍一个对 Java 源代码进行分析，形成报告的插件，即 maven-pmd-plugin 插件。它能找出源代码中的问题，并形成报告供用户进一步改进。maven-pmd-plugin 可以发现源代码中潜在的漏洞、无用代码、可优化代码、重复代码以及过于复杂的表达式等。如果要对 pmd 插件有一个详细的了解，用户可以访问 http://pmd.sourceforge.net 站点。

为了让 pmd 能生成分析报告，操作步骤同其他报告一样。首先要确定使用的版本和其他坐标信息；其次在 pom 中通过选择 project→reporting→plugins 命令添加 pmd 插件，源代码如下：

```
<plugin>
    <groupId>org.apache.maven.plugins</groupId>
    <artifactId>maven-pmd-plugin</artifactId>
    <version>2.5</version>
</plugin>
```

见随书代码(MvnBookSSMDemo.Service.Impl\pom.xml)。

右击“工程”，选择 Run As→Maven build...命令，运行 site，就能在 target/site 目录下发现 pmd 生成的报告文档。打开 site 下面的首页 index.html，单击 Project Reports 导航树中的 PMD Report 链接就可以查看内容。图 7-7 就是关于 MvnBookSSMDemo.Service.Impl 工程中代码的 pmd 报告截图。

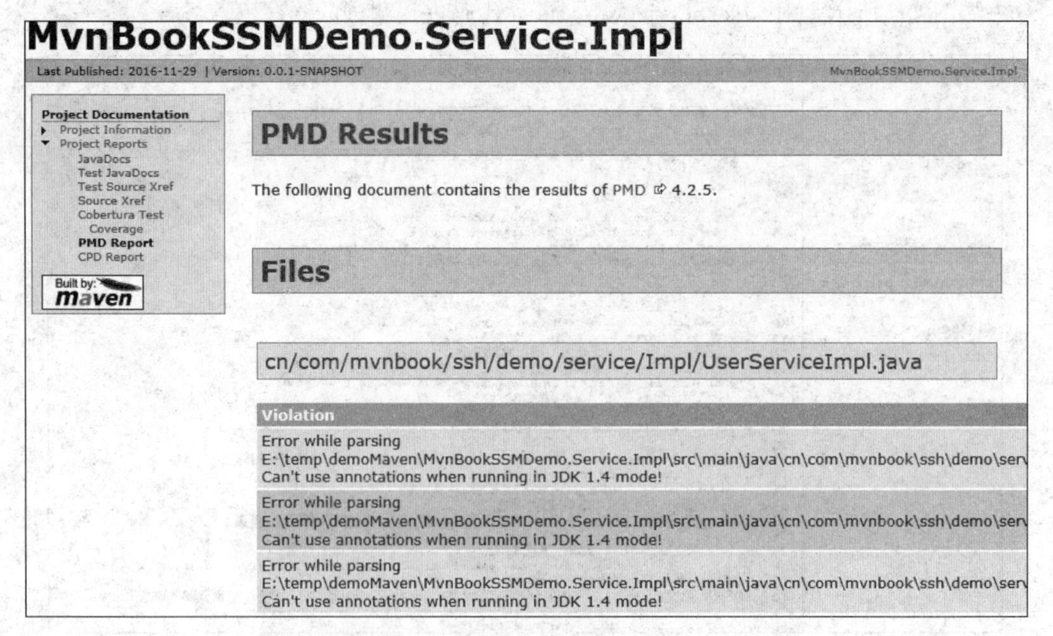

图 7-7 UserServiceImpl 的 pmd

要对代码进行缺陷分析肯定需要实现定义分析规则，这样才能按规则分析出结果。pmd包含很多分析规则，可以访问 http://pmd.sourceforge.net/rules/index.html 查看这些规则。pmd 默认使用的是 rulesets/basic.xml、rulesets/unusedcode.xml 和 rulesets/imports.xml。如果要使用其他规则，可以在 pom 的 pmd 插件配置文件中进行描述并指定。代码模板如下：

```
<plugin>
    <groupId>org.apache.maven.plugins</groupId>
    <artifactId>maven-pmd-plugin</artifactId>
    <version>2.5</version>
    <configuration>
    <rulesets>
        <ruleset>rulesets/braces.xml</ruleset>
        <ruleset>rulesets/strings.xml</ruleset>
    </rulesets>
    </configuration>
</plugin>
```

见随书代码(MvnBookSSMDemo.Service.Impl\pom.xml)

7.3 个性化站点

通过前面的介绍可以感受到，基于 Maven 生成站点是非常方便灵活的，功能也很强大。当然这也归功于 Maven 的 open 精神，它可以包含随意的插件，通过集成大量插件的不同功能，从而体现 Maven 作为整体的强大。

但是，如果每个项目的站点信息都长得一样的话，这样的世界也太单调了，而且不同的站点再怎么一样，它们的 logo 总该不一样吧。其实 Maven 提供了自定义站点外观的方法。接下来，为了让站点更有个性，开始介绍如何自定义站点的外观。

7.3.1 修饰外观

1. 站点描述符

为了定义站点外观，必须准备一个名为 site.xml 的站点描述文件。默认情况下，site.xml 需要放在 src/site 目录下。在 site.xml 中，描述用户需要在自定义站点的个性化信息。

这里创建一个简单的 site.xml 站点描述符文件，先做一个基本的体验，内容如下：

```
<?xml version="1.0" encoding="UTF-8"?>
<project name="MvnBookSSMDemo">
<bannerLeft>
    <name>MvnBookSSMDemo.Service.Impl</name>
    <src>images/logo.png</src>
```

```
    <href>http://cyedu.ke.qq.com</href>
</bannerLeft>
<body>
    <menu ref="reports"></menu>
</body>
<skin>
    <groupId>com.googlecode.fluido-skin</groupId>
    <artifactId>fluido-skin</artifactId>
    <version>1.3</version>
</skin>
</project>
```

见随书代码(MvnBookSSMDemo. Service. Impl\src\site\site. xml)。

在上面的描述符文件中,定义站点的头部图片 logo. png,导航栏菜单项 reports 和站点的皮肤。表现出的效果如图 7-8 所示。

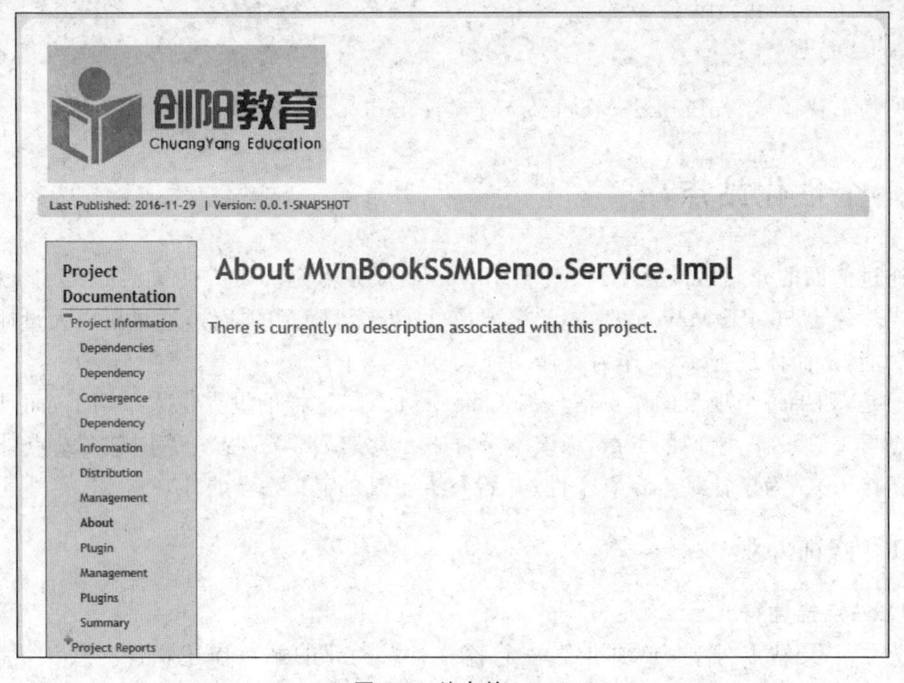

图 7-8 站点的 logo

到现在为止,介绍完了自定义站点描述符的编写方法,接下来详细介绍各类可以在站点描述符中定义的内容。

2. 头部内容和外观

在默认情况下,Maven 站点的标题显示的是 pom 中 name 的值。这里可以在站点描述符文件中进行指定,设置 project 的 name 属性,如果设置成功,站点的标题就是 name 的值。比如:

```
<?xml version="1.0" encoding="UTF-8"?>
<project name="MvnBookSSMDemo 站点">
    ...
</project>
```

其显示结果如图 7-9 所示。

图 7-9　站点名称

在默认情况下，头部左边会显示项目的名称，可以使用 bannerLeft 配置左边要显示的图片。通常在这个位置会显示公司的 logo。同样的，也可以使用 bannerRight 配置右边要显示的图片。具体样例代码如下：

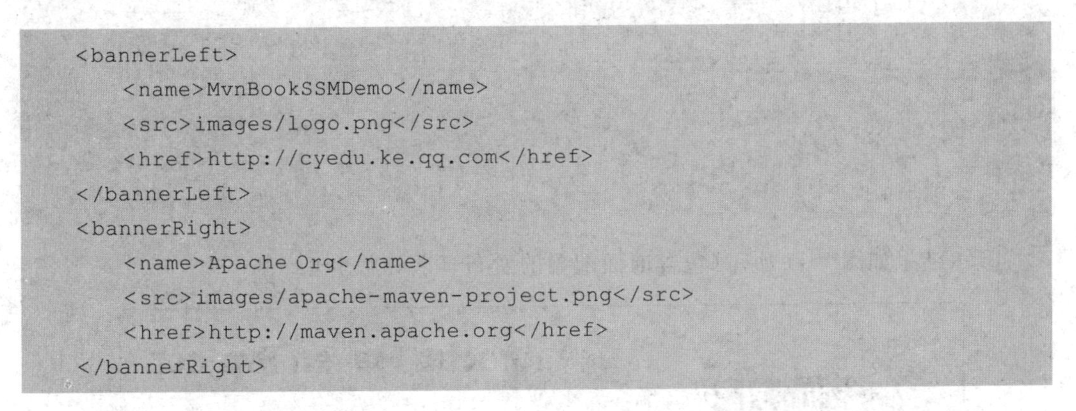

```
<bannerLeft>
    <name>MvnBookSSMDemo</name>
    <src>images/logo.png</src>
    <href>http://cyedu.ke.qq.com</href>
</bannerLeft>
<bannerRight>
    <name>Apache Org</name>
    <src>images/apache-maven-project.png</src>
    <href>http://maven.apache.org</href>
</bannerRight>
```

见随书代码(MvnBookSSMDemo. Service. Impl\src\site\site. xml)。

左边配置的是公司 logo，右边配置的是 Apache 的 Maven 标志条幅。结果如图 7-10 所示。

图 7-10　站点条幅

这里需要注意的是，左边的图片是本地图片。站点的本地资源需放在工程的 src/site/resources 目录下。比如说左边的图片，就是放在 src/site/resources/images 目录下的。

除了标题和头部条幅图片外，Maven 还提供了是否显示站点最近发布时间和版本的方式。样例代码如下：

```
<project name="MvnBookSSMDemo 站点">
    ...
    <version position="right"></version>
    <publishDate position="left"></publishDate>
    ...
</project>
```

其中，position 的值包括 none、left、right、navigation-top、navigation-bottom 和 bottom，分别表示不显示、左边、右边、导航栏上方、导航栏下方和底部。

当然，Maven 站点还支持面包屑导航，配置代码如下：

```
<project name="MvnBookSSMDemo 站点">
    ...
    <body>
        <breadcrumbs>
            <item name="cyedu" href="http://cyedu.ke.qq.com"></item>
            <item name="Maven" href="http://maven.apache.org"></item>
        </breadcrumbs>
        ...
    </body>
    ...
</project>
```

显示结果如图 7-11 所示(包含前面配置的发布日期和版本)。

图 7-11　站点头日期

3. 皮肤

除了可定义站点的标题、横幅图片和面包屑导航外，还可以选择站点的皮肤。自定义站点的皮肤一般分为两步。

(1) 选择要使用的站点皮肤构件。

(2) 在站点描述符文件的 shin 元素中，使用选择的皮肤构件。

目前，Maven 官方提供了三款皮肤，它们分别是：

org. apache. maven. skins：maven-classic-skin

org. apache. maven. skins：maven-default-skin

org. apache. maven. skins：maven-stylus-skin

其中，maven-default-skin 是站点的默认皮肤，用户可以在中央仓库中查询这些皮肤的最新版本。

当然，除了官方的皮肤构件外，还有大量的第三方用户创建的站点皮肤，比如在GoogleCode上，就有个名为fluido-skin的皮肤。感兴趣的话可以去网上搜索。

这里以maven-stylus-skin为例，介绍皮肤构件的使用方法。

用户可以到http://mvnrepository.com找到自己满意的版本，这里使用的是1.5版本，在site.xml中的样例配置如下：

```
<project name="MvnBookSSMDemo 站点">
    …
    <skin>
        <groupId>org.apache.maven.skins</groupId>
        <artifactId>maven-stylus-skin</artifactId>
        <version>1.5</version>
    </skin>
    …
</project>
```

见随书代码(MvnBookSSMDemo.Service.Impl\src\site\site.xml)。

右击“工程”，选择Run As→Maven build...命令，执行site，生成的站点皮肤的效果如图7-12所示。可以看出它跟前面的显示完全不一样了。

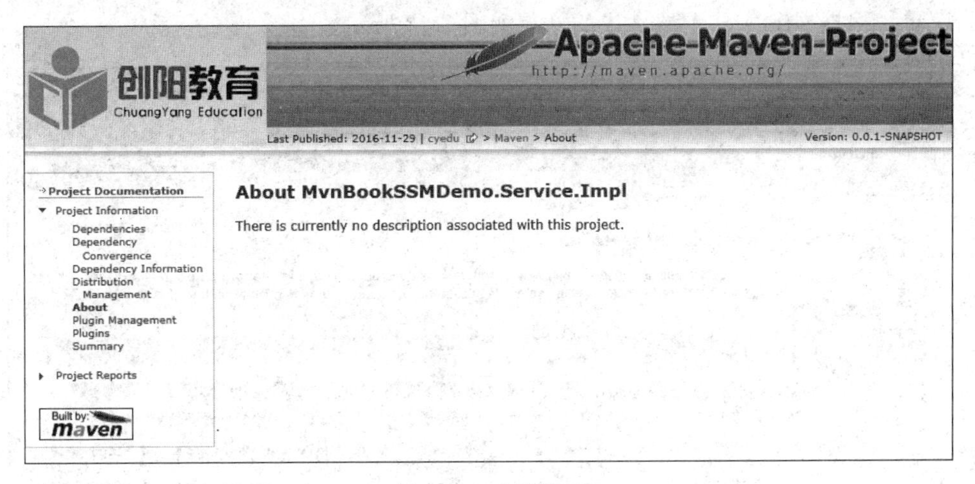

图7-12 皮肤效果

4. 导航栏

当然，用户不仅仅可以根据自己的需要指定横幅图片和皮肤，也可以根据自己的喜好调整左边的导航栏。这个是通过编辑body元素下的menu子元素实现的，如下所示是调整左边导航的样例代码。

```
<?xml version="1.0" encoding="UTF-8"?>
<project name="MvnBookSSMDemo 站点">
…
```

```
    <body>
    ...
        <menu ref="parent"/>
        <menu ref="modules"/>
        <menu ref="reports"/>
        <menu name="第一个菜单">
            <item name="简介" href="introduction.html"></item>
            <item name="常见问题" href="faq.html"></item>
        </menu>
        <menu name="第二个菜单">
            <item name="test1" href="test1.html"></item>
            <item name="test2" href="test2.html"></item>
        </menu>

    </body>
...
</project>
```

见随书代码(MvnBookSSMDemo.Service.Impl\src\site\site.xml)。

上面的代码定义了 5 个菜单,前面 3 个是直接沿用 Maven 站点默认生成的页面。parent 表示包含父模块链接菜单;modules 表示包含子模块链接;reports 表示包含项目报告菜单。根据 site.xml 配置生成的站点如图 7-13 所示。

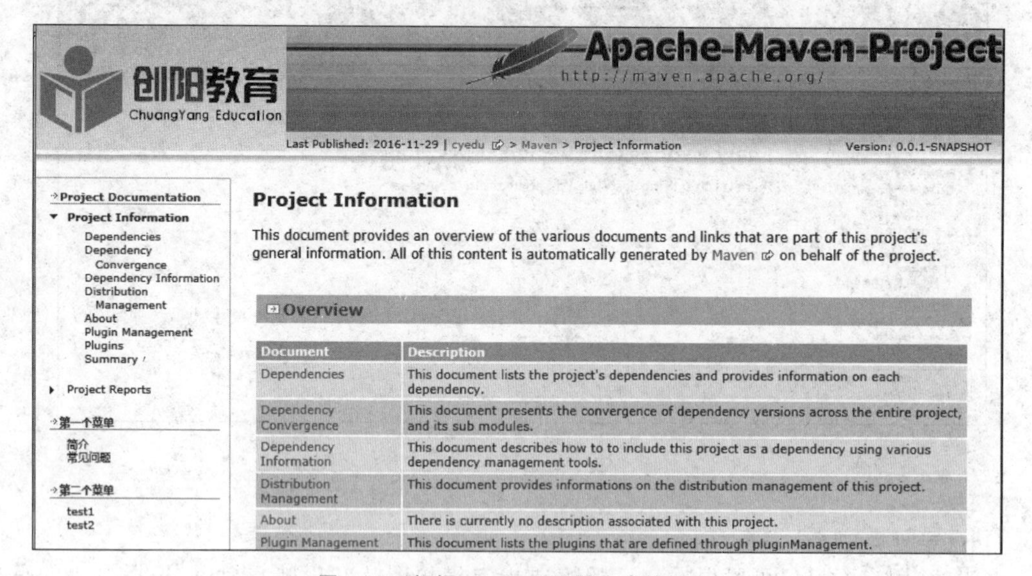

图 7-13　根据 site.xml 配置生成的站点

7.3.2　自定义页面

前面介绍了个性化横幅图片、菜单、发布时间版本等功能,接下来介绍怎样在站点中定义自己的页面。

比如在上面的自定义栏目中有一个菜单,其中有简介和常见问题两个链接。由于没有对应的文件,现在单击链接肯定是无效的。那么应如何自定义页面,让它们自定义链接整合起来呢?

到目前为止,Maven 对 APT 和 FML 两个格式的文档支持得比较好,接下来分别介绍如何基于 APT 和 FML 格式自定义站点页面文档,并将其与自定义的菜单整合起来。

APT 是一种类似维基的文档格式,是 Almost Plain Text 的简写,可以用它快速创建简单且结构丰富的文档。其页面结果如图 7-14 所示。

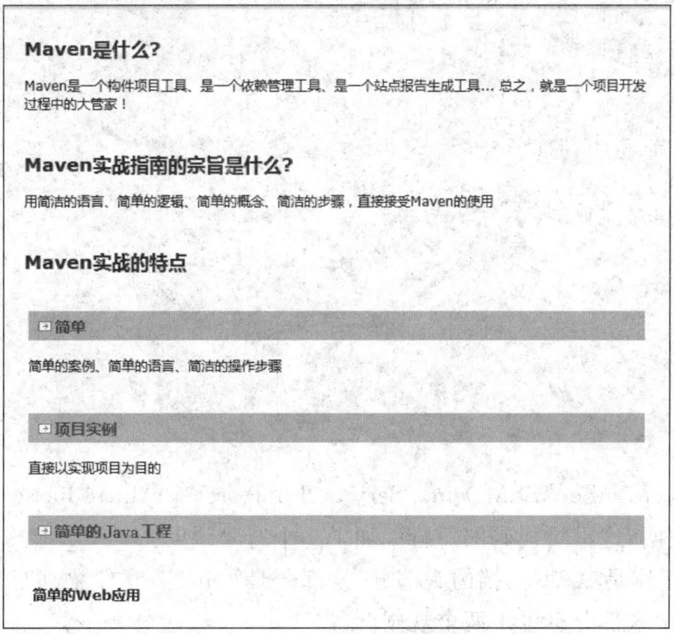

Maven是什么?

Maven是一个构件项目工具、是一个依赖管理工具、是一个站点报告生成工具... 总之，就是一个项目开发过程中的大管家！

Maven实战指南的宗旨是什么?

用简洁的语言、简单的逻辑、简单的概念、简洁的步骤，直接接受Maven的使用

Maven实战的特点

简单

简单的案例、简单的语言、简洁的操作步骤

项目实例

直接以实现项目为目的

简单的Java工程

简单的Web应用

图 7-14　自定义页面

生成图 7-14 的 introduction. apt 代码如下:

```
1  -----------------
2  Demo 简介
3  -----------------
4  Noble Yang
5  -----------------
6  2016-11-29
7  -----------------
8
9Maven 是什么?
10
11  Maven 是一个构件项目工具、是一个依赖管理工具、是一个站点报告生成工具...
12  总之,就是一个项目开发过程中的大管家!
13
14Maven 实战指南的宗旨是什么?
```

```
15
16  用简洁的语言、简单的逻辑、简单的概念、简洁的步骤,直接接受 Maven 的使用
17
18Maven 实战的特点
19
20 * 简单
21
22  简单的案例、简单的语言、简洁的操作步骤
23
24 * 项目实例
25
26  直接以实现项目为目的
27
28 * 简单的 Java 工程
29
30** 简单的 Web 应用
31
32*** 简单的 SSH 应用
33
34*** 简单的 SSM 应用
```

见随书代码(MvnBookSSMDemo. Service. Impl\src\site\introduction. apt)。

为了方便说明,这里给代码的每行添加了一个行号说明。

(1) 第 1～7 行是 APT 文档的头部分,该部分是可选的,主要描述标题、作者和发布日期等信息,关于这部分有以下两个规则。

① 每行开头,必须有至少两个空格。

② 每行文字之间,需要空一行。

(2) 第 8 行是一个空格行,标题和文本内容部分,需要用空行隔开。

(3) 第 9、14、18 行为每个段落的标题行,前面不能有空格。

(4) 第 10、15、19 行是分隔标题和内容的空格行。

(5) 第 11、16 行为标题后面的文本行,每个文本行前面需要空两个空格。

(6) 第 20、24、28 行为列表行,相当于在 HTML 里面的 li 元素,注意 * 号定格,同文字后面要空一个空格。

(7) 第 30、32、34 行为第 28 行定义的列表项下面的子项,* 号越多,表明层次越深。

上面是根据案例的需要对 APT 格式做的一个简单说明。其实从效果上看,完全可以使用 HTML 元素实现,但是如果用 HTML 实现的话,肯定需要使用很多 HTML 标签进行描述。相对于 HTML 来说,APT 就简单多了,用固定的约定和几个简单符号就可以实现想要的效果。

当然,这里介绍的只是一部分 APT 规则,还有有序列表、表格、分页、链接等,可以查看 http://maven.apache.org/doxia/references/apt-format.html,做进一步了解。

在页面的开始是这些标题的导航链接,如图 7-15 所示。

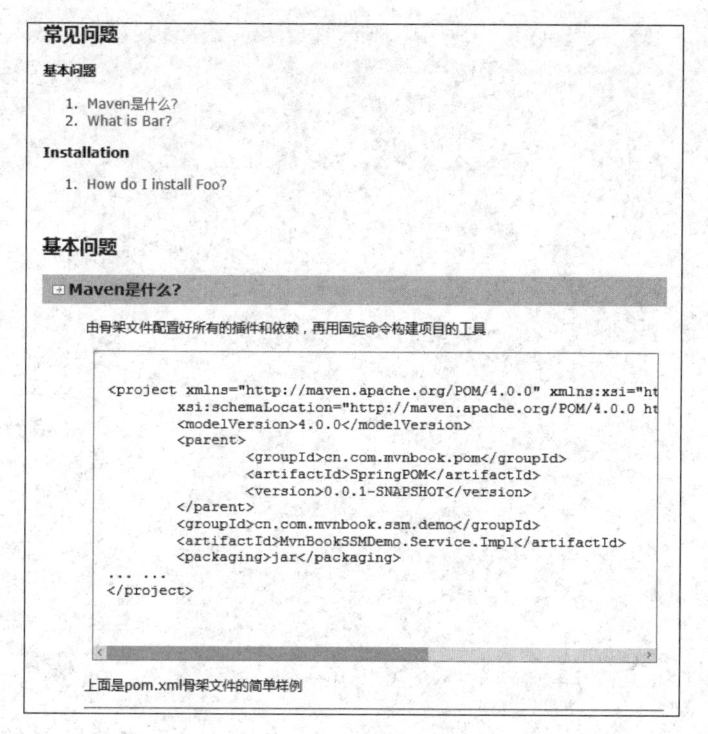

图 7-15　导航链接

这样的格式比较简单，有规律，可以使用 FML 格式的文档描述。接下来通过介绍 faq.fml 的内容，说明 FML 格式的规则。

faq.fml 的内容如下：

```
<?xml version="1.0" encoding="UTF-8"?>
<faqs xmlns="http://maven.apache.org/FML/1.0.1"
      xmlns:xsi="http://www.w3.org/2001/XMLSchema-instance"
      xsi:schemaLocation="http://maven.apache.org/FML/1.0.1
      http://maven.apache.org/xsd/fml-1.0.1.xsd"
      title="常见问题"
      toplink="false">
<part id="general">
<title>基本问题</title>
<faq id="whats-foo">
<question>
            Maven 是什么？
</question>
<answer>
<p>由骨架文件配置好所有的插件和依赖，再用固定命令构建项目的工具</p>
<source>
<![CDATA[
<project xmlns="http://maven.apache.org/POM/4.0.0"
      xmlns:xsi="http://www.w3.org/2001/XMLSchema-instance"
```

```
    xsi:schemaLocation="http://maven.apache.org/POM/4.0.0
    http://maven.apache.org/xsd/maven-4.0.0.xsd">
    <modelVersion>4.0.0</modelVersion>
    <parent>
        <groupId>cn.com.mvnbook.pom</groupId>
        <artifactId>SpringPOM</artifactId>
        <version>0.0.1-SNAPSHOT</version>
    </parent>
    <groupId>cn.com.mvnbook.ssm.demo</groupId>
    <artifactId>MvnBookSSMDemo.Service.Impl</artifactId>
    <packaging>jar</packaging>
...
</project>
]]>
</source>
<p>上面是 pom.xml 骨架文件的简单样例</p>
</answer>
</faq>
<faq id="whats-bar">
<question>
            What is Bar?
</question>
<answer>
    <p>some markup goes here</p>
</answer>
</faq>
</part>
<part id="install">
<title>Installation</title>
<faq id="how-install">
<question>
            How do I install Foo?
</question>
<answer>
    <p>some markup goes here</p>
</answer>
</faq>
</part>
</faqs>
```

见随书代码(MvnBookSSMDemo. Service. Impl\src\site\faq. fml)。

注:

(1) FML 文档是一个标准的 XML 文档,根元素是 faqs。

(2) faqs 元素有一个 title 属性,用于描述文档的主题。

(3) faqs 中可以包含多个 part 元素,每个元素都具有 id 属性,用来唯一标记元素。

(4) 每个 part 元素封装一个内容的大类,它具有 title 子元素,用于描述大类主题。

(5) part 元素中还包含多个 faq 元素,其中包含每个问题的题目和内容。question 封装问题的题目，answer 封装问题的答案。考虑到问题答案除了有文字外，还有代码，故提供了 source 封装答案的辅助代码。

7.3.3　国际化

作为一个中国的普通读者，还是更希望查看中文文档。前面生成的站点信息都是英文版的，有没有一种方式能生成中文的呢？

maven-site-plugin 插件支持本地化站点的生成，但是要做如下四个方面的准备和配置。

(1) 所有的项目文档，包括源代码和所有资源配置文件，需要用 UTF-8 格式保存。

(2) 在 pom.xml 中配置指定 maven-site-plugin 使用 UTF-8 格式读取源代码和文档的编码。

(3) 在 pom.xml 中配置指定 maven-site-plugin 按 UTF-8 格式输出站点文档。

(4) 在 maven-site-plugin 的插件元素中，添加 configuration，用 locals 指定本地语言 zh_CN。

第(2)和第(3)个方面在 pom.xml 的 project 中，添加如下配置可以实现。

```
<properties>
<!--读取源代码和文档的编码-->
    <project.build.sourceEncoding>UTF-8</project.build.sourceEncoding>
<!--输出站点文档的编码-->
    <project.reporting.outputEncoding>UTF-8</project.reporting.outputEncoding>
</properties>
```

第(4)个方面可以在 pom.xml 中添加如下配置实现。

```
<build>
    ...
    <plugins>
        <plugin>
            <groupId>org.apache.maven.plugins</groupId>
            <artifactId>maven-site-plugin</artifactId>
            <version>3.4</version>
            <configuration>
                <!--汉字语言环境-->
                <locales>zh_CN</locales>
            </configuration>
        </plugin>
    </plugins>
</build>
```

见随书代码(MvnBookSSMDemo.Service.Impl\pom.xml)。

完成前面介绍的配置后，新站点页面如图 7-16 所示。

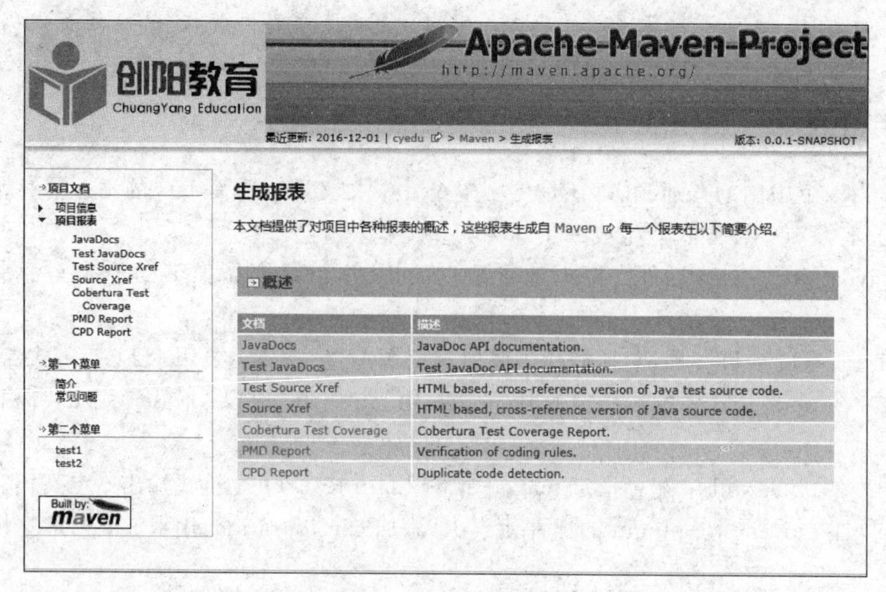

图 7-16　能生成多国语言的站点

7.4　部署站点

现在生成了想要的站点和报告文档，但是这些文档只能在本地浏览。当然，也可以将这些文档复制到公司的 Web 服务器上，让团队成员和允许访问人员可以跟踪查看。只是手动复制有点麻烦，而且每次更新站点后都要手动复制。如果像 MvnBookSSMDemo 那样，有多个模块平行开发，最后聚合形成整体项目的开发模式，那就更麻烦了，因为每次更新都要把每个模块重新复制到服务器上去，效率太低。接下来介绍如何自动部署站点文件。

Maven 支持多种协议的站点部署，包括 FTP、SCP 和 DAV。不管是哪种，目标和思路都是一样的：由 Maven 将所有的站点文档，按照配置信息复制到指定的服务器位置。FTP 和 SCP 就不在此介绍了，下面介绍基于 DAV 协议将站点自动部署到 Tomcat 7 Web 服务器。Tomcat 服务器是 Java 程序员开发 Web 应用常用的服务器，所以以它为例。

在具体使用 DAV 协议部署站点前，先简单介绍 DAV 的概念。

DAV 是什么呢？很明显，它是一个协议。

DAV 是一个在 HTTP 基础上进行扩展了的 Web 通信协议，可以通过这个协议完成对网络文件管理的工作，具体内容包括：支持 client 远程锁定 Web 服务器上的文件；支持远程查找、定位 Web 服务器上的文件；支持创建、复制和移动 Web 服务器上的文件。

了解 DAV 的概念后，就可以想方设法实现 Maven 基于 DAV 协议的站点文档在 Tomcat 7 上的自动部署，这需要做两个方面的实现：一方面是在 Tomcat 7 上配置 DAV 服务；另一方面是在开发计算机上配置 Maven 信息，让 Maven 可以自动将生成的站点文档发布到 DAV 服务上去。

下面分别从这两个方面进行介绍。

7.4.1 在 Tomcat 7 上的 DAV 服务

Tomcat 7 的 Web 服务器默认是支持 DAV 协议的。这里需要做的是在 Tomcat 7 Web 服务器上搭建一个 DAV 服务,该服务可以完成在 Web 服务器中基于 DAV 协议的文件操作。能实现 DAV 的服务类在 Tomcat 7 中已经提供了,它是 org. apache. catalina. servlets. WebdavServlet 类。接下来要做的是将该 Servlet 发布成 DAV 服务,并且设置好用户名和密码,让客户端能基于这个服务操作 Tomcat 7 的 Web 服务器的文件。具体操作如下。

(1) 在 Tomcat 7 的应用发布目录 webapps 中,创建一个目录(site),这个目录是一个新应用的上下文路径,站点文件将被发布到这里。

(2) 在新建的应用路径(site)下,创建 WEB-INF 目录,并且按 Web 标准创建一个 web. xml 文件。

(3) 在 web. xml 中,部署 org. apache. catalina. servlets. WebdavServlet 类,并且配置好 servlet-mapping,拦截所有的请求。详细代码和说明请看下面代码清单。

```
<?xml version="1.0" encoding="UTF-8"?>
<web-app version="2.5"
xmlns="http://java.sun.com/xml/ns/javaee"
xmlns:xsi="http://www.w3.org/2001/XMLSchema-instance"
xsi:schemaLocation="http://java.sun.com/xml/ns/javaee
http://java.sun.com/xml/ns/javaee/web-app_2_5.xsd">
<servlet>
<servlet-name>webdav</servlet-name>
<servlet-class>org.apache.catalina.servlets.WebdavServlet</servlet-class>
<init-param>
    <param-name>debug</param-name>
    <param-value>0</param-value>
</init-param>
<init-param>
    <param-name>listings</param-name>
    <param-value>false</param-value>
</init-param>
<init-param>
    <param-name>readonly</param-name>
    <!--允许修改删除-->
    <param-value>false</param-value>
</init-param>
</servlet>
<servlet-mapping>
    <servlet-name>webdav</servlet-name>
    <url-pattern>/*</url-pattern>
</servlet-mapping>
<display-name>site</display-name>
```

```
<session-config>
<session-timeout>
        30
</session-timeout>
</session-config>
<welcome-file-list>
    <welcome-file>index.jsp</welcome-file>
</welcome-file-list>
</web-app>
```

启动 Web 服务器，DAV 服务就会自动启动。只要有权限，客户端就可以通过这个 DAV 服务管理 Tomcat 7 Web 服务器上的文档。

7.4.2 设置 Tomcat 7 的用户名和密码

为了让客户端顺利搭建好 DAV 服务，管理服务器上的文档，需要在 Tomcat 7 上配置管理 Web 应用的用户名和密码。这样 DAV 通信的时候，就可以通过用户名和密码的认证，拥有对应的管理权限。

打开 TomcatHome/conf/tomcat-users. xml，在里面添加两个角色，分别是 manager-gui 和 admin-gui，代码如下：

```
<role rolename="manager-gui"/>
<role rolename="admin-gui"/>
```

再在该文件中添加一个用户名和密码，给它赋予 manager-gui 和 admin-gui 两个角色。用户名和密码随意取。样例代码如下：

```
<user username="both" password="admin123" roles="manager-gui,admin-gui"/>
```

这样 Maven 客户端配置好用户名 both 和密码 admin123 后，就可以在操作 Web 服务器上的文件前认证通过后获取所有管理权限。

7.4.3 配置 Maven 的 DAV 自动部署

关于 Maven 的配置，要做以下两个方面的工作。

(1) 配置 Maven 客户端访问 DAV 服务器前的安全认证信息

打开用户目录下的. m2/settings. xml 文件，在 settings→servers 元素下添加一个 server 元素，描述用户在 Tomcat 7 中配置好的 both 用户名和对应的密码，用一个 id 标记，需要记住这个 id 名称，下一步在 pom. xml 中要对应配置的。样例配置代码如下：

```
<server>
    <id>siteServer</id>
    <username>both</username>
    <password>admin123</password>
</server>
```

这里配置的 id 名称叫 siteServer。

(2) 在 Maven 工程的 pom. xml 中配置站点部署信息

打开要部署站点的 Maven 工程的骨架文件(pom. xml),在 project→distributionManagement 中添加一个 site 元素,描述要部署的目标 url 和对应的认证服务 id,MvnBookSSMDemo. Service. Impl 工程的配置代码如下:

```
<distributionManagement>
<site>
    <id>siteServer</id>
    <url>dav:http://127.0.0.1:9080/site/MvnBookSSMDemo.Service.Impl</url>
</site>
...
</distributionManagement>
```

见随书代码(MvnBookSSMDemo. Service. Impl\pom. xml)。

其中,id 值为 siteServer,需要同第一步中配置的 server 的 id 一致。url 以"dav:"开头,表示使用 DAV 协议发布到 127.0.0.1 服务器上。服务器的端口为 9080(Tomcat 的默认端口为 8080,具体端口请关注启动服务器后显示的 http-port)。

如果当前部署的站点是一个独立的站点,url 只要到 site 上下文路径就行了,表示把站点文件发布到 site 的根目录下。如果当前的站点只是一个 module 站点,需要聚合到一个大站点去的,这样就需要指定当前 module 站点在总站点中的相对路径。比如这里的 MvnBookSSMDemo. Service. Impl、MvnBookSSMDemo. DAO. MyBatis、MvnBookSSMDemo. SpringMVC 将聚合到 MvnBookSSMDemo 中。所以在它们的 url 中,需要在 site 后面加上自己的相对路径,自己的工程名称。比如样例中,MvnBookSSMDemo. Service. Impl 的 url 为 dav:http://127. 0. 0. 1:9080/site/MvnBookSSMDemo. Service. Impl。这样聚合后才能集成在一起。

同时再加上以下代码,指定 webdav 构建。

```
<project>
    ...
    <build>
        <extensions>
            <extension>
                <groupId>org.apache.maven.wagon</groupId>
                <artifactId>wagon-webdav-jackrabbit</artifactId>
                <version>1.0-beta-7</version>
            </extension>
        </extensions>
    </build>
    ...
</project>
```

按前面的配置好后，右击 MvnBookSSMDemo 工程，选择 Run As→Maven build...命令，先运行“site:site”（生成站点信息，包括每个模块），再运行“site:deploy”（部署站点），在浏览器中输入 http://localhost:9080/site/index.html，就可以看到如图 7-17 所示的综合站点页面了。

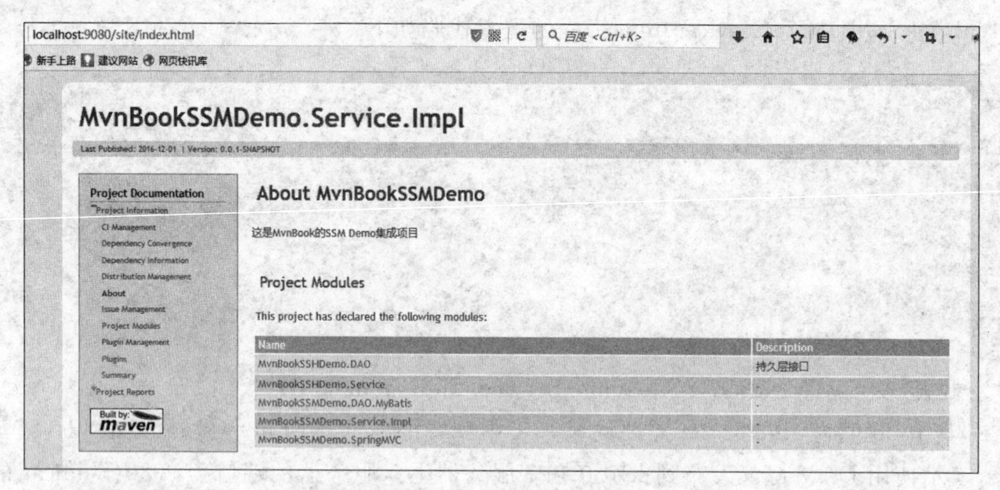

图 7-17　站点发布后首页

第8章 版本管理

8.1 简介

项目的开发是长期的过程。这个过程里有每个项目的生命周期和各个功能的里程碑。一般会把这些周期和里程碑确定成一个个的版本，以便对整个项目实行历程的管理和阶段目标的控制。那怎样科学地管理项目的版本呢？接下来就讨论这个问题。

在正式进行介绍前，有必要澄清一下这两个概念：版本管理和版本控制。

版本管理是指对项目的整体版本的演变过程进行管理，例如，从1.0到1.1，再到2.0等。版本控制是借助第三方的版本控制工具，追踪管理项目文档（包括代码）的每一个变更。

接下来主要介绍的是版本管理，而不是版本控制，请读者注意区分版本管理和版本控制。

8.2 专业术语

为了方便理解，先了解相关的专业术语，也就是概念。

8.2.1 快照版本

在项目开发过程中，为了方便团队成员的合作，解决模块间相互依赖和时时更新的问题，用户对每个模块进行构建的时候，输出的临时性版本叫快照版本。这种版本定位的构件文件会随着开发的进展不断更新。同时 Maven 对同一个快照构件的依赖也会同步更新，使团队内部相互用到的依赖都是最新的。

8.2.2 发布版本

项目开发到一定的阶段后，就需要向团队外部发布一个比较稳定的版本。这个版本构件所对应的构件文件是固定的。就算后期有更多的功能要继续开发，完成后也不会改变当前发布版本的内容，这样的版本叫发布版本。

8.2.3 版本管理关系

在项目开发过程中，团队内部会随着项目的进展发布最新的快照版本。但是开发到一定的阶段，需要将快照版本定位成一个发布版本对团队外部进行发布，同时，在这个定位版本的基础上进行二次开发，开发过程中又形成新的快照，到一定阶段后，再发布一个定位的发布版本，以此重复进行，直到最后项目完成。这个过程中快照版本和发布版本的切换管理就是版本管理。也就是说，版本管理关系的一个核心问题就是要科学地解决快照版本和发布版本之间的切换问题。

理想的发布版本，应该是在项目进展到一个比较稳定的状态。这种稳定状态包括源代码的状态和构件的状态，所以一般构建一个稳定版本的条件有以下几个方面。

（1）所有的测试案例应该全部通过。这点可以理解，自己的测试案例都不能通过，说明有漏洞。发布这种带有明显漏洞的版本是没有意义的。

（2）项目中没有配置任何快照版本的依赖。发布版本与快照版本最显著的区别就是稳定。如果自己包含有对快照构件的依赖，依赖的基础都不稳定，怎么能谈得上自己的稳定呢？

（3）项目中没有配置任何快照版本的插件。同上面的道理一样。

（4）项目中所有的文档（包含代码）都要提交到版本控制系统。一个稳定版本的发布，不仅表示项目进入到了一个相对稳定的阶段，而且还必须保证相关的文档能齐备，以便以后能准确返回到这个阶段。如果要发布的文档没有全部集中提交到版本控制系统中，意味着一不小心文档就会残缺，这样的版本就没法回滚。

8.2.4 版本号的约定

为了方便团队交流，Maven 将版本号约定为四个部分，即主版本、次版本、增量版本和里程碑版本，按如下格式共同形成一个版本号。

```
<主版本>.<次版本>.<增量版本>-<里程碑版本>
```

（1）主版本：表示项目重大架构的变更。比如 Struts1 和 Struts2，它们的架构体系都不同；JUnit4 和 JUnit3，一个全面支持注解，另一个就不支持。

（2）次版本：表示有较大的功能增加和变化，或者全面系统地修复漏洞。

（3）增量版本：表示有重大漏洞的修复。

（4）里程碑版本：表明一个版本的里程碑（版本内部）。这样的版本同下一个正式版本相比，相对来说不是很稳定，有待更多的测试。

需要注意的是，不是每个版本号都必须由这四个部分组成，有些版本号就可以没有增量版本和里程碑版本。

8.2.5 主干、分支、标签

（1）主干：项目开发的主体，也是主线、关键历程。从这里可以获取项目的最新代码和绝大部分的变更历史。

（2）分支：从主线某个点分离出去的一段分支。在一个特别时间点的时候，既要保持项目的总体（主线）进度，又要同步修改某些重要漏洞、或实现特殊功能、或实验性开发，就可以创建一个分支独立进行。分支达到预期效果后，需要将分支里面的变更合并到主线中去。

(3) 标签：用来标记分支和主干进展到某个状态的点，代表项目进展到某个阶段或某个相对比较稳定的状态。实际项目中，这种状态往往就是版本发布的状态。

8.3 自动版本发布

根据前面的介绍，用户可以手动按照前面的规则和步骤，完成检查是否有未提交代码、是否有快照依赖、更新快照版本到发布版本、执行 Maven 构建构件、为版本控制器上的源代码打上版本标记等操作。

开始的时候用户会感觉这个过程比较新鲜，但是操作的次数多了就会感到比较烦，重复的流程很枯燥，这时候就会希望有工具能自动完成这些操作。Maven Release Plugin 插件就可以满足这个需要，实现所有的版本控制发布流程的自动化。接下来介绍如何使用 Maven Release Plugin 插件，并结合 SVN 版本控制器来发布项目版本。

Maven Release Plugin 一共有三个目标，它们分别如下。

1. release:prepare

准备版本发布，按流程顺序执行如下操作。

(1) 检查项目是否有未提交的代码。

(2) 检查项目是否有快照版本依赖。

(3) 根据用户的输入将快照版本升级为发布版本。

(4) 将 pom 中的 scm 形象更新为标签地址。

(5) 基于修改后的 pom 执行 Maven 构建。

(6) 提交 pom 变更。

(7) 基于用户输入的代码打标签。

(8) 将代码从发布版本升级成新的快照版本。

(9) 提交 pom 变更。

2. release:rollback

将 pom 回退到“release:prepare”之前的状态，并且提交。

需要注意的是，该步骤不会删除“release:prepare”生成的标签，因此需要用户手动删除。

3. release:perform

执行版本发布。

签出“release:prepare”生成的标签中的源代码，并且在这基础上执行 mvn deploy 命令，打包并将构件部署到仓库。

了解了 Maven Release Plugin，接下来就开始介绍如何使用 Maven Release Plugin 在 SVN 版本控制器上基于 Maven 自动发布版本。

8.3.1 准备环境

主要有三个软件或插件需要事先安装配置好。

1. SVN 服务器

Maven Release Plugin 要基于版本控制系统进行代码的签入签出并打标签，所以版本控制系统的服务器软件肯定是要安装的。这里以 SVN 为例，服务器安装的是 VisualSVN-Server 软件，测试用的版本是 3.5.3。用户可以到官网上下载 VisualSVN-Server-3.5.3-x64.msi 安装软件。

2. SVN 命令行工具

安装可以基于命令行执行 SVN 命令，完成代码管理的工具。注意，一定要安装这个工具，因为 Maven 在进行 SVN 操作时是基于 SVN 命令进行操作的，即使安装了可视化 SVN 客户端，比如 TortoiseSVN，也是没有用的。这里安装的是 Slik-Subversion，用户可以在 SVN 官网下载 Slik-Subversion-1.9.4-x64.zip 进行安装。

3. Eclipse 的 SVN 插件

因为用户要基于 Eclipse 的 Maven 项目，基于 SVN 进行代码的签入签出操作，所以还需要在 Eclipse 中安装好 SVN 插件。建议安装跟自己 Eclipse 匹配的最新插件，以免出现不必要的麻烦。这里测试 Demo 使用的是 eclipse-java-mars-R-win32-x86_64 Eclipse，用户可以从官网上下载 eclipse-java-mars-R-win32-x86_64.zip 包，插件用的是 Subversive-SVN Team Provider 4.0.2。可以在 Eclipse 中选择 Help→Eclipse Marketplace... 命令，输入关键字 svn search，找到对应的 Subversive 版本进行安装。安装完成后，需要在插件中安装对应的连接器。选择 Eclipse→Window→Preference 命令，选择 Team→SVN 命令，显示的连接器如图 8-1 所示。

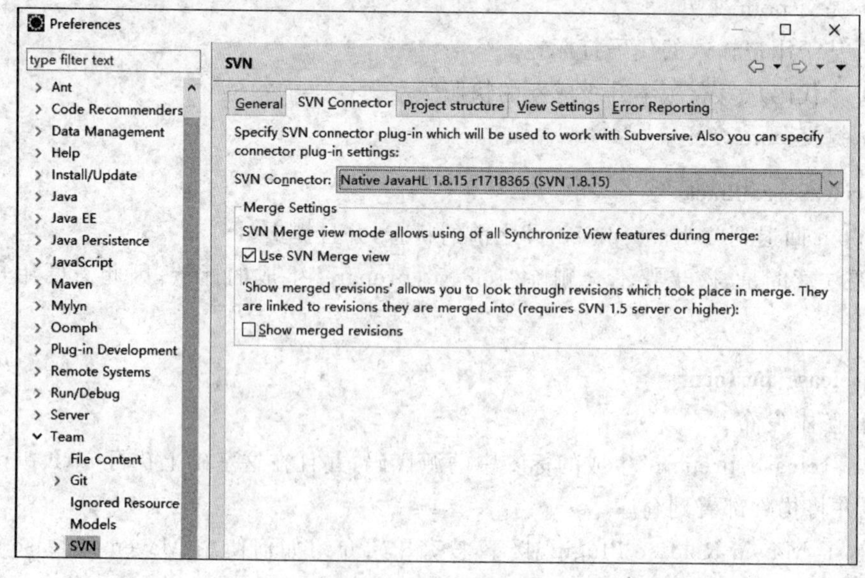

图 8-1 SVN 连接器

8.3.2 创建仓库

关于 SVN 的这方面的操作就不赘述了,用户可以参考 SVN 相关的资料。跟本篇测试 Demo 相关的 url 为:https://Noble-PC:8443/svn/MvnBookSSMDemo/trunk/svnDemo,用户名和密码为 noble。

8.3.3 创建样例项目

(1) 在 Eclipse 中创建一个简单的 Maven 工程 MvnBookTestSVN。

(2) 在 pom.xml 中配置版本控制系统信息,样例配置如下:

```
<project>
    …
    <scm>
        <developerConnection>scm:svn:https://Noble-PC:8443/svn/
        MvnBookSSMDemo/trunk/svnDemo</developerConnection>
        <connection>scm:svn:http://Noble-PC:8443/svn/MvnBookSSMDemo/trunk/
        svnDemo</connection>
        <url>http://Noble-PC:8443/svn</url>
    </scm>
</project>
```

注:developerConnection 元素描述的是 scm 地址。connection 元素描述的是只读的 scm 地址。url 表示浏览器可以直接访问的 src 地址。

为了便于 Maven 识别,connection 和 developerConnection 必须以 scm 开头,冒号后面的部分表示版本控制工具的类型(这里用的是 SVN)。Maven 除了支持 SVN 外,还支持 cvs 和 git,后面才是实际的 scm 地址。在本例中,connection 使用的是 http 协议,developerConnection 因为涉及写操作,所以使用的是 https 协议,具有保护作用。

配置 maven-release-plugin 插件,样例配置代码如下:

```
<build>
    <plugins>
        …
        <plugin>
            <groupId>org.apache.maven.plugins</groupId>
            <artifactId>maven-release-plugin</artifactId>
            <version>2.5.3</version>
            <configuration>
                <tagBase>https://Noble-PC:8443/svn/MvnBookSSMDemo/tags/
                svnDemo</tagBase>
                <username>noble</username>
                <password>noble</password>
            </configuration>
        </plugin>
    </plugins>
</build>
```

注：tagBase 指定的是标签的基本目录。username 和 password 是 SVN 的用户名和密码。

配置好私服的发布信息，样例配置代码如下：

```
<project>
  …
  <distributionManagement>
    <repository>
        <id>archivaServer</id>
        <url>http://localhost:8080/repository/internal</url>
    </repository>
    <snapshotRepository>
        <id>archivaServer</id>
        <url>http://localhost:8080/repository/snapshots</url>
    </snapshotRepository>
  </distributionManagement>
</project>
```

配合私服访问的权限认证，需要在 settings.xml 中配置私服的用户认证信息。

```
<server>
    <id>archivaServer</id>
    <username>admin</username>
    <password>admin123</password>
</server>
```

下面介绍如何基于 Maven 自动发布版本。

在 Eclipse 中创建一个 Repository Location。

选择 Window→show view→Others→SVN Repositories 命令，打开 SVN Repositories 视图窗口，如图 8-2 所示。

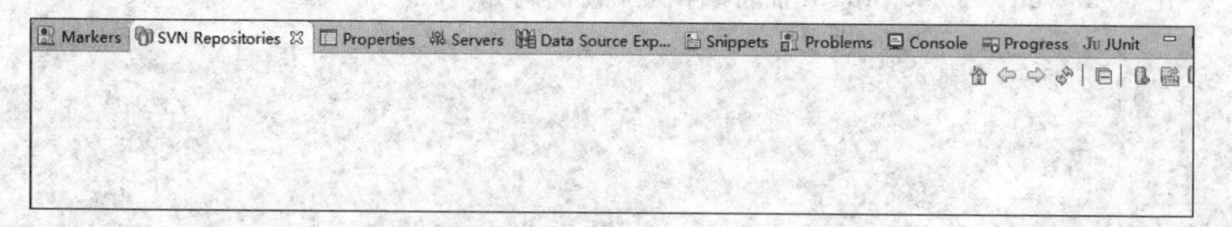

图 8-2　SVN Repositories 视图窗口

右击空白区域，选择 New→Repository Location 命令，打开创建 Repository Location 的窗口，输入 SVN 的 URL、用户名和密码，并且选中保存认证用户名和密码的复选框，如图 8-3 所示。

单击 Finish 按钮，创建一个 Repository Location。

将 MvnBookTestSVN 添加到 SVN 服务器中(添加到 SVN)。

右击 MvnBookTestSVN 工程，选择 Team→Share Projects 命令，选中已经存在的 Repository Location，如图 8-4 所示。

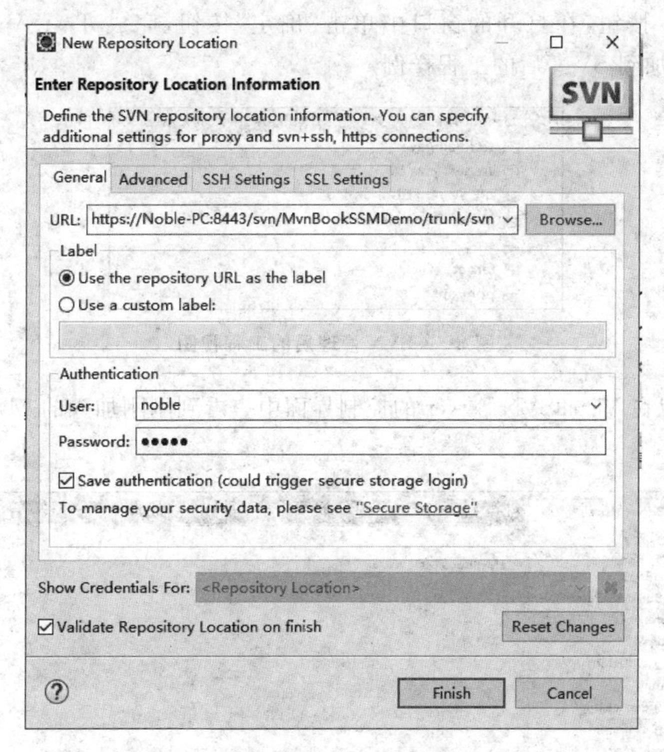

图 8-3　设置 SVN 连接信息

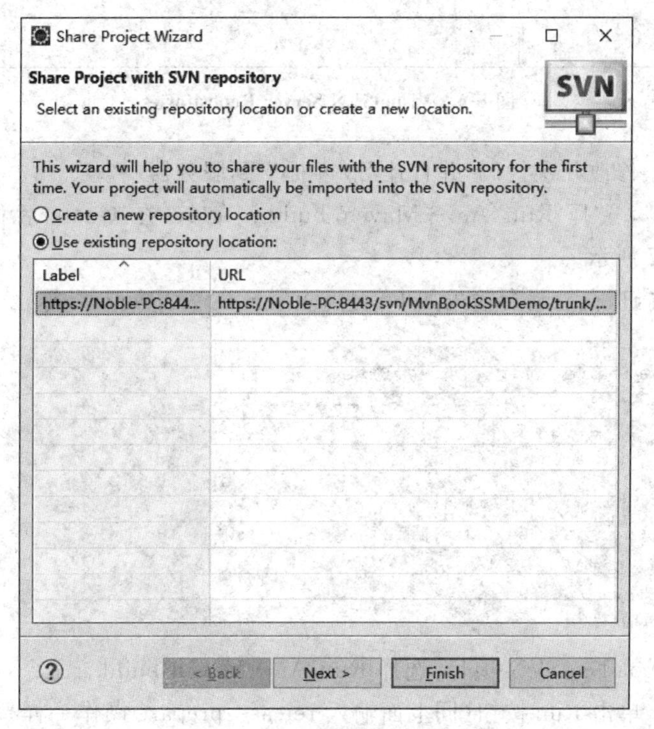

图 8-4　选择 SVN Repository

单击 Finish 按钮，在打开的窗口中单击“确定”按钮，完成 TestSVN 工程的添加，图 8-5 所示为添加到 SVN 后的工程样例。

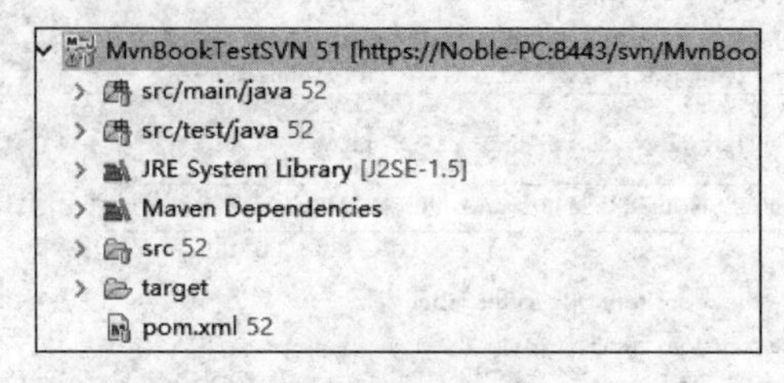

图 8-5　SVN 管理后的工程视图

同样，也可以在 VisualSVN Server 的控制界面中查看到刚刚加入的 MvnBookTestSVN，如图 8-6 所示。

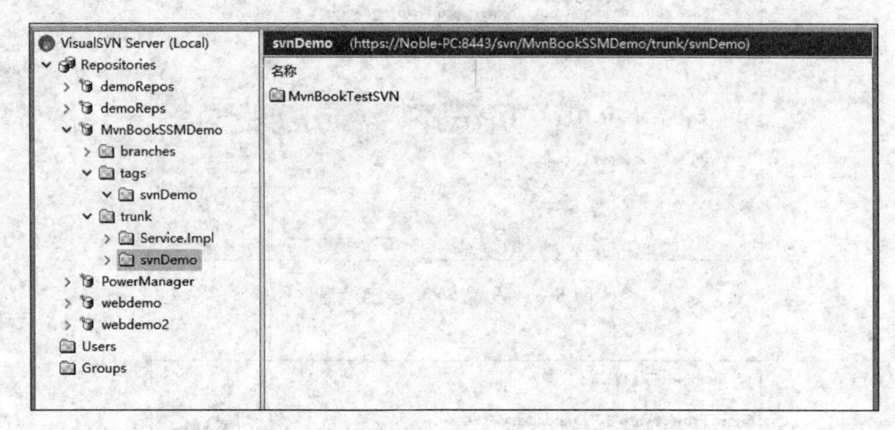

图 8-6　VisualSVN Server Repositories

在 Eclipse 中修改几次代码，并且让 SVN 提交到服务器中。

右击“工程”，选择 Run As→Maven build... 命令，在 Goals 后面输入 release:prepare，如图 8-7 所示。

单击 Run 按钮，在控制台输入如下信息，表示 release:prepare 成功。

```
[INFO] Release preparation complete.
[INFO] ------------------------------------------------
[INFO] BUILD SUCCESS
[INFO] ------------------------------------------------
[INFO] Total time: 39.948 s
[INFO] Finished at: 2016-12-13T23:06:45+08:00
[INFO] Final Memory: 13M/107M
[INFO] ------------------------------------------------
```

右击 MvnBookTestSVN 项目，选择 Run As→Maven build...命令，在 Goals 中输入 release:perform，单击 Run 按钮（同上面输入 release:prepare 操作一样），将 TestSVN 工程正式发布成第一个发布版本，并部署到私服中。

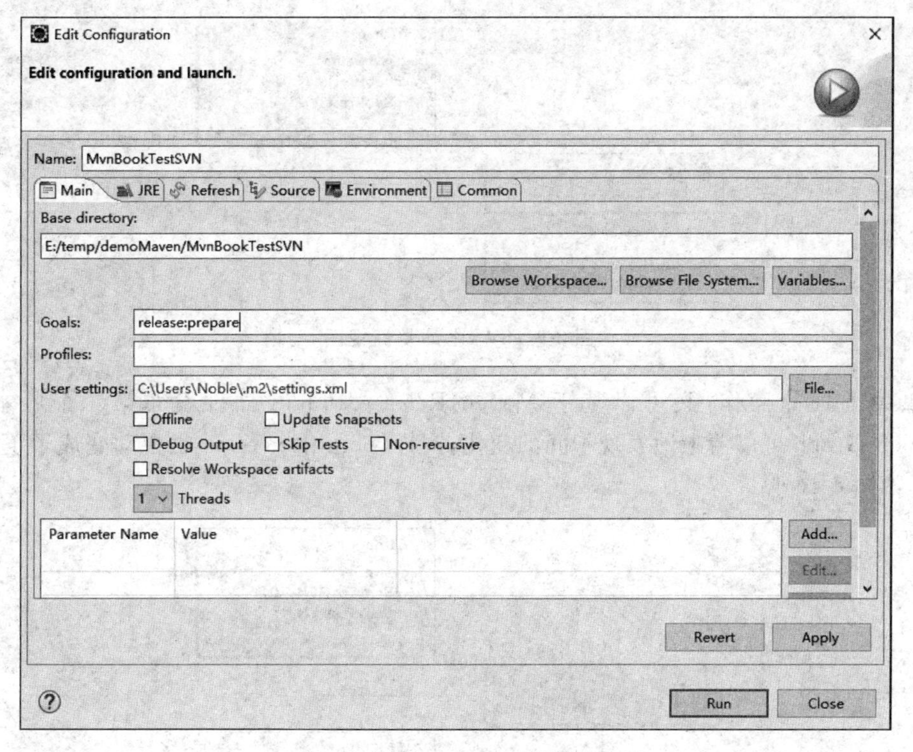

图 8-7　配置 M2Eclipse 版本发布

这样就可以在 SVN 服务器中的 tags 目录中找到刚刚发布的一个新版本，如图 8-8 所示。

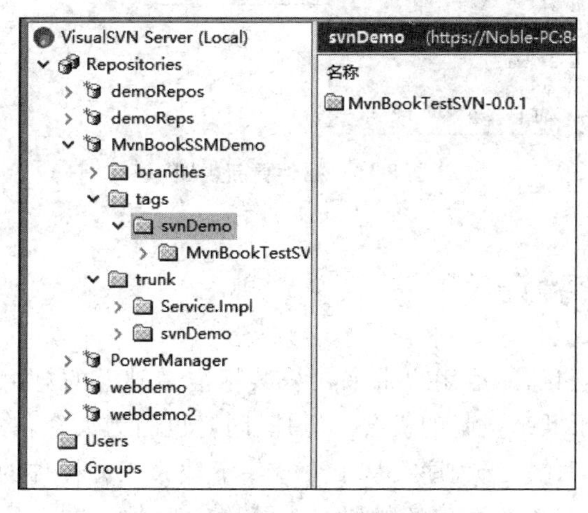

图 8-8　通过发布后的服务器查看视图

同样，通过 Eclipse 中的 SVN 插件也可以查看更新视图(Revision Graph)，如图 8-9 所示。

而且用户查看 pom. xml 中的 version，会发现 version 值自动从 0. 0. 1-SNAPSHOT 变成了 0. 0. 2-SNAPSHOT。

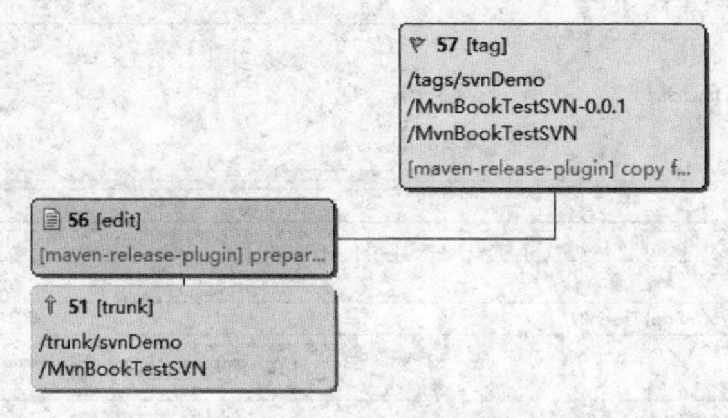

图 8-9 SVN 版本更新视图

重复前面的操作，又可以基于 Maven Release Plugin 插件发布第二个版本，从 Revision Graph 可以清晰地发现中间的变化，同样，pom 中 version 也自动变成了下一个版本，如图 8-10 所示。

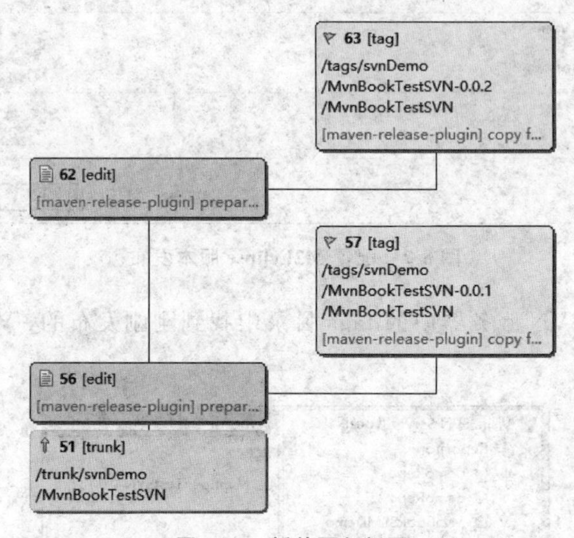

图 8-10 插件更新视图

8.4 GPG 签名验证

基于网络的开源项目，能给用户带来在公共标准基础上的自由发挥，并且能很好地给每个自愿人士提供了共享贡献的机会。但是，同时也因为大众化给使用共享的程序员或团队带来了安全性问题。当程序员从中央仓库下载第三方构件的时候，下载的文件有可能被另外一个人篡改过，从而破坏代码。为了确定下载的内容是正确的，一般在发布自己构件的同时，还会发布一个签名认证文件。使用者在使用下载的第三方构件前，先通过签名验证后，确定没有被篡改后再安心使用。GPG 就是这样一个认证签名技术。接下来就介绍如何使用 GPG 技术，为发布的 Maven 构件签名，从而提高项目的安全性。

GnuPG，简称 GPG，来自 http://www.gnupg.org，是 GPG 标准的一个免费实现。

不管是 Linux 还是 Windows 平台，都可以使用。GPGneng 可以为文件生成签名、管理密匙以及验证签名。

下面介绍如何使用 GPG 实现文件签名，并验证签名文件。这里分为两个阶段进行介绍：第 1 阶段介绍 GPG 的手动操作；第 2 阶段介绍如何基于 Maven 插件对 Maven 项目文件进行签名。

8.4.1 第 1 阶段：手动操作 GPG

下载安装 GPG：访问 http://www.gnupg.org/download，下载适合自己操作系统平台的安装程序。这里下载的是 Windows 平台的 gpg4win-2.3.3.exe。

安装完成后，打开 CMD 窗口，输入 gpg --version，出现如下信息表示安装成功：

```
gpg (GnuPG) 2.0.30 (Gpg4win 2.3.3)
libgcrypt 1.6.6
Copyright (C) 2015 Free Software Foundation, Inc.
License GPLv3 +: GNU GPL version 3 or later < http://gnu.org/licenses/gpl.
html>
This is free software: you are free to change and redistribute it.
There is NO WARRANTY, to the extent permitted by law.

Home: C:/Users/Noble/AppData/Roaming/gnupg
Supported algorithms:
Pubkey: RSA, RSA, RSA, ELG, DSA
Cipher: IDEA, 3DES, CAST5, BLOWFISH, AES, AES192, AES256, TWOFISH,
        CAMELLIA128, CAMELLIA192, CAMELLIA256
Hash: MD5, SHA1, RIPEMD160, SHA256, SHA384, SHA512, SHA224
Compression: Uncompressed, ZIP, ZLIB, BZIP2
```

生成密钥对：在使用 GPG 之前，先要准备一个密钥对，即一个私钥，一个公钥。这样才能使用私钥对文件进行签名，将公钥分发到公钥服务器供其他用户下载，其他用户就可以使用公钥对签名进行验证。

在 CMD 命令行中，输入 gpg --gen-key 命令生成密钥对。

在 GPG 执行过程中会提示如下几个信息。

生成密钥类型：

```
Please select what kind of key you want:
    (1) RSA and RSA (default)
    (2) DSA and Elgamal
    (3) DSA (sign only)
    (4) RSA (sign only)
Your selection?
```

通过输入 1 或直接按 Enter 键(默认)，选择第 1 项。

RSA keys 的大小：

```
RSA keys may be between 1024 and 4096 bits long.
What keysize do you want? (2048)
```

输入一个介于 1024 到 4096 之间的整数，或直接按 Enter 键（默认 2048）。这里直接按 Enter 键，选择的是 2048。

密钥有效期：

```
Please specify how long the key should be valid.
0=key does not expire
<n>=key expires in n days
<n>w=key expires in n weeks
<n>m=key expires in n months
<n>y=key expires in n years
```

输入密钥有效时长，默认是 0，表示永不过期，输入一个数字 n，表示有效期为 n 天，当然也可以输入 nw、nm、ny，分别表示 n 周、n 月和 n 年。这里选择的是直接按 Enter 键，表示永不过期。

提示前面的选择是否正确（是否确认）：

```
Is this correct? (y/n)
```

输入 y，表示确认；输入 n，表示要重新输入有效期。

接下来的信息，是为了生成 GPG 唯一用户 ID 的信息。

输入开发者或团队名：

```
Real name:
```

作为演示，这里输入 NobleForMvnBook。

联系邮箱地址：

```
E-mail address:
```

作为演示，这里输入 3310435058@qq.com。

输入备注信息：

```
Comment:
```

作为演示，这里输入 this is a demo for MvnBook。

这时候会提示如下信息，显示生成的 USER-ID：

```
You selected this USER-ID:
    "NobleForMvnBook (this is a demo for MvnBook) <3310435058@qq.com>"
```

中间 NobleForMvnBook（this is a demo for MvnBook）<3310435058@qq.com>

为使用者 ID。

修改生成 USER-ID 的信息：

```
Change (N)ame, (C)omment, (E)mail or (O)kay/(Q)uit?
```

输入 N、C、E，分别用来修改名称、备注和邮件地址信息。输入 Q 表示退出。输入 O 表示进入下一步。这里输入 O，按 Enter 键。

输入私钥密码：这里输入自己的密码作为演示，输入的 noble123。接下来 GPG 会提示如下信息，表示密钥对已经生成。

```
generator a better chance to gain enough entropy.
gpg: C:/Users/Noble/AppData/Roaming/gnupg/trustdb.gpg: trustdb created
gpg: key 25C6CAD0 marked as ultimately trusted
public and secret key created and signed.

gpg: checking the trustdb
gpg: 3 marginal(s) needed, 1 complete(s) needed, PGP trust model
gpg: depth: 0  valid:   1  signed:   0  trust: 0-, 0q, 0n, 0m, 0f, 1u
pub   2048R/25C6CAD0 2016-12-18
      Key fingerprint=A1BB E48B 8003 8C72 2954  781A 8280 BE47 25C6 CAD0
uid   [ultimate] NobleForMvnBook (this is a demo for MvnBook) <3310435058@qq.com>
sub   2048R/F01A5633 2016-12-18
```

其中，C:/Users/Noble/AppData/Roaming/gnupg/trustdb.gpg 表示生成的位置。

查看公钥和私钥信息：在 CMD 命令行窗口中输入 gpg --list-keys，查看本地公钥信息，列表如下：

```
C:/Users/Noble/AppData/Roaming/gnupg/pubring.gpg
------------------------------------------------
pub   2048R/25C6CAD0 2016-12-18
uid   [ultimate] NobleForMvnBook (this is a demo for MvnBook) <3310435058@qq.com>
sub   2048R/F01A5633 2016-12-18
```

第一行显示公钥文件和所在的位置。

pub 行描述的是公钥大小(2048)/公钥 id(25C6CAD0)，公钥产生日期(2016-12-18)。

uid 行描述的是由名称、备注和邮件地址组成的字符串。

sub 行表述的是公钥的子钥(可以不用关心)。

在 CMD 命令行窗口中输入 gpg --list-secret-keys，查看本地私钥信息，列表如下：

```
C:/Users/Noble/AppData/Roaming/gnupg/secring.gpg
------------------------------------------------
sec   2048R/25C6CAD0 2016-12-18
uid   NobleForMvnBook (this is a demo for MvnBook) <3310435058@qq.com>
ssb   2048R/F01A5633 2016-12-18
```

第一行显示密钥文件和所在的位置。

sec 行描述的是密钥大小(2048)、id(25C6CAD0)和产生日期(2016-12-18)。

uid 行描述的是由名称、备注和邮件地址组成的字符串。

ssb 行描述的是密钥的子钥(可以不用关心)。

给文件创建签名文件：打开 CMD 命令行窗口，切换到 IMvnBookDAO. java 文件所在的目录。输入 gpg -ab IMvnBookDAO. java 命令，再输入前面生成密钥时输入的密码 noble123，会在当前目录下生成一个名叫 IMvnBookDAO. java. asc 的签名文件。

分发公钥文件：为了让用户能方便地获取公钥文件，对下载的文件进行验证，需要将公钥文件发布到公共的公钥服务器上，如 hkp://pgp. mit. edu 是美国麻省理工学院提供的公钥服务器。

打开 CMD 命令行窗口，将目录切换到公钥文件所在的目录，输入如下命令将公钥文件分发到公钥服务器。

```
gpg --keyserver hkp://pgp.mit.edu --send-keys 25C6CAD0
```

hkp://pgp. mit. edu 是公钥服务器名称。

25C6CAD0 是要发布的公钥 id(前面生成的密钥对中的公钥)。

显示如下信息，表示发布成功。

```
gpg: sending key 25C6CAD0 to hkp server pgp.mit.edu
```

有一点需要说明的是，只需往一台服务器上发布公钥就行，其他公钥服务器会自动同步。

导入公钥服务器上的公钥：为了验证下载的文件是否准确，需要先从公钥服务器上下载对应的公钥，导入本地 GPG 服务器中，才能使用 GPG 完成对下载文件的验证。

在 CMD 命令行窗口中输入 gpg --keyserver hkp://pgp. mit. edu --recv-keys 25C6CAD0，下载 25C6CAD0 对应的公钥，显示如下信息。

```
gpg: requesting key 25C6CAD0 from hkp server pgp.mit.edu
gpg: key 25C6CAD0: "NobleForMvnBook (this is a demo for MvnBook) <3310435058@
qq.com>" not changed
gpg: Total number processed: 1
gpg: unchanged: 1
```

注：因为本地已经有这个公钥，所有下载后提示没有改变。

使用公钥验证下载的文件：打开 CMD 命令行窗口，切换到下载文件所在的目录(原始文件和签名文件)，输入命令如下：

```
gpg --verify IMvnBookDAO.java.asc
```

使用签名验证 IMvnBookDAO. java 文件，显示如下：

```
gpg: assuming signed data in 'IMvnUserDAO.java'
gpg: Signature made 12/18/16 10:36:47 中国标准时间 using RSA key ID 25C6CAD0
gpg: Good signature from "NobleForMvnBook (this is a demo for MvnBook)
<3310435058@qq.com>" [ultimate]
```

到现在为止，已经完成了 GPG 的安装、签名、分发和验证的流程。以后的 Maven 项目就可以直接使用现在生成的密钥对发布文件签名。接下来介绍如何基于 Maven 的 GPG 插件自动完成构件签名。

8.4.2 第2阶段：基于 Maven 插件使用 GPG

每次手动对 Maven 构件进行签名，并将签名部署到 Maven 仓库中去是一种很无聊且没有技术含量的工作。为了从这种重复性的工作中解放出来，Maven 提供了一种叫 GPG 的插件来解决这个问题。用户只需在 pom.xml 中做对应的配置，例如：

```
<project>
  …
    <plugins>
      …
        <plugin>
            <groupId>org.apache.maven.plugins</groupId>
            <artifactId>maven-gpg-plugin</artifactId>
            <version>1.6</version>
            <executions>
            <execution>
            <id>signArtifact</id>
            <phase>verify</phase>
            <goals>
                <goal>sign</goal>
            </goals>
            </execution>
            </executions>
        </plugin>
    </plugins>
</project>
```

配置好后，使用 Mvn 命令就可以完成签名并且发布了。当然有个前提，那就是 GPG 需要安装好，也就是说，能在命令行中执行 GPG 命令。

当然，在实际项目过程中，对日常的 SNAPSHOT 构件进行签名就没有太大意义了，而且耗费资源。那有什么办法可以避免这点，只在版本正式发布的时候签名呢？

当然是可以的，在 pom 中有个 release-profile。该 profile 只有在 Maven 属性 performRelease 为 true 的时候才会被激活，而 release:perform 执行时，会把该属性的值设置成 true，这个时机刚好是项目进行版本发布的时机。所以，用户可以在 settings.xml 或 pom 中创建如下代码，实现只是在发布正式版本的时候，对正式版本进行签名。

```
<profiles>
<profile>
<id>release-sign-artifacts</id>
<activation>
<property>
    <name>performRelease</name>
    <value>true</value>
</property>
</activation>
<build>
<plugins>
    <plugin>
        <groupId>org.apache.maven.plugins</groupId>
        <artifactId>maven-gpg-plugin</artifactId>
        <version>1.6</version>
        <executions>
        <execution>
        <id>signArtifact</id>
        <phase>verify</phase>
        <goals>
            <goal>sign</goal>
        </goals>
        </execution>
        </executions>
    </plugin>
</plugins>
</build>
</profile>
</profiles>
```

需要注意的是，因为 Maven Release Plugin 有个漏洞，release:perform 执行过程中签名可能会导致进程永久挂起。为了避免这种情况发生，可以在 Maven Release Plugin 中提供一个 mavenExecutorId 配置，整体样例配置代码如下：

```
<build>
    <plugins>
        <plugin>
            <groupId>org.apache.maven.plugins</groupId>
            <artifactId>maven-release-plugin</artifactId>
            <version>2.5.3</version>
            <configuration>
                <tagBase>https://Noble-PC:8443/svn/MvnBookSSMDemo/tags/
                svnDemo</tagBase>
                <branchBase>https://Noble-PC:8443/svn/MvnBookSSMDemo/
                branches/svnDemo</branchBase>
                <username>noble</username>
                <password>noble</password>
```

```
                <mavenExecutorId>forked-path</mavenExecutorId>
            </configuration>
        </plugin>
        <plugin>
            <groupId>org.apache.maven.plugins</groupId>
            <artifactId>maven-gpg-plugin</artifactId>
            <version>1.6</version>
            <executions>
            <execution>
            <id>signArtifact</id>
            <phase>verify</phase>
            <goals>
                <goal>sign</goal>
            </goals>
            </execution>
            </executions>
        </plugin>
    </plugins>
</build>
```

到这里自动签名的配置就完成了。当 Maven 执行 release:perform 发布项目版本的时候,maven-gpg-plugin 就会自动对构件进行签名。在执行的过程中,会提示输入私钥的密码。

第9章 Maven核心概念

9.1 简介

前面根据项目的进展介绍了基于 Maven 的操作，并根据实际情况的需要提到了一些概念，如构建、插件、依赖、发布、安装等。

完成前面章节的学习，读者基本上就能按照流程，一步步完成一个项目的从创建工程到测试、安装发布，甚至创建站点报告等所有工作。但美中不足的是，不知道为什么这么操作？中间的原理是什么？相关操作的关联是什么？它们的完整体系是怎样的？

这些有必要了解清楚，因为这样才能更深刻地理解 Maven 按步骤做事情的意义。将行动和理论结合起来会使整个工作更加完美。

9.2 生命周期

9.2.1 生命周期简介

在介绍 Maven 之前，项目构建的生命周期概念就已经存在了。软件开发人员每天都要对项目进行清理、编译、测试、打包以及安装部署。虽然每个软件开发人员都做相关的事情，但公司和公司之间、项目和项目之间，往往目的一样，而实现的形式各种各样。有的项目基于 IDE 工具完成编译、打包和发布，比如 MyEclipse 和 Eclipse Java EE；有些是软件开发人员自己编写脚本，对项目进行自定义构件，比如 ant 脚本（当然，ant 脚本本身也是各写各的，都不一样）。这些都是具有个性化和针对性的，到下一个项目后，又需要改造成新项目所需要的形式。因此就产生了一个问题：感觉是一样的，又不能重用，所以必须重写。

通过学习、分析、反思和总结以前工作中对项目的构建过程，Maven 抽象出了一个适合于所有项目的构建生命周期，并将它们统一规范。具体步骤包括清理、初始化、编译、测试、打包、集成测试、验证、部署和生成站点。这些步骤几乎适合所有的项目，也就是说，所有项目的管理构建过程都可以对应到这个生命周期上来。

需要注意的是，Maven 中项目的构建生命周期只是 Maven 根据实际情况抽象提炼出来的一个统一标准和规范，是不能做具体事情的。也就是说，Maven 没有提供一个编译器能在编译阶段编译源代码。

既然 Maven 不做具体事情,那具体事情由谁做呢？好的思想、创意,最终都需要在做具体事情的实践中执行才有结果。所以 Maven 只是规定了生命周期的各个阶段和步骤,具体事情,由集成到 Maven 中的插件完成。比如前面介绍的生成站点,就是由 maven-site-plugin 插件完成的。Maven 在项目的构建过程中,只是在方向和步骤上面起到了管理和协调的作用。

Maven 在生命周期的每个阶段都设计了插件接口。用户可以在接口上根据项目的实际需要绑定第三方的插件,做该阶段应该完成的任务,从而保证所有 Maven 项目构建过程的标准化。当然,Maven 对大多数构建阶段绑定了默认的插件,通过这样的默认绑定,又简化和稳定了实际项目的构建。

9.2.2 深入生命周期

前面介绍了 Maven 生命周期的概念和思路,接下来详细介绍 Maven 生命周期的各个阶段,以及它们的意义和关系。

Maven 拥有三套独立的生命周期,它们分别是 clean、default 和 site。clean 生命周期的目的是清理项目;default 生命周期的目的是构建项目;site 生命周期的目的是建立项目站点。

每个生命周期又包含了多个阶段。这些阶段在执行的时候是有固定顺序的。后面的阶段一定要等前面的阶段执行完成后才能被执行。比如 clean 生命周期,它就包含 pre-clean、clean 和 post-clean 三个阶段。用户调用 pre-clean 时,只有 pre-clean 阶段被执行;调用 clean 时,先执行 pre-clean,再执行 clean 阶段;同理,当调用 post-clean 时,Maven 自动先执行 pre-clean、再执行 clean,最后执行 post-clean。

下面详细介绍每套生命周期的各个阶段。

1. clean 生命周期

clean 生命周期的目的是清理项目,它包括以下三个阶段。

(1) pre-clean：执行清理前需要完成的工作。

(2) clean：清理上一次构建过程中生成的文件,比如编译后的 class 文件等。

(3) post-clean：执行清理后需要完成的工作。

2. default 生命周期

default 生命周期定义了构建项目时所需要的执行步骤,它是所有生命周期中最核心部分,包含的阶段如下所述,比较常用的阶段用粗体标记。

(1) validate：验证项目结构是否正常,必要的配置文件是否存在。

(2) initialize：做构建前的初始化操作,比如初始化参数、创建必要的目录等。

(3) generate-sources：产生在编译过程中需要的源代码。

(4) process-sources：处理源代码,比如过滤值。

(5) **generate-resources**：产生主代码中的资源在 classpath 中的包。

(6) **process-resources**：将资源文件复制到 classpath 的对应包中。

(7) **compile**：编译项目中的源代码。

(8) process-classes：产生编译过程中生成的文件。

(9) generate-test-sources：产生编译过程中测试相关的代码。

(10) process-test-sources：处理测试代码。

(11) **generate-test-resources**：产生测试中资源在 classpath 中的包。

(12) **process-test-resources**：将测试资源复制到 classpath 中。

(13) **test-compile**：编译测试代码。

(14) process-test-classes：产生编译测试代码过程的文件。

(15) **test**：运行测试案例。

(16) prepare-package：处理打包前需要初始化的准备工作。

(17) package：将编译后的 class 和资源打包成压缩文件，比如 rar。

(18) pre-integration-test：做好集成测试前的准备工作，比如集成环境的参数设置。

(19) integration-test：集成测试。

(20) post-integration-test：完成集成测试后的收尾工作，比如清理集成环境的值。

(21) verify：检测测试后的包是否完好。

(22) **install**：将打包的组件以构件的形式，安装到本地依赖仓库中，以便共享给本地的其他项目。

(23) **deploy**：运行集成和发布环境，将测试后的最终包以构件的方式发布到远程仓库中，方便所有程序员共享。

这些阶段的详细介绍内容可以参考链接：

http://maven.apache.org/guides/introduction/introduction-to-the-lifecycle.html

3. site 生命周期

site 生命周期的目的是建立和发布项目站点。Maven 可以基于 pom 所描述的信息自动生成项目的站点，同时还可以根据需要生成相关的报告文档集成在站点中，方便团队交流和发布项目信息。site 生命周期包括如下阶段。

(1) pre-site：执行生成站点前的准备工作。

(2) site：生成站点文档。

(3) post-site：执行生成站点后需要收尾的工作。

(4) site-deploy：将生成的站点发布到服务器上。

9.2.3 调用生命周期阶段

前面介绍了每套生命周期的各个阶段，那怎样通知 Maven 执行生命周期的哪个阶段呢？

有两种方式可以同 Maven 进行交互，一种是用 mvn 命令；另一种是在 M2Eclipse 中，使用对应的 Run As 菜单命令。

其实这两种方式在前面的章节中都介绍过，前面只是介绍的怎么操作，没有具体理论。接下来分别梳理一下这两种方式。

1. mvn 命令行指定执行周期阶段

这种方式都是在 CMD 命令行窗口中执行的，前提条件是要配置好安装的 Maven 环境变量(Path)，并且将当前目录切换到 Maven 工程目录下。后面每个命令的例子都是基于 MvnBookSSMDemo. Service. Impl 工程进行的，它的当前目录是 E:\temp\demoMaven\MvnBookSSMDemo. Service. Impl。

（1）mvn clean：调用 clean 生命周期的 clean 阶段，实际执行的是 clean 生命周期中的 pre-clean 和 clean 阶段，如图 9-1 所示。

```
C:\WINDOWS\system32\cmd.exe

E:\temp\demoMaven\MvnBookSSMDemo.Service.Impl>mvn clean
[INFO] Scanning for projects...
[INFO]
[INFO] ------------------------------------------------------------------------
[INFO] Building MvnBookSSMDemo.Service.Impl 0.0.1-SNAPSHOT
[INFO] ------------------------------------------------------------------------
[INFO]
[INFO] --- maven-clean-plugin:2.5:clean (default-clean) @ MvnBookSSMDemo.Service
.Impl ---
[INFO] Deleting E:\temp\demoMaven\MvnBookSSMDemo.Service.Impl\target
[INFO] ------------------------------------------------------------------------
[INFO] BUILD SUCCESS
[INFO] ------------------------------------------------------------------------
[INFO] Total time: 3.806 s
[INFO] Finished at: 2016-12-02T11:43:14+08:00
[INFO] Final Memory: 5M/58M
[INFO] ------------------------------------------------------------------------
```

图 9-1 mvn clean 提示

（2）mvn test：该命令调用 default 生命周期中的 test 阶段。实际执行的阶段包括 validate、initialize、generate-sources... compile... test-compile、process-test-classes、test，也就是把 default 生命周期中从开始到 test 的所有阶段都执行完了，而且是按顺序执行。最后运行效果如图 9-2 所示。

```
Results :

Tests run: 6, Failures: 0, Errors: 0, Skipped: 0

[INFO] ------------------------------------------------------------------------
[INFO] BUILD SUCCESS
[INFO] ------------------------------------------------------------------------
[INFO] Total time: 24.106 s
[INFO] Finished at: 2016-12-02T11:46:43+08:00
[INFO] Final Memory: 17M/109M
[INFO] ------------------------------------------------------------------------
```

图 9-2 mvn test 提示

（3）mvn clean install：该命令调用 clean 生命周期的 clean 阶段和 default 生命周期的 install 阶段。实际执行的是 clean 生命周期中的 pre-clean、clean 两个阶段和 default 生命周期中从开始的 validate 到 install 的所有阶段。该命令结合了两个生命周期。在实际项目构建中，每执行一个行的构建，先清理以前构建的旧文件是一个好习惯。最后运行效果如图 9-3 所示。

```
[INFO] Installing E:\temp\demoMaven\MvnBookSSHDemo.Service.impl\pom.xml to C:\Use
rs\Noble\.m2\repository\cn\com\mvnbook\ssh\demo\MvnBookSSHDemo.Service.impl\0.0.1
-SNAPSHOT\MvnBookSSHDemo.Service.impl-0.0.1-SNAPSHOT.pom
[INFO] ------------------------------------------------------------------------
[INFO] BUILD SUCCESS
[INFO] ------------------------------------------------------------------------
[INFO] Total time: 30.940 s
[INFO] Finished at: 2016-12-02T11:23:38+08:00
[INFO] Final Memory: 22M/108M
[INFO] ------------------------------------------------------------------------
```

图 9-3　mvn clean install 提示

（4）mvn clean deploy site-deploy：该命令调用 clean 生命周期中的 pre-clean、clean 阶段，default 生命周期中从 validate 到 deploy 的所有阶段，以及 site 生命周期中的 pre-site、site、post-site 和 site-deploy 阶段。最后的结果是把该项目编译、测试、打包好发布到远程仓库，同时还将生成好的站点发布到站点服务器。命令执行后的结果如下所示。

① 命令行效果，如图 9-4 所示。

```
[INFO] ------------------------------------------------------------------------
[INFO] BUILD SUCCESS
[INFO] ------------------------------------------------------------------------
[INFO] Total time: 01:41 min
[INFO] Finished at: 2016-12-02T12:01:05+08:00
[INFO] Final Memory: 42M/398M
[INFO] ------------------------------------------------------------------------
```

图 9-4　mvn clean deploy site-deploy 提示

② Archiva 私服构件查询，如图 9-5 所示。

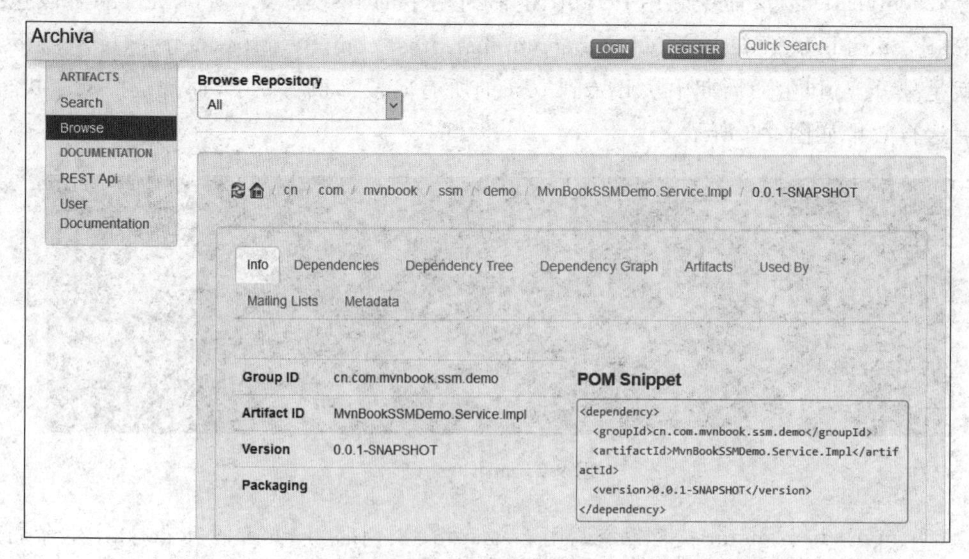

图 9-5　私服发布构件

③ 站点服务器访问页面，如图 9-6 所示。

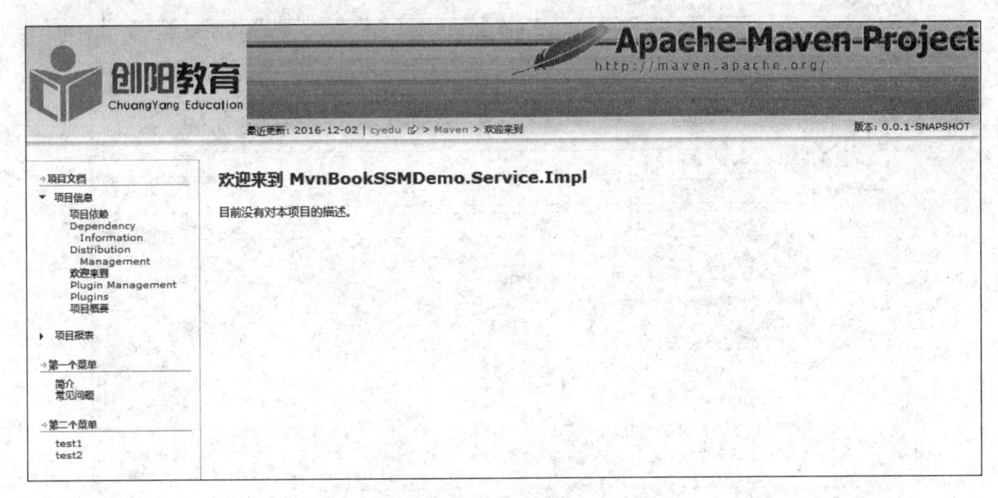

图 9-6 发布到服务器上的站点

2. M2Eclipse 指定执行周期阶段

在 Eclipse 中，基于 M2Eclipse 执行生命周期的阶段思路，同前面基于命令操作是一样的。不同的是，M2Eclipse 用图形化界面的形式展现出来了，操作起来比较人性化。具体操作如下。

右击“工程”，选择 Run As 命令，后面就会显示常用的 Maven 执行生命周期阶段的命令，如图 9-7 所示。

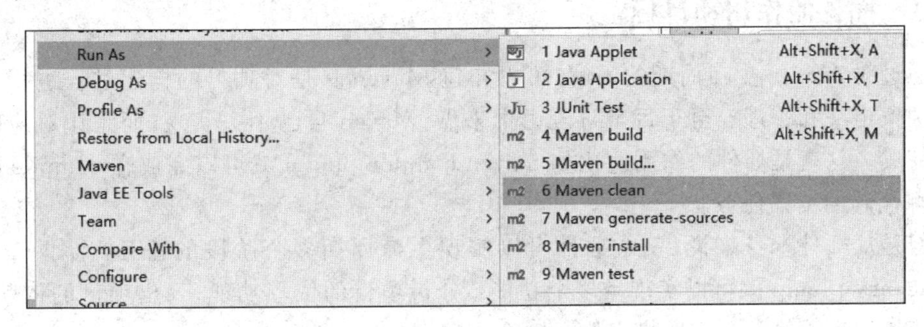

图 9-7 M2Eclipse 的运行选项

其中，Maven clean 等同命令行的 mvn clean；Maven generate-sources 等同命令行的 mvn generate-sources；Maven install 等同命令行的 mvn install；Maven test 等同命令行的 mvn test。除了这些常用的命令可以直接执行外，也可以自定义 Maven 执行菜单命令。

选择 Maven build...命令，出现如图 9-8 所示界面。

在 Goals 文本框中输入要执行的阶段名称，如图 9-8 所示，单击 Run 按钮，同执行 mvn clean deploy site-deploy 的效果一样。

而且首次运行完成后，选择 Run As→Maven build 命令，可以选择以前输入过的生

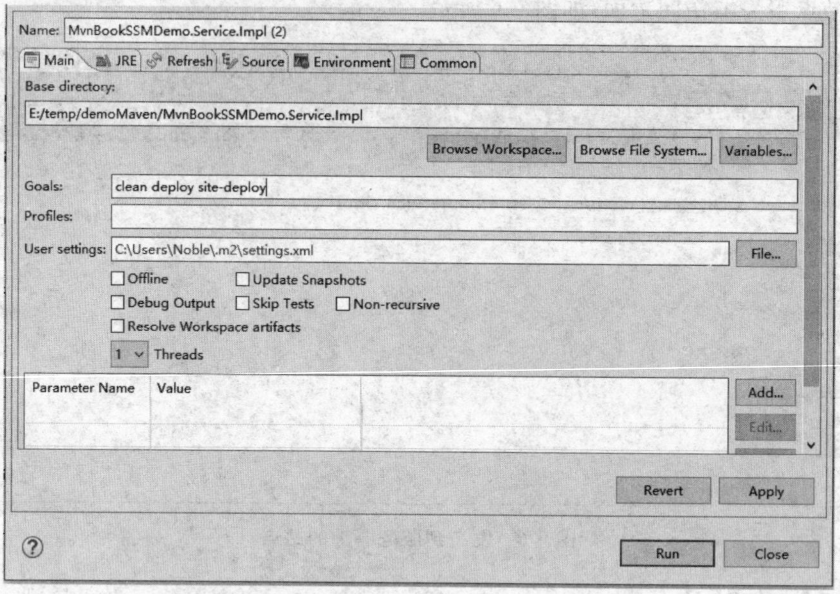

图 9-8　执行 Maven build...命令后出现配置目标

命周期阶段重复执行。

9.3　插件

9.3.1　插件的作用和目标

通过对 Maven 生命周期的了解，可以知道 Maven 只是对项目的构建过程进行了统一的抽象定义和管理。至于每个阶段由谁来做，Maven 自己不去实现，而是让对应的插件去完成。这就是插件的作用。比如 maven-compile-plugin 就可以完成在 compile 阶段 Java 源代码的编译任务。

但是从插件本身来说，一个插件可以实现生命周期多个阶段的任务，比如 maven-dependency-plugin 就可以实现十多个功能：分析项目的依赖功能；列出项目的依赖树；分析依赖的来源等。为方便指定执行插件的某个功能，将插件的每个功能叫目标。这样就可以实现在哪个阶段，执行哪个插件，达到哪个目标。比如“dependency：analyze”，表示 maven-dependency-plugin 的分析目标；“dependency：tree”表示 maven-dependency-plugin 列出依赖的目标。

9.3.2　插件同生命周期阶段的绑定

前面介绍了插件的作用和目标，但是最终的目的是要将插件的功能集成到 Maven 生命周期的相关阶段中去，让 Maven 构建工程时自动调用插件完成指定的任务。应如何让 Maven 的生命周期同插件实现相互绑定，来完成实际的构建任务呢？

比如 maven-compile-plugin 插件的 compile 目标能完成编译任务，而且 Maven 的

default 生命周期的 compile 阶段，定义好要实现源代码编译。那么用户怎样将 maven-compile-plugin 插件的 compile 目标绑定到 default 生命周期的 compile 阶段，让 Maven 构建项目到 compile 阶段的时候，能自动执行插件的 compile 目标呢？

实现生命周期的阶段同插件目标的绑定，一共有两种方式：内置绑定和自定义绑定。

1. 内置绑定

为了让用户方便使用 Maven，少进行配置甚至不用配置，就需要用 Maven 构建项目。Maven 在安装好后，自动为生命周期的主要阶段绑定很多插件的目标。当用户通过命令或图形界面执行生命周期的某个阶段时，对应的插件目标就会自动执行，从而完成任务。

maven-clean-plugin 插件有个目标叫 clean，它的作用是删除项目构建时产生的输出目录。maven-clean-plugin 的 clean 目标，默认就绑定在 clean 生命周期的 clean 阶段。也就是说，当执行 mvn clean 时，Maven 在 clean 阶段自动调用 maven-clean-plugin 的 clean 目标，删除构建的输出目录。

同样地，maven-site-plugin 插件有两个目标：site 目标，用来生成项目站点；deploy 目标，用来将生成的站点发布到站点服务器上去。Maven 默认将 site 目标绑定在 site 生命周期的 site 阶段；将 deploy 目标绑定在 site 生命周期的 site-deploy 阶段。

default 生命周期就比较复杂了，不仅仅复杂在有那么多的阶段，还复杂在 Java 可以打成不同的包(jar、war 和 ear 等)。不同的包在不同的阶段是不一样的绑定。

当然，也可以通过运行 Maven 命令，在命令提示信息中查看阶段和插件目标的绑定。比如在 CMD 命令行窗口中输入 Maven compile，可以查看到如下日志。

```
[INFO] Scanning for projects...
[INFO]
[INFO] ------------------------------------------------------------
[INFO] Building MvnBookSSMDemo.Service.Impl 0.0.1-SNAPSHOT
[INFO] ------------------------------------------------------------
[INFO]
[INFO] ---maven-resources-plugin:2.6:resources (default-resources) @
MvnBookSSMDemo.Service.Impl ---
[INFO] Using 'UTF-8' encoding to copy filtered resources.
[INFO] skip non existing resourceDirectory E:\temp\demoMaven\MvnBookSSMDemo.
Service.Impl\src\main\resources
[INFO]
[INFO] ---maven-compiler-plugin:3.1:compile (default-compile) @
MvnBookSSMDemo.Service.Impl ---
[INFO] Nothing to compile -all classes are up to date
[INFO] ------------------------------------------------------------
[INFO] BUILD SUCCESS
[INFO] ------------------------------------------------------------
[INFO] Total time: 2.782 s
[INFO] Finished at: 2016-12-02T16:59:28+08:00
[INFO] Final Memory: 11M/108M
[INFO] ------------------------------------------------------------
```

根据日志，可以查看出 default-resources 阶段绑定的是“maven-resources-plugin：2.6：resources”目标；default-compile 阶段绑定的是“maven-compile-plugin：3.1：compile”目标。

2. 自定义绑定

除了 Maven 内置的绑定外，也可以指定在某个阶段绑定某个插件的某个目标。这样就使得 Maven 在构建项目时能执行更多的任务。

比如，有时用户希望在构建工程时能将源代码打成 jar 包（安装 JDK 的时候是可以选择安装 src.jar 的，这样可以学习 JDKAPI 的源代码）。这样的任务，Maven 没有内置绑定到生命周期的阶段上。所以这就需要用户自己配置了。maven-source-plugin 中有个 jar-no-forkmub，能将项目中的主代码打成 jar 文件。这样就可以将该目标绑定到 default 生命周期的指定阶段，比如 verify 阶段。这样的配置可以加在 pom.xml 中，参考 pom.xml 配置代码如下：

```
<project>
  …
<build>
    <plugins>
        …
        <plugin>
            <groupId>org.apache.maven.plugins</groupId>
            <artifactId>maven-source-plugin</artifactId>
            <version>3.0.0</version>
            <executions>
            <execution>
            <id>att-sources</id>
            <phase>verify</phase>
            <goals>
                <goal>jar-no-fork</goal>
            </goals>
            </execution>
            </executions>
        </plugin>
    </plugins>
</build>
…
</project>
```

在 build 下的 plugins 中配置了一个插件，名叫 maven-source-plugin。它的 groupId 为 org.apache.maven.plugins，artifactId 为 maven-source-plugin，version 为 3.0.0。这里需要说明的是，自定义插件尽量使用非快照版本，这样可以避免因为插件版本的不稳定，从而影响构件的不稳定。

除了要指定需要绑定的插件外，还要通过 executions 下的 execution 子元素配置执行任务，指定任务的 id 和任务目标，还有绑定到生命周期的哪个阶段。phase 元素配置的是绑定的阶段（verify），goals 中的 goal 描述 jar-no-fork。

在CMD命令行窗口中输入mvn verify命令，可以看到如下信息输出。

```
[INFO]
[INFO] ---maven-jar-plugin:2.4:jar (default-jar) @MvnBookSSMDemo.Service.
Impl ---
[INFO]
[INFO] ---maven-source-plugin:3.0.0:jar-no-fork (att-sources) @
MvnBookSSMDemo.Service.Impl
```

最后表示执行了id为att-sources，插件目标为maven-source-plugin:3.0.0:jar-no-fork的任务。在工程的target目录下会发现有个MvnBookSSMDemo.Service.Impl-0.0.1-SNAPSHOT-sources.jar文件，这里面就是工程中的所有主代码。

细心的话，会发现若不在phase中指定要绑定的生命周期阶段，也会得到同样的结果。比如，把pom.xml文件中的phase这行删除，再执行一次mvn verify命令，会发现同样在verify阶段执行maven-source-plugin:jar-no-fork目标。为什么呢？因为很多插件的目标在插件编写的时候，就已经指定了默认的绑定阶段。

为了了解插件绑定的默认生命周期阶段，可以运行如下命令查看。

```
mvn help:describe -Dplugin=org.apache.maven.plugins:maven-source-plugin:
3.0.0 -Ddetail
```

在这些信息中，可以看到关于jar-no-fork的描述如下：

```
...
source:jar-no-fork
  Description: This goal bundles all the sources into a jar archive. This
    goal functions the same as the jar goal but does not fork the build and is
    suitable for attaching to the build lifecycle.
  Implementation: org.apache.maven.plugins.source.SourceJarNoForkMojo
  Language: java
  Bound to phase: package
...
```

通过Bound to phase:package可以了解到，jar-no-fork默认绑定的生命周期阶段是package。

最后需要说明的是，在给不同的生命周期阶段绑定不同的插件目标后，这些目标的执行自然是按阶段的顺序逐个执行。如果在一个阶段上绑定了多个目标，效果会如何呢？很简单，都执行，而且是按插件声明的顺序执行。

9.3.3 插件参数配置

完成插件目标同生命周期阶段的绑定后，Maven在构建工程时会自动执行绑定插件的目标任务。但是有很多情况需要给即将执行的目标制定参数，让执行的任务更加适合当前项目的需要，而且几乎所有的Maven插件目标都有一些参数可以设置。可以通过命令行和 pom 配置两种方式给这些目标设置比较合适的参数值。接下来分别介绍这两种配置参数的方式。

1. 命令行配置参数

在 Maven 命令中,使用-D 后面接参数名称=参数值的方式配置目标参数。

比如,maven-surefire-plugin 插件中提供了一个 maven. test. skip 参数,当它的值为 true 时,就不会执行 test 案例。具体语法是:

```
Mvn install -Dmaven.test.skip=true
```

可以从输入的 info 信息中查看到,没有测试案例部分信息,也就是没有执行测试。

2. pom 配置参数

对于有些参数在项目创建好后,目标每次执行的时候都不需要改变,这时候比较好的方式是把这些值配置到 pom. xml 中,这样就省去每次构建的时候都需要输入的麻烦。

通过在命令行中输入:Mvn help:describe -Dplugin=org. apache. maven. plugins:maven-compiler-plugin:3. 5. 1 -Ddetail 命令,会发现 compile 目标中有一堆参数,其中有如下内容。

```
source (Default: 1.5)
    User property: maven.compiler.source
    The -source argument for the Java compiler.
staleMillis (Default: 0)
    User property: lastModGranularityMs
    Sets the granularity in milliseconds of the last modification date for
    testing whether a source needs recompilation.
target (Default: 1.5)
    User property: maven.compiler.target
    The -target argument for the Java compiler.
```

这里有 source 和 target 两个参数的介绍,可以通过 pom. xml 做如下配置,指定这两个参数的值。

```
<project>
  …
<build>
<plugins>
<plugin>
<groupId>org.apache.maven.plugins</groupId>
<artifactId>maven-compiler-plugin</artifactId>
<version>3.5.1</version>
<configuration>
    <source>1.5</source>
    <target>1.5</target>
```

```
</configuration>
</plugin>
  …
</plugins>
</build>
  …
</project>
```

通过<source>1.5</source>与<target>1.5</target>这两个配置指定编译Java 1.5的源代码，生成于JVM 1.5兼容的字节码文件，也就是class文件。

当然，前面这种配置是给maven-compiler-plugin插件配置的一个全局参数值，也就是说不管是使用maven-compiler-plugin编译工程代码，还是测试代码，都会使用source=1.5，target=1.5这两个值。如果需要给特定的任务指定特定的值该怎么办呢？很简单，直接在配置任务的execution中添加configuration元素，内容同前面的一样。

```
<configuration>
    <source>1.5</source>
    <target>1.5</target>
</configuration>
```

这样的两个值就只对当前任务有效了。

9.3.4 获取插件信息

到现在为止，用户可以基本掌握怎么配置插件了，但还是不够完美。因为毕竟在书本上介绍的插件是有限的，而且对每个插件的使用，只是根据需要使用的有限的、有代表意义的目标。在实际项目中可能需要使用更多更合适的插件。那到底要使用哪些插件呢？所以首先得找到用户自己认为合适的插件，再了解这些插件的配置情况及相关参数的详细情况。

由于插件非常多，而且插件的数量每天还都在增加。而大部分插件没有完善的帮助文档，用户要想找到一个正确的插件也不是一件容易的事情。

下面介绍查找插件信息的方法。

1. 在线查找插件

目前，插件基本上都来源于两处，一个是Apache；另一个是Codehaus。因为Maven本身就来自Apache软件基金会，所有在Apache上有很多Maven的官方插件，而且每天有很多人在使用这些插件，这些插件都经过了很多项目的实际考验，所以它们比较可靠。通过访问http://maven.apache.org/plugins/index.html页面可以看到所有插件的列表信息，进入后，可以进一步了解每个插件的详细信息，当然，也可以通过http://maven.apache.org/maven2/org/apache/maven/plugins/下载需要的插件。

除了Apache官方插件外，托管在Codehaus上的Mojo项目也提供了大量的Maven插件，可以通过http://mojo.codehaus.org/plugins.html访问详细列表。同样，可以通过 http://repository.codehaus.org/org/codehaus/mojo 下载插件。美中不足的是，这些插件的文档和可靠性相对不是很好，在使用过程中如果遇到问题，往往需要自己查看源代码进行修复。

当然，在附录中也列出一些常用的插件，用户可以结合附录介绍和 Apache 以及 Codehaus 上的文档介绍，综合使用这些插件。

2. 使用 maven-help-plugin 查看插件

除了通过访问在线文档了解某个插件的详细信息外，还可以借助 maven-help-plugin 插件来获取插件的详细信息。比如，在 CMD 命令行窗口中运行如下命令。

```
Mvn help:describe -Dplugin=org.apache.maven.plugins:maven-site-plugin:3.4 -
Ddetail
```

就可以查看到 maven-site-plugin 插件 3.4 版本的详细信息，内容很多，如下列出的是开始的几个基本信息。

```
Name: Apache Maven Site Plugin
Description: The Maven Site Plugin is a plugin that generates a site for the
  current project.
Group Id: org.apache.maven.plugins
Artifact Id: maven-site-plugin
Version: 3.4
Goal Prefix: site

This plugin has 9 goals:

site:attach-descriptor
  Description: Adds the site descriptor (site.xml) to the list of files to be
    installed/deployed.
    For Maven-2.x this is enabled by default only when the project has pom
    packaging since it will be used by modules inheriting, but this can be
    enabled for other projects packaging if needed.
    This default execution has been removed from the built-in lifecycle of
    Maven 3.x for pom-projects. Users that actually use those projects to
    provide a common site descriptor for sub modules will need to explicitly
    define this goal execution to restore the intended behavior.
  Implementation: org.apache.maven.plugins.site.SiteDescriptorAttachMojo
  Language: java
  Bound to phase: package
```

当然，如果不想查看太多，只是想具体了解插件的某个目标，可以用-Dgoal=目标的方式查看指定目标的信息，比如运行如下命令，可以查看 site 插件的 site 目标信息。

```
Mvn help:describe -Dplugin=site -Dgoal=site -Ddetail
```

输出信息：

```
[INFO] Mojo: 'site:site'
site:site
  Description: Generates the site for a single project.
    Note that links between module sites in a multi module build will not work,
    since local build directory structure doesn't match deployed site.
  Implementation: org.apache.maven.plugins.site.render.SiteMojo
  Language: java

  Available parameters:

    attributes
      Additional template properties for rendering the site. See Doxia Site
      Renderer.

    generatedSiteDirectory (Default: ${project.build.directory}/generated-site)
      Directory containing generated documentation. This is used to pick up
      other source docs that might have been generated at build time.

    generateProjectInfo (Default: true)
      User property: generateProjectInfo
      Whether to generate the summary page for project reports:
      project-info.html.

    generateReports (Default: true)
      User property: generateReports
      Convenience parameter that allows you to disable report generation.

    generateSitemap (Default: false)
      User property: generateSitemap
      Generate a sitemap. The result will be a 'sitemap.html' file at the site
      root.

    inputEncoding (Default: ${project.build.sourceEncoding})
      User property: encoding
      Specifies the input encoding.

    locales (Default: en)
      User property: locales
      A comma separated list of locales to render. The first valid token will
      be the default Locale for this site.

    moduleExcludes
      Module type exclusion mappings ex: fml ->**/*-m1.fml (excludes fml files
      ending in '-m1.fml' recursively)
      The configuration looks like this:
```

```
<moduleExcludes>
    <moduleType>filename1.ext,**/* sample.ext</moduleType>
    <!--moduleType can be one of 'apt', 'fml' or 'xdoc'. -->
    <!--The value is a comma separated list of -->
    <!--filenames or fileset patterns. -->
    <!--Here's an example: -->
    <xdoc>changes.xml,navigation.xml</xdoc>
</moduleExcludes>

    outputDirectory (Default: ${project.reporting.outputDirectory})
      User property: siteOutputDirectory
      Directory where the project sites and report distributions will be
      generated.

    outputEncoding (Default: ${project.reporting.outputEncoding})
      User property: outputEncoding
      Specifies the output encoding.

    relativizeDecorationLinks (Default: true)
      User property: relativizeDecorationLinks
      Make links in the site descriptor relative to the project URL. By
      default, any absolute links that appear in the site descriptor, e.g.
      banner hrefs, breadcrumbs, menu links, etc., will be made relative to
      project.url.
      Links will not be changed if this is set to false, or if the project has
      no URL defined.

    saveProcessedContent
      Whether to save Velocity processed Doxia content (* .<ext>.vm) to
      ${generatedSiteDirectory}/processed.

    siteDirectory (Default: ${basedir}/src/site)
      Directory containing the site.xml file and the source for hand written
      docs (one directory per Doxia-source-supported markup types): see Doxia
      Markup Languages References).

    skip (Default: false)
      User property: maven.site.skip
      Set this to 'true' to skip site generation and staging.

    templateFile
      User property: templateFile
      The location of a Velocity template file to use. When used, skins and the
      default templates, CSS and images are disabled. It is highly recommended
      that you package this as a skin instead.

    validate (Default: false)
      User property: validate
```

```
    Whether to validate xml input documents. If set to true, all input
    documents in xml format (in particular xdoc and fml) will be validated
    and any error will lead to a build failure.

  xdocDirectory (Default: ${basedir}/xdocs)
    Alternative directory for xdoc source, useful for m1 to m2 migration
    Deprecated. use the standard m2 directory layout
```

命令中的 -Dplugin＝site 通过插件的前缀来指定要查看的插件名称，与写成-Dplugin＝org.apache.maven.plugins:maven-site-plugin:3.6 是一样的意思。

-Dgoal＝site，指定要查看的目标，名称是 site。

-Ddetail，表示要查看详细信息。

9.3.5 调用插件

一般情况下，用户在构建工程时是通过 Maven 调用执行配置好的插件。当然，这里也可以用命令行执行。比如前面查看插件信息的命令，就是在调用 help 插件的 describe 目标来完成查看任务的。同样，运行如下命令。

```
Mvn dependency:tree
```

就是在命令行中执行 maven-dependency-plugin 的 tree 目标，列出当前项目的依赖树，结果内容如下：

```
[INFO] cn.com.mvnbook.ssm.demo:MvnBookSSMDemo.Service.Impl:jar:0.0.1-SNAPSHOT
[INFO]+-cn.com.mvnbook.ssh.demo:MvnBookSSHDemo.DAO:jar:0.0.1-SNAPSHOT:compile
[INFO]+-cn.com.mvnbook.ssh.demo:MvnBookSSHDemo.Service:jar:0.0.1-
SNAPSHOT:compile
[INFO]+-cn.com.mvnbook.ssm.demo:MvnBookSSMDemo.DAO.MyBatis:jar:0.0.1-
SNAPSHOT:test
[INFO] |  +-cn.com.mvnbook.pom:SpringPOM:pom:0.0.1-SNAPSHOT:test
[INFO] |  +-org.mybatis:mybatis:jar:3.4.0:test
[INFO] |  +-org.mybatis:mybatis-spring:jar:1.3.0:test
[INFO] |  +-org.mybatis.generator:mybatis-generator-core:jar:1.3.2:test
[INFO] |  +-commons-dbcp:commons-dbcp:jar:1.4:test
[INFO] |  |  \-commons-pool:commons-pool:jar:1.5.4:test
[INFO] |  \-mysql:mysql-connector-java:jar:5.1.34:test
[INFO]+-junit:junit:jar:4.7:test
[INFO]+-org.springframework:spring-core:jar:4.2.7.RELEASE:compile
[INFO] |  \-commons-logging:commons-logging:jar:1.2:compile
[INFO]+-org.springframework:spring-aop:jar:4.2.7.RELEASE:compile
[INFO] |  \-aopalliance:aopalliance:jar:1.0:compile
[INFO]+-org.springframework:spring-beans:jar:4.2.7.RELEASE:compile
[INFO]+-org.springframework:spring-context:jar:4.2.7.RELEASE:compile
[INFO] |  \-org.springframework:spring-expression:jar:4.2.7.RELEASE:compile
```

```
[INFO]+-org.springframework:spring-context-support:jar:4.2.7.RELEASE:compile
[INFO]+-org.springframework:spring-web:jar:4.2.7.RELEASE:compile
[INFO]+-org.springframework:spring-webmvc:jar:4.2.7.RELEASE:compile
[INFO]+-org.springframework:spring-aspects:jar:4.2.7.RELEASE:compile
[INFO] |  \-org.aspectj:aspectjweaver:jar:1.8.9:compile
```

总结起来，使用命令行执行 Maven 插件的语法如下：

```
maven <插件名称|前缀>:<目标>[-D参数名=参数值 ...]
```

9.3.6 解析插件

在输入 mvn dependency:tree 命令查看当前工程的依赖树时，用到的是 dependency 插件。这里有没有感觉到疑惑，使用插件的话一般要指定插件的坐标信息（groupId、artifactId、version）才能唯一指定一个插件，为什么这里只是输入了 dependency 就可以指定使用的是 maven-dependency-plugin 插件呢？

其实这是 Maven 为了方便用户提供的一种简单方式，可以使用插件的前缀来指定插件。接下来详细介绍一下 Maven 的运行机制，来从本质上把握 mvn 命令的语法。

1. 插件仓库

同依赖构件一样，插件构件也是基于坐标存储在 Maven 仓库中的。在需要时，Maven 先从本地仓库中查找插件，如果没有，就从远程仓库查找。找到插件后，下载到本地仓库使用。

需要注意的是，Maven 会区别对待依赖的远程仓库和插件的远程仓库。以前在 setting 中配置的远程仓库只是 Maven 用来找依赖的，而插件的远程仓库是内置的，一般可以直接在 http://repo1.maven.org/maven2 中找到，要自己单独配置插件的远程仓库的话，需要通过 pluginRepositories→pluginRepository 命令进行配置。比如，下面的配置代码是默认插件仓库的配置。

```
<pluginRepositories>
<pluginRepository>
<id>central</id>
<name>Maven Plugin Repository</name>
<url>http://repo1.maven.org/maven2</url>
<layout>default</layout>
<snapshots>
    <enabled>false</enabled>
</snapshots>
<releases>
    <updatePolicy>never</updatePolicy>
</releases>
</pluginRepository>
</pluginRepositories>
```

如果在中央仓库中实在是找不到需要的插件，可以模仿上面的代码，配置自己的远程插件仓库。

2. 插件默认的groupId

在使用插件或者在pom中配置插件的时候，如果使用的是Maven官方插件的话，是可以不指定groupId的，因为这些插件的groupId都是一样的，都是org. apache. maven. plugins。

Maven对于官方groupId允许不在配置文件中明确配置。也就是说，如果没有配置指定groupId的话，Maven默认认为是org. apache. maven. plugins。这样就可以简化部分的配置工作。

当然，为了保险起见，建议大家不要嫌麻烦，还是自己指定groupId比较直观些。

3. 解析插件的版本

同样的目的，为了简化插件的配置和使用，可以不指定插件的版本。

如果没有指定插件的版本，Maven对版本处理的方式是：如果插件不属于核心插件范畴，Maven会去检测所有仓库中的版本，最终会选择最新版本，而且这个最新版本不排除是快照版本。快照版本是有稳定性缺陷的。

4. 解析插件的前缀

前面提到过，为了简化对插件的调用，可以在命令行中使用前缀指明要执行的插件，现在解释一下Maven是如何根据插件的前缀找到真正的插件的。

插件前缀与groupId:artifactId是一一对应的。这种对应关系保存在仓库的元数据中，这样的元数据为groupId/maven-metadata. xml。要准确地解析到插件，还需要解释一下这里的groupId。前面介绍过，目前绝大部分插件都是放在http://repo1. maven. org和http://repository. codehaus. org中的，它们的groupId对应的是org. apache. maven. plugins和org. -codehaus. mojo。Maven在解析插件仓库元数据的时候，会默认使用org. apache. maven. plugins和org. codehaus. mojo两个groupId，也就是说，Maven会自动检测http://repo1. maven. org/maven2/org/apache/maven/plugins/maven-metadata. xml和http://repository. codehaus. org/org/codehaus/mojo/maven-metadata. xml中的元数据。

当然，也可以告诉Maven从其他仓库中查找，只要在settings. xml中做如下配置。

```
<settings>
<pluginGroups>
    <pluginGroup>cn.com.demo.plugins</pluginGroup>
</pluginGroups>
</settings>
```

这样配置后，Maven不仅仅会检测org/apache/maven/plugins/maven-metadata. xml、org/codehaus/mojo/maven-metadata. xml，还会检测cn/com/demo/plugins/maven-metadata. xml。

那插件仓库数据的内容是什么样的呢？下面列出了 org. apache. maven. plugins 中 groupId 部分的内容。

```
<metadata>
<plugins>
<plugin>
    <name>Maven Clean Plugin</name>
    <prefix>clean</prefix>
    <artifactId>maven-clean-plugin</artifactId>
</plugin>
<plugin>
    <name>Maven Compiler Plugin</name>
    <prefix>compiler</prefix>
    <artifactId>maven-compiler-plugin</artifactId>
</plugin>
<plugin>
    <name>Maven Dependency Plugin</name>
    <prefix>dependency</prefix>
    <artifactId>maven-dependency-plugin</artifactId>
</plugin>
    …
</plugins>
</metadata>
```

从上面的内容中可以发现，maven-clean-plugin 的前缀是 clean，maven-compiler-plugin 的前缀是 compiler，maven-dependency-plugin 的前缀是 dependency。

当 Maven 解析到 compiler:compile 命令后，它首先基于默认的 groupId 归并所有插件仓库的元数据 org/apache/maven/plugins/maven-metadata. xml；接着检查归并后的元数据，找到对应的 artifactId 为 maven-compiler-plugin；接下来再结合当前元数据的 groupId 为 org. apache. maven. plugins；最后找到仓库中最新的 version，从而就可以得到一个插件的完整坐标信息。

如果在第一个 metadata. xml 中没有找到目标插件，就用同样的流程找其他的 metadata. xml，包括用户自己定义的 metadata. xml。如果所有的地方都没有找到对应的前缀，这就以报错的形式结束了。

9.4 坐标

通过前面内容的学习和练习，用户可以发现要完成一个项目的开发和构建，总是要使用构件，而且这些构件已经被 Maven 仓库管理好了。不管是在本地仓库、私服还是远程仓库、中央仓库中，总之，就是被仓库管理了。

那 Maven 是通过什么方式精确地找到用户想要的构件呢？

其实，前面已经介绍过，那就是通过构件的坐标去唯一定位查找。反过来也就是说，在 Maven 仓库中，是用坐标标记来一一对应地管理每个构件的。

那坐标又是由哪些信息组成的呢？

一个完整的坐标信息，由 groupId、artifactId、version、packaging、classifier 组成，如下是一个简单的坐标定义。

```
<groupId>org.springframework</groupId>
<artifactId>spring-core</artifactId>
<version>4.2.7.RELEASE</version>
<packaging>jar</packaging>
```

这是 JUnit 的坐标，下面详细介绍一下各个元素。

9.4.1 groupId

定义当前 Maven 项目从属的实际项目。关于 groupId 的理解如下所示。

(1) Maven 项目和实际项目不一定是一一对应的。比如 SpringFramework，它对应的 Maven 项目就有很多，如 spring-core、spring-context、spring-security 等。造成这样的原因是模块的概念，所以一个实际项目经常会被划分成很多模块。

(2) groupId 不应该同开发项目的公司或组织对应。原因比较好理解，一个公司和一个组织会开发很多实际项目，如果用 groupId 对应公司和组织，那 artifactId 就只能是对应于每个实际项目了，而再往下的模块就没法描述了，而往往项目中的每个模块是以单独的形式形成构件，以便其他项目重复聚合使用。

(3) groupId 的表述形式同 Java 包名的表述方式类似，通常与域名反向一一对应。

9.4.2 artifactId

定义实际项目中的一个 Maven 项目(实际项目中的一个模块)。

推荐命名的方式为：实际项目名称-模块名称。

比如，org.springframework 是实际项目名称，而现在用的是其中的核心模块，它的 artifactId 为 spring-core。

9.4.3 version

定义 Maven 当前所处的版本。如上的描述，用的是 4.2.7.RELEASE 版本。需要注意的是，Maven 中对版本号的定义是有一套规范的。具体规范请参考“第 8 章 版本管理”的介绍。

9.4.4 packaging

定义 Maven 项目的打包方式。

打包方式通常与所生成的构件文件的扩展名对应，比如，.jar、.ear、.war、.pom 等。另外，打包方式是与工程构建的生命周期对应的，比如，jar 打包与 war 打包使用的命令是不相同的。最后需要注意的是，可以不指定 packaging，这时候 Maven 会自动默认成 jar。

9.4.5 classifier

定义构件输出的附属构件。

附属构件同主构件是一一对应的，比如上面的 spring-core-4.2.7.RELEASE.jar 是 spring-core Maven spring-core 项目的主构。Maven spring-core 项目除了可以生成上面的主构件外，也可以生成 spring-core-4.2.7.RELEASE-javadoc.java 和 spring-core-4.2.7.RELEASE-sources.jar 这样的附属构件。这时候，javadoc 和 sources 就是这两个附属构件的 classifier。这样就为主构件的每个附属构件也定义了一个唯一的坐标。

最后需要特别注意的是，不能直接定义一个 Maven 项目的 classifier，因为附属构件不是由 Maven 项目构建的时候直接默认生成的，而是由附加的其他插件生成的。

前面介绍的组成坐标的 5 个要素中，groupId、artifactId 和 version 是必需的，packaging 是可选的，默认是 jar，而 classifier 是不能直接定义的。同时，Maven 项目的构件文件名与坐标也是有对应关系的，一般规则是 artifactId-version [-classifier].packaging。

9.5 仓库

根据前面的样例可以知道，坐标和依赖是构件在 Maven 中的一个标记，而构件的真正存在的形式是文件，Maven 是通过仓库来统一管理这些文件的。接下来详细介绍一下 Maven 仓库。

9.5.1 Maven 仓库的定义

在 Maven 中，所有的依赖、插件以及 Maven 项目构建完的输出都是以构件的形式存在的，都叫构件。任何一个构件都是由一组坐标信息唯一标识的。

在一台用于项目开发的计算机中有可能存在很多 Maven 项目，比如前面介绍的那么多样例代码，它们都是分布在不同的 Maven 项目中的。这些 Maven 项目肯定都会用到 compiler 插件，除了这个插件外，还有很多特有的构件。比如，MvnBookSSHDemo.Struts 中就用到了 struts2 构件，MvnBookSSH.Spring 中就用到了 Spring 相关的构件，MvnBookSSM.SpringMVC 中用到了 Spring-web 构件等。而且这些直接依赖中，又会引入很多间接依赖，中间也肯定有交叉的构件依赖在引用。

如果同以前的开发模式一样，将各自用到的依赖对应的构件文件都体现到自己的对应目录，比如 lib 目录下的话，就会发现同样的文件会在很多工程里面重复存在。这样不仅造成了大量的磁盘空间浪费，也不便于统一管理。

所以 Maven 使用坐标机制来解决这个问题。它是怎么解决的呢？

Maven 统一存储了所有 Maven 项目用到的构件，这些构件都是共享的。当某个 Maven 项目要使用某些构件的时候，就直接通过构件的坐标引用共享的构件，不需要复制到每个 Maven 工程的独立物理目录中去。这个统一的位置就叫仓库。Maven 的仓库,实际上就是 Maven 构件的公共仓库。在实际的 Maven 项目中,只需指明这些依赖的坐标,需要的时候(编译、测试、运行),由 Maven 自动根据坐标找到对应的构件后使用。

为了完全实现重用,Maven 项目构建完毕后生成的构件也可以安装和/或部署到仓库中,供其他 Maven 项目使用。

9.5.2　仓库的管理方式

前面介绍过,构件最终是以文件的形式存在的。既然是以文件的形式存在,那就少不了目录。Maven 仓库其实就是使用固定规则的目录结构,把公共的构件保存在一个固定的存储位置,需要的时候可以按照规则找到这些具体的构件文件。这些规则与 pom.xml 中依赖的坐标是什么关系呢?

下面就以一个具体的例子来分析构件在仓库中保存的目录结构规则,以及它与坐标的关系。

比如有一个这样的构件：groupId＝cn.com.mvnbook.demo、artifactId＝MvnBookSSMDemo.SpringMVC、version＝0.0.1-SNAPSHOT、classifier＝jdk17、packaging＝jar,它对应的路径按如下步骤,逐个生成。

(1) 生成 groupId 对应的第一部分路径：将 groupId 中的点分隔符转换成路径分隔符。该例子中,groupId＝cn.com.mvnbook.demo 转换成 cn/com/mvnbook/demo/目录。

(2) 生成 artifactId 对应的第二部分路径：在第一部分路径的基础上,加一层同 artifactId 名称对应的一样的目录。比如,例子中的 artifactId＝MvnBookSSMDemo.SpringMVC,加上前面的 groupId 对应的目录,最后的结果是 cn/com/mvnbook/demo/MvnBookSSMDemo.SpringMVC。

(3) 生成 version 对应的第三部分路径：同 artifactId 的转换类似,直接在前面的基础上追加同 version 同名的目录。比如,例子中 version＝0.0.1-SNAPSHOT,生成的目录就是 cn/com/mvnbook/demo/MvnBookSSMDemo.SpringMVC/0.0.1-SNAPSHOT。到这一步,构件文件所在的目录基本形成。

(4) 前面 3 步,根据 groupId、artifactId 和 version,生成了构件文件在仓库目录下的子目录,接下来就开始按规则生成构件的文件名。构件的文件名首先是由 artifactId 和 version 按＜artifactId＞-＜version＞组成第一部分。比如,例子中的文件名第一部分就是 MvnBookSSMDemo.SpringMVC-0.0.1-SNAPSHOT。

(5) 如果构件有 classifier 的话,在第(4)步生成的文件名的基础上,用连接符"-"再连接 classifier 名字,例子的文件名变成：MvnBookSSMDemo.SpringMVC-0.0.1-SNAPSHOT-jdk17。

(6) 最后再判断构件的 packaging。在前面的文件名称后面添加 packaging 的值对应的后缀名。比如本例,最后生成的目录和文件名是 cn/com/mvnbook/demo/MvnBookSSMDemo.SpringMVC/0.0.1-SNAPSHOT/MvnBookSSMDemo.SpringMVC-0.0.1-SNAPSHOT-jdk17.jar。

到现在为止,本篇就介绍完了 Maven 是按什么规律将坐标信息转换成构件目录和文件名，最终保存在仓库中的。明白这规律后，Maven 根据坐标从仓库中寻找构件就只是前面生成构件目录和文件名的一个逆过程了。

其实，用户也可以按这样的规律在自己的本地仓库或自己的私服仓库中，找到对应坐标的具体构件的文件。

9.5.3 仓库的种类

Maven 存放构件的仓库分两种：本地仓库和远程仓库。Maven 寻找构件的时候，先查看本地仓库，如果本地仓库存在坐标对应的构件，就直接使用；如果本地仓库不存在所需要的构件，或者需要查看是否有更新的构件版本，Maven 就会去远程仓库查找，发现需要的构件后，下载到本地仓库后使用。如果本地仓库和远程仓库都没有找到需要的构件，Maven 就报错。

远程仓库又可以分为三种：一种是中央仓库；另一种是私服；还有一种就是其他公共仓库。

中央仓库是 Maven 自带的远程仓库，它包含了绝大部分开源的构件。在默认配置下，当本地仓库没有 Maven 需要的构件的时候，都会尝试从中央仓库下载。

私服是另外一种特殊的远程仓库。为了节省带宽，节约下载构件的时间，在局域网内架设一个私有的仓库服务器用来代理所有的外部远程仓库。局域网里面的项目还能部署到私服上供其他项目使用。

除了中央仓库和私服外，还有很多其他公开的远程仓库，常见的有 java. net Maven 库（http://download. java. net/maven/2/2）和 JBoss Maven 库（http://repository. jboss. com/maven2/）。

为了更具体地增加对仓库的理解，这里详细介绍一下各种仓库。

1. 本地仓库

Maven 在根据坐标查找依赖的构件时，先是在本地仓库中查找。默认情况下，不管是 Windows 操作系统还是 Linux 操作系统，每个用户在自己的用户目录下都有一个路径名为. m2/repository/的目录，这个目录就是 Maven 的本地仓库目录。比如，笔者的用户名是 Noble，计算机上的默认本地仓库的目录就是 C:\Users\Noble\. m2\repository\。

一般为了便于文件的管理，用户会希望自定义本地仓库的目录。可以编辑～/. m2/settings. xml 文件，设置其中的 localRepository 元素的值，就可以改变 Maven 本地仓库的默认位置。例如：

```
<settings>
   …
<localRepository>
   C:/java/servers/apache-archiva-2.2.1/repositories/internal
</localRepository>
   …
</settings>
```

这样，本地仓库的目录就是 C:/java/servers/apache-archiva-2.2.1/repositories/internal了。

另外需要注意一下的是，默认情况下，~/.m2/settings.xml文件是不存在的，需要从Maven的安装目录中复制$M2_HOME/conf/settings.xml文件到~/.m2/目录下，再进行编辑。

当然如果嫌麻烦的话，可以直接修改$M2_HOME/conf/settings.xml文件，效果也是一样的。但是不建议修改，因为Maven目录下的settings.xml是全局的，也就是每个用户都共享，而~/.m2/settings.xml只是对当前用户起作用，修改后不会影响其他用户。

一个构件只有存在本地仓库后才能被Maven项目使用。将构件保存到本地仓库最常见的有两种方式，一种是以依赖的形成，从远程仓库下载到本地仓库；另一种是将本地项目编译打包后，安装到本地仓库。

2. 远程仓库

安装好Maven后，如果不执行任何Maven命令的话，本地仓库目录是不存在的。当用户输入第1条Maven命令后，Maven才会创建本地仓库。然后根据配置和需要从远程仓库下载对应的构件到本地仓库，以备需要的时候使用。

本地仓库只会有一个，而远程仓库可以有很多。

3. 中央仓库

由于最原始的本地仓库是空的，Maven必须知道至少一个远程仓库才能执行Maven的命令。这个远程仓库是默认的，也就是不需要用户专门配置，这里把它叫作中央仓库。也就是说，中央仓库就是一个默认的远程仓库。

用户可以打开$M2_HOME/lib/maven-model-builder-3.3.9.jar，其中有org/apache/maven/model/pom-4.0.0.xml文件（注意jar文件的3.3.9是当前Maven的版本号，要根据自己的版本号找对应的jar文件），其中有如下内容。

```
<project>
<modelVersion>4.0.0</modelVersion>
<repositories>
<repository>
<id>central</id>
<name>Central Repository</name>
<url>https://repo.maven.apache.org/maven2</url>
<layout>default</layout>
<snapshots>
    <enabled>false</enabled>
</snapshots>
</repository>
</repositories>
<pluginRepositories>
```

```
<pluginRepository>
<id>central</id>
<name>Central Repository</name>
<url>https://repo.maven.apache.org/maven2</url>
<layout>default</layout>
<snapshots>
    <enabled>false</enabled>
</snapshots>
<releases>
    <updatePolicy>never</updatePolicy>
</releases>
</pluginRepository>
</pluginRepositories>
...
</project>
```

中间 repository 配置的是依赖的默认中央仓库，pluginRepository 配置的是插件的默认中央仓库。很凑巧，它们都是 https://repo. maven. apache. org/maven2。所有的 Maven 项目都会继承这个 pom. xml，所以通常把这个 pom 叫超级 pom，与 Java 中的 Object 类一样，也是所有的类都自动继承 Object 类，而 Object 类也叫超级类。

中央仓库包含了这世界上绝大多数流行的开源 Java 构件，以及对应的源代码、作者信息、scm、信息许可证等，每天都接受全世界 Java 程序员无数次访问。可以想象没有它，Java 程序员的世界将变得多么黑暗。由于中央仓库中包含了差不多所有流行的构件，所以一个简单的 Maven 工程所需要的依赖构件都可以直接从中央仓库中找到并且下载下来。所以用户安装好 Maven 后，基本上不用做太多的额外配置，就可以直接开发 Maven 项目。

4. 私服

私服是一个特殊的远程仓库，架设在局域网内。它是一个代理外网的远程仓库，供局域网内部的 Maven 用户使用。

当局域网内部的 Maven 用户需要构件的时候，先是从自己的本地仓库中查找，没有找到，就在私服上面查找，还没找到，就从外部的远程仓库查找并下载。这时候需要注意一下，没有私服的时候，Maven 是直接把从外部远程仓库下载的构件保存到本地仓库中。现在有私服了，从外部远程仓库下载的构件，会先保存一份在私服，再在 Maven 用户的本地仓库中保存一份。保存在 Maven 用户本地仓库中的构件，可以实现一个用户的多个 Maven 工程共享使用，保存在私服中的构件，可以实现多个 Maven 用户在局域网内共享使用。这样做，有如下几个方面的优势。

(1) 节省外部带宽

建立私服可以减少 Maven 开发团队的开支。大量的对外部仓库的重复请求会浪费太多的网络流量。利用私服代理后，每个构件只要消耗一次必需的流量，局域网中任何一个 Maven 用户要使用某个已经使用过的构件时，就不需再请求远程仓库，只需从私服中直接获取就行了。

(2) 提高 Maven 的效率

不停地请求外面仓库下载构件，不仅会浪费流量，还很耗时，特别是网速比较慢的时候。搭建私服就不用频繁请求外部远程仓库了，而且局域网的速度一般要比外网速度快很多。

(3) 便于部署第三方构件

如果某个构件无法从外部远程仓库获得，没有私服相对会比较麻烦。如果有了私服，可以将它们部署到私服中，这样局域网内的 Maven 用户就可以找到对应的构件了。比如 Oracle 驱动程序，因为版权没有放开，在外部远程仓库中是没有部署的，就可以在自己局域网内部的私服中进行部署。这样局域网内部的 Maven 用户就可以使用 Oracle 驱动程序构件了，而且也不会影响 Oracle 的版权。

(4) 提高 Maven 的稳定性，更方便控制管理

Maven 构件如果高度依赖远程仓库的话，一旦外网不稳定，比如中断，就会直接影响 Maven 项目。使用了私服后，因为私服中已经保存了大量的构件，即使外网断了，只要当前的构建任务中没有使用到一个以前构建没有用过的构件，都可以照常工作。

另外，一些私服软件还提供了很多额外的管理功能：比如权限管理、RELEASE/SNAPSHOT 区分等。

(5) 降低中央仓库的负荷压力

搭建私服能降低中央仓库的压力，让中央仓库更好地为那些真正需要的用户服务。自己少请求一次中央仓库，就给别人留出一次快速请求的机会。

通过对前面的了解可以知道，在一支团队开发中 Maven 私服是一个重要的环境。前面有章节专门以 Archiva 为例，介绍如何搭建 Archiva 私服。用户现在可以复习以前的操作步骤，深入理解私服的意义。

9.5.4 配置远程仓库

虽然用户可以从中央仓库中找到绝大部分流行的构件，但是毕竟不能找到所有构件。对那些在中央仓库中没有的构件，又要怎么办呢？可以在 pom.xml 中添加另外一个远程仓库。比如，将 jboss Maven 远程仓库添加到 Maven，需要在 Maven 工程的 pom.xml 中添加如下配置。

```
<project>
…
<repositories>
<repository>
<id>jboss</id>
<name>JBoss Maven Repository</name>
<url>http://repository.jboss.com/maven2/</url>
<releases>
```

```
        <enabled>true</enabled>
    </releases>
    <snapshots>
        <enabled>false</enabled>
    </snapshots>
    <layout>default</layout>
    </repository>
    </repositories>
    …
    </project>
```

在 repositories 元素下，可以使用 repository 子元素声明一个或多个远程仓库。该例子中配置了一个 id 为 jboss，名称为 JBoss Maven Repository 的仓库。在 pom 中可以配置多个仓库，每个仓库的 id 都要是唯一的。而且需要注意的是，在 Maven 的超级 pom 中，已经默认配置了一个中央仓库，它的 id 为 central。所以请不要再配置一个这样的 id，否则新的配置会覆盖原来的配置。在 repository 中，有一个 URL 元素，该元素是指定当前配置的远程仓库地址，一般来说都是基于 HTTP 的。

另外，配置中的 releases 和 snapshots 元素也是比较重要的元素，它们用来控制 Maven 对发布版本的构件和快照版本的构件的下载。当它们的子元素 enabled 的值配置成 true 或 false 的时候，表示开启或关闭对应版本的构件下载。在实际项目中，一般开启 releases 版本的构件下载，屏蔽 snapshots 版本的构件下载，因为 snapshots 版本的构件不稳定。

至于上面例子中的 layout 元素，值为 default，表示仓库布局是 Maven2 和 Maven3 的默认布局，而不是 Maven1 的布局。

当然，也可以在 releases 和 snapshots 元素中，添加 updatePolicy 和 checksumPolicy 两个子元素进一步指定仓库的控制使用。

比如：

```
<releases>
    <enabled>true</enabled>
    <updatePolicy>daily</updatePolicy>
    <checksumPolicy>ignore</checksumPolicy>
</release>
```

updatePolicy 配置 Maven 从远程仓库检测更新的频率，默认值为 daily，表示每天检测异常。此外，还可以配置其他的值：never——从不检测更新；always——每次构建都检测更新；interfal：X——每隔 X 分钟检测一次更新。

checksumPolicy 配置检测校验和文件的策略。当构件被部署到 Maven 仓库的时候，自动会部署对应的校验和文件。在下载构件的时候，Maven 会验证校验和文件，如果失败了怎么办？当 checksumPolicy 的值为 warn 时，Maven 会执行构建时输出警告信息；如果是 fail，Maven 会直接中止，提示失败；如果是 ignore，Maven 会忽略校验的错误，继续构建 Maven 项目。checksumPolicy 的默认值是 warn。

配置好了远程仓库，那怎样将自己的 Maven 项目构建成构件，发布到远程仓库中去呢？

需要在 pom. xml 中使用 distributionManagement 配置部署信息就可以了，样例配置如下：

```
<distributionManagement>
    …
    <repository>
        <id>archivaServer</id>
        <name>Archiva Releases</name>
        <url>http://localhost:8080/repository/internal</url>
    </repository>
    <snapshotRepository>
        <id>archivaServer</id>
        <name>Archiva Snapshots</name>
        <url>http://localhost:8080/repository/snapshots</url>
    </snapshotRepository>
    …
</distributionManagement>
```

distributionManagement 中包含 repository 和 snapshotRepository 两个子元素，repository 表示发布版本的构件仓库，snapshotRepository 表示快照版本的构件仓库。id 和 name 分别是仓库的唯一标记与名称。

在 pom. xml 中完成了上面类似的配置后，使用 Maven 命令 mvn deploy，Maven 就会自动将构建输出的构件部署到对应的仓库中。

不管是在远程仓库中部署构件，还是从远程仓库中下载依赖构件，实质上都是对服务器进行访问。有些服务器访问是需要权限认证的，只有认证通过后的用户才能发请求访问服务器，特别是添加、修改和删除服务器上的文件。

那怎样配置，才能让 Maven 自动访问那些需要权限认证后才能访问的远程仓库呢？

同配置仓库信息和远程私服部署信息不同，它们都是在 pom. xml 中进行配置的，需要在 settings. xml 中进行配置。因为 pom 是被提交到代码仓库中供所有成员访问的，而 settings. xml 一般只放在本地机器，因此在 settings. xml 中配置认证信息更安全。比如如下配置，就是配置的访问前面搭建的 Archiva 私服的安全认证信息：

```
<settings>
…
<servers>
    …
<server>
    <id>archivaServer</id>
    <username>admin</username>
    <password>admin123</password>
```

```
</server>
        ...
</servers>
    ...
</settings>
```

其中，username 和 password 是服务器中安全认证的用户名与密码信息。id 为认证服务器的唯一标记。这个标记需要同 pom.xml 中 distributionManagement 里面配置的仓库的 id 对应起来。表示访问某个仓库的地址的话，需要先根据 id 找到 server 的认证信息认证，才能有权限访问。

9.5.5 快照版本

在 Maven 中，任何一个项目和构件都必须有自己的版本。版本的值可能是 1.0.0、1.0-alpha-4、1.3-SNAPSHOT 等，其中 1.0.0、1.0-alpha-4 是稳定的发布版本，而 1.3-SNAPSHOT 为不稳定的快照版本。

Maven 为什么要添加一个快照版本的控制呢？

假设张三在开发用户管理模块的 1.1 版本，该版本还没有正式发布。以前的用户管理模块和权限管理模块是由李四在单独开发的。其中，权限管理模块的功能是依赖用户管理模块的。在开发过程中，张三经常要将最新的用户管理模块构建输出，交给李四，让他对权限管理模块进行开发集成和调试。这种问题，如果由用户自己手动控制的话，相对比较麻烦。但 Maven 基于快照机制，就能自动解决这个问题。

基于 Maven 的快照机制，张三只需将用户管理模块的版本设置成 1.1-SNAPSHOT，然后发布到私服中。在发布过程中，Maven 会自动为构件打上时间戳，比如 1.1-20161211.111111-11，表示 2016 年 12 月 11 日 11 点 11 分 11 秒的第 11 次的快照。有了这个时间戳，Maven 就能随时找到仓库中用户管理构件 1.1-SNAPSHOT 版本的最新文件。这时，李四配置对用户管理模块的 1.1-SNAPSHOT 版本的依赖，当他构建权限管理模块的时候，Maven 会自动从仓库中检测用户管理 1.1-SNAPSHOT 的最新构件，发现最新构件后就自动下载。Maven 默认情况下，每天检测一次（具体实际情况，由参考配置的 updatePolicy 控制），当然，也可以使用 mvn -U 强制让 Maven 检测更新。如 mvn clean install -U。

基于这样的机制，张三在构建成功后，将构件发布到仓库，李四可以完全考虑用户管理模块的构件，并且他还能确保随时得到用户管理模块的最新可用的快照构件，这些所有的一切都由 Maven 自动完成。

快照版本只应该在开发团队内部的项目或模块之间依赖使用。这个时候，团队成员对这些快照版本的依赖具有完全的理解和控制权利。项目不应该依赖任何团队外部的快照版本依赖。由于快照版本的不稳定性，这样的依赖会造成潜在的危险。也就是说，即使项目构建这次成功了，由于外部的快照版本依赖会随时间改变而再次更新，下次构建的时候有可能会失败。

9.5.6 从仓库中解析依赖的机制

前面介绍了 Maven 的依赖机制，那些构件是放在仓库中的，那 Maven 是根据什么规则从仓库中解析这些依赖构件的呢？

Maven 在寻找项目需要的依赖的顺序是：先在本地仓库中查找，如果没有找到，再找远程仓库，找到后下载；如果依赖的版本为快照版本，Maven 除了找到对应的构件外，还会自动查找最新的快照。这个找依赖的过程如下所示。

(1) 当依赖的范围是 system 的时候，Maven 直接从本地文件系统中解析构件。

(2) 根据依赖坐标计算仓库路径，尝试直接从本地仓库寻找构件，如果发现对应的构件，就解析成功。

(3) 如果在本地仓库不存在相应的构件，就遍历所有的远程仓库，发现后，下载并解析使用。

(4) 如果依赖的版本是 RELEASE 或 LATEST，就基于更新策略读取所有远程仓库的元数据文件(groupId/artifactId/maven-metadata.xml)，将其与本地仓库的对应源数据文件合并，计算出 RELEASE 或 LATEST 的真实值，然后各级该值检查本地仓库，或者从远程仓库下载。

(5) 如果依赖的版本是 SNAPSHOT，就基于更新策略读取所有远程仓库的元数据文件，将它与本地仓库对应的元数据合并，得到最新快照版本的值，然后根据该值检查本地仓库，或从远程仓库下载。

(6) 如果最后解析得到的构件版本包含有时间戳，先将该文件下载下来，再将文件名中时间戳信息删除，剩下 SNAPSHOT 并使用(以非时间戳的形式使用)。

9.5.7 镜像

如果仓库 A 能提供仓库 B 存储的所有服务，那么就把 A 叫作 B 的镜像。比如 http://maven.net.cn/content/groups/public 就是中央仓库 http://repo1.maven.org/maven2/在中国的镜像。由于地理位置的因素，该镜像往往能够提供比中央仓库更快的服务。所以，为了提高 Maven 效率，可以通过配置文件用镜像代替。修改的 settings.xml 如下所示。

```
<settings>
…
<mirrors>
<mirror>
    <id>maven.net.cn</id>
    <name>中央仓库在中国的镜像</name>
    <url>http://maven.net.cn/content/groups/public/</url>
    <mirrorOf>central</mirrorOf>
</mirror>
    …
```

```
</mirrors>
…
</settings>
```

上面代码中,mirrorOf 的值为 central,表示该配置为 id 为 central 仓库的镜像,也就是中央仓库的镜像。任何对中央仓库的请求都会转向到这个镜像,也可以用同样的方式配置其他仓库的镜像。另外三个元素:id、name 和 url 同以前配置仓库信息一样,表示镜像的唯一标记、名称和地址。同样,如果镜像服务器需要认证的话,也可以根据这个 id 配置一个对应的仓库认证。

其实在实际工作中,关于镜像有一个最常见的用法,那就是结合私服使用。由于私服是用来代替所有的外部公共仓库的,包括中央仓库,所以对于团队内部的 Maven 用户来说,使用一个私服地址就等于使用了所有的外部仓库。这样就可以将对外部远程仓库的访问配置都集成到私服上来,从而简化 Maven 本身的配置。为达到这样的目标,可以配置一个如下内容的镜像。

```
<settings>
…
<mirrors>
<mirror>
    <id>internal-repository</id>
    <name>Internal Repository Manager</name>
    <url>http://192.168.1.207:8080/repository/internal</url>
    <mirrorOf>*</mirrorOf>
</mirror>
    …
</mirrors>
…
</settings>
```

上面配置信息中,mirrorOf 的值为 *,表示是所有 Maven 仓库的镜像。任何对远程仓库的请求都会转向到 207 这台计算机的私服上去。如果私服需要认证,统一配置一个 id 为 internal-repository 的 server 就可以了。

当然,关于 mirrorOf 还有一些特别的配置方式。

(1) <mirrorOf>*</mirrorOf>:匹配所有的远程仓库。

(2) <mirrorOf>external:*</mirrorOf>:匹配所有的远程仓库,使用 localhost、file://协议的除外。也就是说,匹配所有非本地的远程仓库。

(3) <mirrorOf>r1,r2</mirrorOf>:匹配指定的几个远程仓库,每个仓库之间用逗号隔开。

(4) <mirrorOf>*,!r1,r2</mirrorOf>:匹配除了指定仓库外的所有仓库,“!”后面的仓库是被排除外的。

9.5.8　仓库搜索服务

在实际开发过程中，用户可能只知道需要使用的构件项目名称，但是在 Maven 依赖配置中，一定要指定详细的坐标信息。这时候，就可以使用仓库的搜索服务，根据构件的关键字来查找 Maven 的详细坐标。所以接下来介绍一个常用的 Maven 仓库搜索服务：MVNRepository。

MVNRepository 的界面相对比较简洁清新。它提供基于关键字搜索、依赖声明代码片段、构件下载、构件所包含信息等功能。如图 9-9 所示是 MVNRepository 的界面。

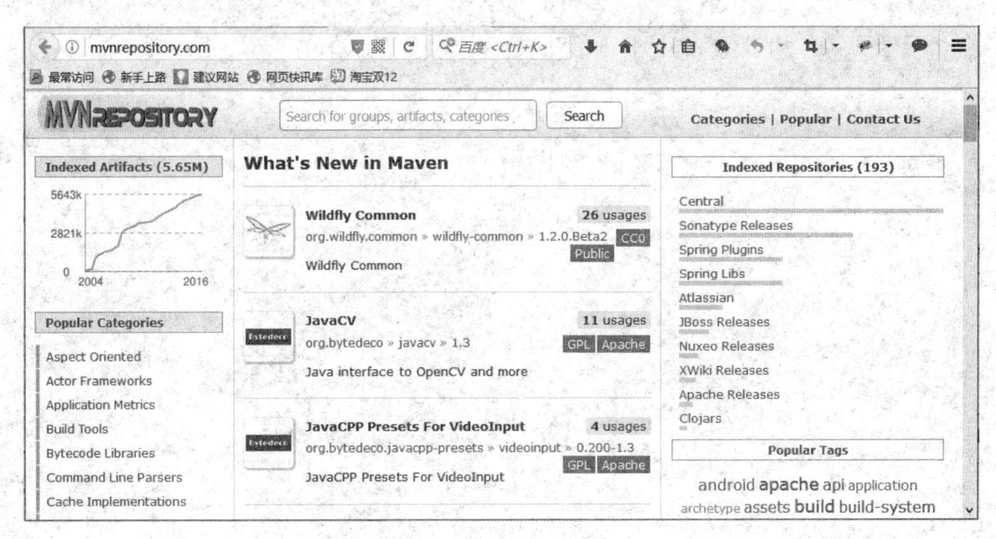

图 9-9　中央仓库首页

9.6　依赖

9.6.1　依赖是什么

前面用坐标一一对应地描述了构件，并且保存在仓库中了。那用坐标描述好后，把它们放在仓库中的作用是什么呢？

当其他项目需要在这些构件的基础上做开发的时候，用户就没必要自己再重新实现一遍了。直接指定坐标，告诉 Maven 将坐标对应的构件从仓库中找出来，集成到新项目中就可以了。这时候引入的构件，就是新项目的依赖。

依赖一般分两个层次理解。

第一个层次就是在 Maven 项目的 pom.xml 中配置所需要构件的坐标，也就是配置依赖。还有就是 Maven 在构建项目的时候，根据坐标从仓库中找到坐标所对应的构件文件，并且把它们引入 Maven 项目中来，也就是 Maven 引用。

第二个层次由 Maven 构建的时候自己搞定。前面也介绍了 Maven 基于坐标寻找要执行的插件的思路。实际上，插件本身就是一个特殊的构件。查找插件的思路也就是依赖查找的思路。这里需要把握的更多的是第一层次，即怎样配置依赖，以及指定依赖内部的关系和优化等。

9.6.2 依赖的配置

掌握依赖，从配置开始。接下来介绍一下依赖的配置。依赖是配置在 pom.xml 中的，如下代码是关于依赖配置的大概内容。

```
<project>
  …
<dependencies>
<dependency>
<groupId>…</groupId>
<artifactId>…</artifacted>
<version>…</version>
<type>…</type>
<scope>…</scope>
<optional>…</optional>
<exclusions>
    <exclusion>…</exclusion>
</exclusions>
</dependency>
    …
</dependencies>
  …
</project>
```

通过前面依赖配置样例会发现，依赖配置中除了构件的坐标信息、groupId、artifactId 和 version 之外，还有其他的元素。接下来就简单介绍一下这些元素的作用。

（1）groupId、artifactId 和 version：依赖的基本坐标。对于任何依赖，基本坐标是最基本、最重要的，因为 Maven 是根据坐标找依赖的。

（2）type：依赖的类型，同项目中的 packaging 对应。大部分情况不需要声明，默认是 jar。

（3）scope：依赖的范围，详细情况后面介绍。

（4）optional：标记依赖是否可选，详细情况后面介绍。

（5）exclusions：排除传递性依赖，详细情况后面介绍。

9.6.3 依赖的范围

Java 中有个环境变量叫 classpath。JVM 运行代码的时候，需要基于 classpath 查找需要的类文件，才能加载到内存执行。

Maven 在编译项目主代码的时候，使用的是一套 classpath，主代码编译时需要的依赖就添加到这个 classpath 中去；Maven 在编译和执行测试代码的时候，又会使用一套 classpath，这个动作需要的依赖就添加到这个 classpath 中去；Maven 项目具体运行的时候，又有一个独立的 classpath，同样运行时需要的依赖，肯定也要加到这个 classpath 中。这些 classpath，就是依赖的范围。

依赖的范围，就是用来控制这三种 classpath 的关系（编译 classpath、测试 classpath 和运行 classpath），接下来分别介绍依赖的范围的名称和意义。

（1）compile：编译依赖范围。如果在配置的时候没有指定，就默认使用这个范围。使用该范围的依赖，对编译、测试、运行三种 classpath 都有效。

（2）test：测试依赖范围。使用该范围的依赖只对测试 classpath 有效，在编译主代码或运行项目的时候，这种依赖是无效的。

（3）provided：已提供依赖范围。使用此范围的依赖，只在编译和测试 classpath 的时候有效，运行项目的时候是无效的。比如 Web 应用中的 servlet-api，编译和测试的时候就需要该依赖，运行的时候，因为容器中自带了 servlet-api，就没必要使用了。如果使用了，反而有可能出现版本不一致的冲突。

（4）runtime：运行时依赖范围。使用该范围的依赖，只对测试和运行的 classpath 有效，但在编译主代码时是无效的。比如 JDBC 驱动实现类，就需要在运行测试和运行主代码时候使用，编译的时候，只需 JDBC 接口就行。

（5）system：系统依赖范围。该范围与 classpath 的关系，同 provided 一样。但是，使用 system 访问时，必须通过 systemPath 元素指定依赖文件的路径。因为该依赖不是通过 Maven 仓库解析的，建议谨慎使用。

如下代码是一个使用 system 范围的案例。

```
<dependency>
    <groupId>xxx</groupId>
    <artifactId>xxx</artifactId>
    <version>xx</version>
    <scope>system</scope>
    <systemPath>e:/xxxx/xxx/xx.jar</systemPath>
</dependency>
```

（6）import：导入依赖范围。该依赖范围不会对三种 classpath 产生实际的影响。它的作用是将其他模块定义好的 dependencyManagement 导入当前 Maven 项目 pom 的 dependencyManagement 中。比如有个 SpringPOM Maven 工程，它的 pom 中的 dependencyManagement 配置如下：

```
<project>
   …
    <groupId>cn.com.mvnbook.pom</groupId>
    <artifactId>SpringPOM</artifactId>
    <version>0.0.1-SNAPSHOT</version>
    <packaging>pom</packaging>
   …
<dependencyManagement>
<dependencies>
```

```
<!--spring -->
        <dependency>
            <groupId>org.springframework</groupId>
            <artifactId>spring-core</artifactId>
            <version>${project.build.spring.version}</version>
        </dependency>
        <dependency>
            <groupId>org.springframework</groupId>
            <artifactId>spring-aop</artifactId>
            <version>${project.build.spring.version}</version>
        </dependency>
        <dependency>
            <groupId>org.springframework</groupId>
            <artifactId>spring-beans</artifactId>
            <version>${project.build.spring.version}</version>
        </dependency>
</dependencies>
</dependencyManagement>
   ...
</project>
```

接下来创建一个新的 Maven 工程 Second，要将 First 工程中 pom 中定义的 dependencyManagement 原样合并过来，除了复制、继承之外，还可以编写如下代码，将它们导入进去。

```
<dependencies>
<dependency>
    <groupId>cn.com.mvnbook.pom</groupId>
    <artifactId>SpringPOM</artifactId>
    <version>0.0.1-SNAPSHOT</version>
    <type>pom</type>
    <scope>import</scope>
</dependency>
</dependencies>
```

9.6.4 传递性依赖

在使用 Maven 之前，如果要基于 Spring 框架开发项目，除了要加入 Spring 框架的 jar 包外，还需要将 Spring 框架所用到的第三方 jar 包加入。否则编译通过，但是运行的时候就会出现 classNotFound 异常。

为了解决这种问题，一般有两种方式：一种是下载 Spring 的 dependencies.zip 包，将其中的所有 jar 包都导入工程；另一种是根据运行时的报错信息，确定哪些类没有，再将包含这些类的 jar 包下载下来导入。

第一种方式虽然可以一次性解决所有需要 jar 包的导入问题，但是当查看工程的 jar 包会发现，有不少多余的 jar 包。这些多余的 jar 包不仅仅加大了项目的体积，还有可能同其他框架所导入的jar包有版本冲突。

第二种方式虽然不会有多余的jar包存在，但是要根据每次启动的错误，一个个找到jar包，再导入。想象如果有10个jar包，就要启动10次，查看10次错误分别导入，有多麻烦。

Maven的传递依赖机制就能解决这样的问题。

当项目基于Spring框架实现的时候，只需将Spring的依赖配置到pom的依赖元素就行。至于Spring框架所依赖的第三方jar包，用户不用处理，Maven自己通过检测Spring框架的依赖信息将它们导入项目中来。而且只会导入Spring框架所需要的，不会导入多余的依赖。

也就是说，Maven会解析项目中的每个直接依赖的pom，将那些必要的间接依赖以传递依赖的形式引入项目中。

当然，传递依赖在将间接依赖引入项目的过程中也有它自己的规则和范围。这个规则和范围是同前面介绍的依赖范围紧密关联的。

现在有三个项目(A、B和C项目)，假设A依赖B，B依赖C，这样把A对B的依赖叫第一直接依赖，B对C的依赖叫第二直接依赖，而A对C的依赖叫传递依赖(通过B传递的)。中间A到B第一直接依赖的范围和B到C第二直接依赖的范围，就共同决定了A到C的传递依赖范围。它们的影响效果，就如表9-1所示。坐标第一列表示第一直接依赖的范围，第一行表示第二直接依赖的范围，中间的交叉点为共同影响后的传递依赖的范围。

表9-1 依赖的传递

依赖	compile	test	provided	runtime
compile	compile	—	—	runtime
test	test	—	—	test
provided	provided	—	provided	provided
runtime	runtime	—	—	runtime

通过前面的表格，可以得出如下规律。

(1) 当第二直接依赖为compile的时候，传递依赖同第一直接依赖一致。

(2) 当第二直接依赖为test的时候，没有传递依赖。

(3) 当第二直接依赖为provided的时候，值将第一直接依赖中的provided以provided的形式传递。

(4) 当第二直接依赖为runtime的时候，传递依赖的范围基本上同第一直接依赖的范围一样，但compile除外，compile的传递依赖范围为runtime。

9.6.5 依赖的调解

在使用Maven自动提供的传递依赖后，可以解决对应的依赖管理，特别是间接依赖管理中遇到的问题。但是，当多个直接依赖都带来了同一个间接依赖，而且是不同版本的间接依赖时，就会引起重复依赖，甚至包冲突的问题。

那么，Maven 在传递依赖的时候是按什么规则来的呢？

1. 依赖调解原则

Maven 依赖调解原则有两个：一个是路径优先原则；另一个是声明优先原则。当路径优先原则搞不定的时候，再使用声明优先原则。

比如有个项目 A，它有两个依赖：A→B→C→T(1.0)，A→D→T(2.0)。会发现，A 最终对 T(1.0)和 T(2.0)都有间接依赖。这时候 Maven 会自动判断它的路径，发现 T(2.0)的路径长度为 2，T(1.0)的路径长度为 3，以最短路径为原则，将 T(2.0)引入当前项目 A。

如果有个项目 A，它有两个依赖：A→B→T(1.0)，A→C→T(2.0)。这时候两条路径都是一样的长度 2，那 Maven 到底把哪个引入项目 A 呢？这时候 Maven 会判断哪个依赖在 pom.xml 中先声明，选择引入先声明的依赖。

2. 可选依赖

在实际项目中，存在一些比较特殊的依赖。比如数据访问层模块对数据库驱动的依赖就比较特殊了。DAO 层要访问数据库的时候，需要加入数据库驱动依赖，而且不同数据库驱动依赖是不一样的。如果在设计 DAO 层的时候，是按跨数据库标准实现的，这就引出了一个新问题，是在 pom.xml 中配置 MySQL 驱动依赖呢？还是配置 Oracle 驱动依赖？或者两个都配置？

其实仔细想想，前面三种选项都不合适。单独配置 MySQL 或 Oracle，这样就不能跨数据库了。两个数据库都配置，驱动之间就会有冲突，或有多余的依赖。

这时候，就直接把这两个数据库驱动的依赖都设置成可选依赖，代码如下：

```
<dependencies>
    <dependency>
        <groupId>mysql</groupId>
        <artifactId>mysql-connector-java</artifactId>
        <version>5.1.34</version>
        <optional>true</optional>
    </dependency>
    <dependency>
        <groupId>oracle</groupId>
        <artifactId>ojdbc14</artifactId>
        <version>10.2.0.4</version>
        <optional>true</optional>
    </dependency>
</dependencies>
```

在应用项目中再具体指定使用哪个依赖，例如：

```
<dependencies>
    <dependency>
        <groupId>mysql</groupId>
        <artifactId>mysql-connector-java</artifactId>
        <version>5.1.34</version>
    </dependency>
</dependencies>
```

需要说明的是，在实际项目中建议不要使用可选依赖。虽然可选依赖满足了对一个模块的特征多样性，同时还提供了更多的选择，但是在实际配置中，好像不仅没有减少配置代码，还增多了重复复制的机会。同时从面向对象分析和设计的思路来说，也是建议遵循单一职责原则，也就是一个类只有一个功能，不要糅合太多的功能，这样不方便理解、开发和维护。所以实际项目中，一般对不同数据库的驱动单独创建一个 Maven 工程。其他项目需要基于哪个数据库进行操作的话，引用对应的 Maven 的工程以来就行，用传递依赖引入需要的数据库驱动依赖。

9.6.6 排除依赖

Maven 的传递依赖能自动将间接依赖引入项目中来，这样极大地简化了项目中的依赖管理，但是，有时候这种自动化也会带来麻烦。比如 Maven 可能会自动引入快照版本的依赖，而快照版本的依赖是不稳定的，这时候就需要避免引入快照版本。这样的话需要用一种方式告知 Maven 排除快照版本的依赖引入，这种做法就是排除依赖。那怎么实现排除依赖呢？

其实实现排除依赖还是比较简单的，在直接依赖的配置里面添加 exclusions→exclusion 元素，指定要排除依赖的 groupId 和 artifactId 就行，如下面代码所示。

```
<dependency>
    <groupId>org.hibernate</groupId>
    <artifactId>hibernate-core</artifactId>
    <version>${project.build.hibernate.version}</version>
    <exclusions>
    <exclusion>
        <groupId>xxx</groupId>
        <artifactId>xxx</artifactId>
    </exclusion>
    </exclusions>
</dependency>
```

上面的代码的含义就是，在引入 hibernate-core 直接依赖的时候，不要引入 exclusion 中指定的 groupId 为 xxx，artifactId 为 xxx 的构件。需要注意的是，这里没有 version，排除依赖是排除指定 groupId 和 artifactId 的所有版本的依赖。

9.6.7 归类依赖

在引用依赖的时候，很多情况需要引入一个 Maven 项目的多个模块，这些模块都应该是相同的版本。比如,用户在Spring框架下开发应用,就需要同时引用org.springframework的spring-core、spring-context、spring-context-support等模块。可以想象,这些模块肯定是统一的版本,如果在每个依赖里面都分别用groupId、artifactId和version具体指明的话,例如下次升级,需要将2.5版本升级成3.0版本,这样就需要将org.springframework的每个模块的版本都统一更改,这样做很容易出现不一致的情况,就很容易出错。

为了避免出现这种情况,可以在pom.xml中定义一个属性名称描述版本的值。接下来在每个version中,用特殊的语法引用这个属性名称。实际引入的时候,由Maven将属性改成对应的值。这样就可以统一版本,也方便修改。具体样例代码如下:

```
<project xmlns="http://maven.apache.org/POM/4.0.0"
    xmlns:xsi="http://www.w3.org/2001/XMLSchema-instance"
    xsi:schemaLocation="http://maven.apache.org/POM/4.0.0
    http://maven.apache.org/xsd/maven-4.0.0.xsd">
    ...
    <properties>
        <project.build.sourceEncoding>UTF-8</project.build.sourceEncoding>
        <!--3.2.16.RELEASE,3.1.4.RELEASE -->
        <project.build.spring.version>4.2.7.RELEASE</project.build.
        spring.version>
    </properties>
    <dependencies>
        <!--spring -->
        <dependency>
            <groupId>org.springframework</groupId>
            <artifactId>spring-core</artifactId>
            <version>${project.build.spring.version}</version>
        </dependency>
        <dependency>
            <groupId>org.springframework</groupId>
            <artifactId>spring-aop</artifactId>
            <version>${project.build.spring.version}</version>
        </dependency>
        <dependency>
            <groupId>org.springframework</groupId>
            <artifactId>spring-beans</artifactId>
            <version>${project.build.spring.version}</version>
        </dependency>
            ...
    </dependencies>
...
</project>
```

9.6.8 优化依赖

程序员在软件开发过程中，需要通过重构等方式不断优化代码，使其变得更简洁、灵活、高效。同样，用户也应该对 Maven 项目的依赖了然于胸，并对其进行优化。

通过对前面章节的了解，可以理解 Maven 定位依赖的方式、传递依赖的规则以及怎么样排除依赖等。但是要实现这些动作，还必须对项目中的依赖有全面的了解，这样才能更有效地达到目的。

接下来介绍一下查看依赖的相关命令。

Mvn dependency：list，列出所有的依赖列表。

Mvn dependency：tree，以树形结构方式，列出依赖和层次关系。

Mvn dependency：analyze，分析主代码、测试代码编译的依赖。

9.7 继承和聚合

在人们设计 Java 类时，如果发现很多类都有公共的行为和特征的话，会很自然地将这些公共特征和行为提炼到一个类中，这个类叫父类。其他有这些特征和行为的类中，就不用重复定义了，只要继承一个父类即可，这样就解决了代码重复编写的问题，从而简化了子类的代码。

同样，在 Maven 项目里经常需要在 pom. xml 中配置很多信息，比如坐标信息、依赖、插件等。随着 Maven 项目的模块化，很多内容都是重复的。所以为了保持一致，建议尽量用复制粘贴的方式编写。这样虽然保证了一致性，但是这只是一次性的，如果要修改的话，这就需要在很多的 pom. xml 中查找修改了，非常麻烦。

为了解决这样的问题，Maven 借鉴了面向对象的思想，支持继承。

也就是说，可以将多个项目要用的配置，单独用一个 pom 类型的工程定义好，其他有重复使用这些配置的 Maven 项目就可以在继承公共 pom 项目的基础上，再扩展自己个性化的信息。

比如可以定义一个 Maven 项目，它的 pom. xml 配置如下：

```
<project xmlns="http://maven.apache.org/POM/4.0.0"
    xmlns:xsi="http://www.w3.org/2001/XMLSchema-instance"
    xsi:schemaLocation="http://maven.apache.org/POM/4.0.0
    http://maven.apache.org/xsd/maven-4.0.0.xsd">
    <modelVersion>4.0.0</modelVersion>
    <groupId>cn.com.mvnbook.pom</groupId>
    <artifactId>SpringPOM</artifactId>
    <version>0.0.1-SNAPSHOT</version>
    <packaging>pom</packaging>
    <name>SpringPOM</name>
    <url>http://maven.apache.org</url>
    <properties>
```

```
        <project.build.sourceEncoding>UTF-8</project.build.sourceEncoding>
        <!--3.2.16.RELEASE,3.1.4.RELEASE -->
        <project.build.spring version>4.2.7.RELEASE</project.build.
        spring.version>
    </properties>
    <dependencies>
        <dependency>
            <groupId>junit</groupId>
            <artifactId>junit</artifactId>
            <version>4.7</version>
            <scope>test</scope>
        </dependency>
        <!--spring -->
        <dependency>
            <groupId>org.springframework</groupId>
            <artifactId>spring-core</artifactId>
            <version>${project.build.spring.version}</version>
        </dependency>
        <dependency>
            <groupId>org.springframework</groupId>
            <artifactId>spring-aop</artifactId>
            <version>${project.build.spring.version}</version>
        </dependency>
        ...
    </dependencies>
<distributionManagement>
<repository>
    <id>archivaServer</id>
    <url>http://localhost:8080/repository/internal</url>
</repository>
<snapshotRepository>
    <id>archivaServer</id>
    <url>http://localhost:8080/repository/snapshots</url>
</snapshotRepository>
</distributionManagement>
</project>
```

在这个 pom 中定义自己的坐标和 JUint、springframework 的依赖。注意 packaging 的值为 pom，因为只是在这里定义共用的依赖等信息，不写代码，以备其他工程继承的，packaging 必须为 pom 类型。

在另外一个使用 springframework 框架的 Maven 工程的 pom. xml 中，可以写成如下样式。

```
<project xmlns="http://maven.apache.org/POM/4.0.0"
    xmlns:xsi="http://www.w3.org/2001/XMLSchema-instance"
    xsi:schemaLocation="http://maven.apache.org/POM/4.0.0
```

```
http://maven.apache.org/xsd/maven-4.0.0.xsd">
<modelVersion>4.0.0</modelVersion>
<!--继承 SpringPOM 中的 pom -->
<parent>
    <groupId>cn.com.mvnbook.pom</groupId>
    <artifactId>SpringPOM</artifactId>
    <version>0.0.1-SNAPSHOT</version>
</parent>
<artifactId>SpringMVCPOM</artifactId>
<packaging>pom</packaging>
<name>SpringMVCPOM</name>
<url>http://maven.apache.org</url>
<properties>
    <project.build.sourceEncoding>UTF-8</project.build.sourceEncoding>
</properties>
<dependencies>
    <!--jsp servlet -->
    <dependency>
        <groupId>javax.servlet</groupId>
        <artifactId>servlet-api</artifactId>
        <version>2.5</version>
        <scope>provided</scope>
    </dependency>
    <dependency>
        <groupId>javax.servlet.jsp</groupId>
        <artifactId>jsp-api</artifactId>
        <version>2.1</version>
        <scope>provided</scope>
    </dependency>
    <dependency>
        <groupId>javax.servlet</groupId>
        <artifactId>jstl</artifactId>
        <version>1.2</version>
    </dependency>
    <!--json 组件 -->
    <dependency>
        <groupId>com.fasterxml.jackson.core</groupId>
        <artifactId>jackson-databind</artifactId>
        <version>2.5.4</version>
    </dependency>
    <dependency>
        <groupId>com.fasterxml.jackson.core</groupId>
        <artifactId>jackson-core</artifactId>
        <version>2.5.4</version>
    </dependency>
    <dependency>
        <groupId>com.fasterxml.jackson.core</groupId>
        <artifactId>jackson-annotations</artifactId>
```

```
            <version>2.5.0</version>
        </dependency>
    </dependencies>
    <distributionManagement>
        <repository>
            <id>archivaServer</id>
            <url>http://localhost:8080/repository/internal</url>
        </repository>
        <snapshotRepository>
            <id>archivaServer</id>
            <url>http://localhost:8080/repository/snapshots</url>
        </snapshotRepository>
    </distributionManagement>
</project>
```

注意其中的：

```
<parent>
    <groupId>cn.com.mvnbook.pom</groupId>
    <artifactId>SpringPOM</artifactId>
    <version>0.0.1-SNAPSHOT</version>
</parent>
```

这就指定了当前的SpringMVC工程是继承了SpringPOM工程。也就是说，虽然在SpringMVC工程中没有定义对Spring组件相关的依赖，但是因为继承了SpringPOM，所以它一样引入了Spring组件的依赖。

pom.xml中可以定义那么多元素，到底有哪些元素可以继承呢？表9-2是可以继承的元素列表和简单说明。

表9-2　可以继承的元素列表和简单说明

元　素	说　明
groupId	项目组Id，项目坐标的核心元素
version	项目版本，项目坐标的核心元素
description	项目的描述信息
organization	项目的组织信息
inceptionYear	项目的创始年份
URL	项目的URL地址
developers	项目的开发者信息
contributors	项目的贡献者信息
distributionManagement	项目的部署配置
issueManagement	项目的漏洞跟踪系统信息

续表

元　素	说　明
ciManagement	项目的持续集成系统信息
scm	项目的版本控制系统信息
mailingLists	项目的右击列表信息
properties	自定义的 Maven 属性
dependencies	项目的依赖配置
dependencyManagement	项目的依赖管理配置
repositories	项目的仓库配置
build	包括项目的源代码目录配置、输出目录配置、插件配置、插件管理配置等
reporting	包括项目的报告输出目录配置、报告插件配置等

这里有个比较特别的元素，即 dependencyManagement 元素。根据前面的简介可以知道它是依赖管理元素，也就是说，用来管理依赖的。因为在实际项目中它有特殊意义，而且能够被继承。

一个 Maven 项目要直接引用某个依赖，都是在 dependencies 中使用 dependency 描述要引用依赖的坐标信息来完成的。这样就达到了一个要什么，就直接写什么的效果，决定权都在是否用 dependency 指定了引用构件的坐标。但是在实际项目管理过程中可以有个全局的管理。也就是说，把整个项目要引用的依赖，事先分析整理好，形成一个全局的集合。当某个 Maven 模块需要具体引用某依赖的时候，直接在集合中指定若干个。这样就可以实现整个项目依赖的全局管理，不至于零碎地分布在每个 Maven 模块中。

基于这样的考虑，就可以在一个公共的 pom.xml 中使用 dependencyManagement 元素，将所有的依赖都声明管理好，如以下代码所示。

```
<project xmlns="http://maven.apache.org/POM/4.0.0"
   xmlns:xsi="http://www.w3.org/2001/XMLSchema-instance"
   xsi:schemaLocation="http://maven.apache.org/POM/4.0.0
   http://maven.apache.org/xsd/maven-4.0.0.xsd">
   <modelVersion>4.0.0</modelVersion>
   <groupId>cn.com.mvnbook.pom</groupId>
   <artifactId>SpringPOM</artifactId>
   <version>0.0.1-SNAPSHOT</version>
   <packaging>pom</packaging>
   <name>SpringPOM</name>
   <url>http://maven.apache.org</url>
   <properties>
      <project.build.sourceEncoding>UTF-8</project.build.sourceEncoding>
      <!--3.2.16.RELEASE,3.1.4.RELEASE -->
      <project.build.spring.version>4.2.7.RELEASE</project.build.spring.
      version>
   </properties>
```

```
<dependencyManagement>
    <dependencies>
        <dependency>
            <groupId>junit</groupId>
            <artifactId>junit</artifactId>
            <version>4.7</version>
            <scope>test</scope>
        </dependency>
        <!--spring -->
        <dependency>
            <groupId>org.springframework</groupId>
            <artifactId>spring-core</artifactId>
            <version>${project.build.spring.version}</version>
        </dependency>
        ...
        <dependency>
            <groupId>org.hibernate</groupId>
            <artifactId>hibernate-validator</artifactId>
            <version>5.0.0.Final</version>
        </dependency>
        <!--jsp servlet -->
        <dependency>
            <groupId>javax.servlet</groupId>
            <artifactId>servlet-api</artifactId>
            <version>2.5</version>
            <scope>provided</scope>
        </dependency>
        ...
        <!--json 组件 -->
        <dependency>
            <groupId>com.fasterxml.jackson.core</groupId>
            <artifactId>jackson-databind</artifactId>
            <version>2.5.4</version>
        </dependency>
        <dependency>
            <groupId>com.fasterxml.jackson.core</groupId>
            <artifactId>jackson-core</artifactId>
            <version>2.5.4</version>
        </dependency>
        <dependency>
            <groupId>com.fasterxml.jackson.core</groupId>
            <artifactId>jackson-annotations</artifactId>
            <version>2.5.0</version>
        </dependency>
    </dependencies>
</dependencyManagement>
    ...
</project>
```

在项目中如果要使用前面在SpringPOM中用dependencyManagement管理的spring-core构件的话，只需继承SpringPOM，然后在用户自己的dependencies中指明spring-core就行，代码如下：

```
<project xmlns="http://maven.apache.org/POM/4.0.0"
    xmlns:xsi="http://www.w3.org/2001/XMLSchema-instance"
    xsi:schemaLocation="http://maven.apache.org/POM/4.0.0
    http://maven.apache.org/xsd/maven-4.0.0.xsd">
    <modelVersion>4.0.0</modelVersion>
    <!--继承 SpringPOM 中的 pom -->
    <parent>
        <groupId>cn.com.mvnbook.pom</groupId>
        <artifactId>SpringPOM</artifactId>
        <version>0.0.1-SNAPSHOT</version>
    </parent>
    <artifactId>SpringMVCPOM</artifactId>
    <packaging>pom</packaging>
    <name>SpringMVCPOM</name>
    <url>http://maven.apache.org</url>
    <properties>
        <project.build.sourceEncoding>UTF-8</project.build.sourceEncoding>
    </properties>
    <dependencies>
        <dependency>
            <groupId>org.springframework</groupId>
            <artifactId>spring-core</artifactId>
        </dependency>
        ...
    </dependencies>
    ...
</project>
```

注意粗体部分，dependency中是没有指定version的，而且还不用配置scope，因为这些信息已经在SpringPOM中配置好了。这里只要通过groupId和artifactId指明是在dependencyManagement中配置的哪个，其他就自动明确了。虽然使用这种依赖管理机制不能减少太多的pom配置，不过还是建议用户使用这种方式。其原因是：在父pom中使用dependencyManagement声明依赖统一管理了项目中使用到的依赖种类、版本，每个子项目就不会出现额外的多余依赖，特别是没有优化的依赖和同一个构件的不同版本了。

当然了，在子项目中，除了可以用复制、继承的方式，将定义在父项目中的dependency-Management中管理的构件信息合并到当前Maven工程中来以外，也可以用依赖作用访问import，将它们合并过来，样例代码如下：

```
<project xmlns="http://maven.apache.org/POM/4.0.0"
    xmlns:xsi="http://www.w3.org/2001/XMLSchema-instance"
    xsi:schemaLocation="http://maven.apache.org/POM/4.0.0
    http://maven.apache.org/xsd/maven-4.0.0.xsd">
    <modelVersion>4.0.0</modelVersion>
    <groupId>cn.com.mvnbook.pom</groupId>
    <artifactId>SpringDemo</artifactId>
    <version>0.0.1-SNAPSHOT</version>
    <packaging>jar</packaging>
<dependencyManagement>
<dependencies>
<dependency>
    <groupId>cn.com.mvnbook.pom</groupId>
    <artifactId>SpringPOM</artifactId>
    <version>0.0.1-SNAPSHOT</version>
    <type>pom</type>
    <scope>import</scope>
</dependency>
</dependencies>
</dependencyManagement>
</project>
```

前面介绍的继承能将公共的信息定义在一个 pom 中，通过集成来减少重复配置和统一标准的效果。同样地，根据前面基于 SSH 和 SSM 框架实现的用户 CRUD 功能来分析，实际项目中会将多个功能分别用不同的模块单独实现。一个项目用不同模块单独实现，确实能给项目开发的独立性提供方便，但是构建测试就不一样了，如果没有特殊的解决方案，就需要对每个模块独立管理，这样比较麻烦。

所以对于继承，Maven 中还有个聚合机制。聚合机制能用一个独立的 Maven 工程(里面没有代码，只有 pom. xml)将相关 Module 模块合并起来。这样每个构建过程(命令)只要在独立的 pom Maven 工程上进行，Maven 就会自动将包含的每个模块工程同步构建。

其实前面的 SSM 和 SSH 样例就是按照这样的思路实现的，下面是 SSM 聚合项目中的 pom. xml。

```
<project xmlns="http://maven.apache.org/POM/4.0.0"
    xmlns:xsi="http://www.w3.org/2001/XMLSchema-instance"
    xsi:schemaLocation="http://maven.apache.org/POM/4.0.0
    http://maven.apache.org/xsd/maven-4.0.0.xsd">
    <modelVersion>4.0.0</modelVersion>
    <groupId>cn.com.mvnbook.ssm.demo</groupId>
    <artifactId>MvnBookSSMDemo</artifactId>
    <version>0.0.1-SNAPSHOT</version>
    <packaging>pom</packaging>
    <name>MvnBookSSMDemo</name>
```

```
    <url>http://maven.apache.org</url>
    <modules>
        <module>../MvnBookSSHDemo.DAO</module>
        <module>../MvnBookSSHDemo.Service</module>
        <module>../MvnBookSSMDemo.DAO.MyBatis</module>
        <module>../MvnBookSSMDemo.Service.Impl</module>
        <module>../MvnBookSSMDemo.SpringMVC</module>
    </modules>
    …
</project>
```

通过 modules 和 module 将相关的独立 Maven 模块工程配置在一起，就完成了 Maven 模块的聚合，这样就可以统一地实现所有相关 Maven 模块的管理了。

第10章

Maven测试

10.1 测试简介

软件测试是软件开发过程中的一个重要组成部分，是贯穿整个软件开发生命周期、对软件产品（包括阶段性产品）进行验证和确认的活动过程。其目的是尽快发现软件产品中存在的问题。

从不同角度，可以对软件测试（软件测试技术）有不同的分类。

从是否需要执行被测试软件的角度，可以把软件测试分为静态测试和动态测试。

从是否针对软件结构与算法进行测试的角度，可以把软件测试分为白盒测试和黑盒测试。

从测试的阶段角度，可以把软件测试分为单元测试、集成测试、系统测试和验收测试。

不管是什么测试，都基本上有如下几个环节（阶段）：制订测试计划、分析设计测试、开发测试、运行测试、整理测试报告。

这里主要介绍的是怎样基于 JUnit 和 TestNG 测试框架编写测试案例、基于 Maven 高效地执行测试代码和形成规范的测试报告。

10.2 测试框架

目前，常用的 Java 单元测试框架是 JUnit 和在 JUnit 基础上进一步扩展的 TestNG。为了能很好地在 Maven 中完成测试案例的执行和形成测试报告，这里介绍一下怎样在 JUnit 和 TestNG 框架下编写测试代码。

10.2.1 JUnit 单元测试框架

JUnit 是由 Erich Gamma 和 Kent Beck 编写的一个回归测试框架，是一个开放源代码的 Java 测试框架，可以在它的基础上编写和运行可重复的测试。JUnit 单元测试框架有如下几个特点。

（1）使用断言测试结果。

（2）能共享测试数据。

（3）方便注册和运行测试。

(4) 支持图形化测试。

JUnit 单元测试框架的安装比较简单,只需下载 JUnit 的最新压缩包在本地解压后,配置好 JUNIT_HOME 环境变量,并且在 CLASSPATH 目录中追加好 JUnit 的 jar 包就可以了。

对于 IDE 环境的用户,只需将 JUnit 的 jar 包添加到项目的 build path 中就可以了。

接下来回顾梳理(以前样例中有编写,只是没有系统介绍)一下怎样在一个 Maven 项目中基于 JUnit 编写测试案例。

在 Maven 项目中,基于 JUnit 编写测试案例一般要两步:一是在 pom. xml 中添加 JUnit 依赖;二是基于 JUnit 规范编写测试代码。

如下所示是 MvnBookSSMDemo. Service. Impl 项目中关于 JUnit 的配置。

在 pom. xml 中的 JUnit 依赖配置。

见随书代码(MvnBookSSMDemo. Service. Impl\pom. xml)。

TestUserServiceImpl. java 类。

见随书代码(MvnBookSSMDemo. Service. Impl\src\test\java\cn\com\mvnbook\ssh\demo\service\impl\TestUserServiceImpl. java)。

pom. xml 中的 JUnit 依赖配置在这里就不过多重复了,这里主要说明测试代码的注意事项。

(1) 在 Maven 项目中,测试代码有专门的默认目录:src/test/java。

(2) 一般测试案例代码的包与要测试的目标类的包一样。

(3) 测试代码的类的命名一般是"Test+目标测试类的类名"。

(4) 测试代码中的方法有三种。

① 使用@Before 标记的,实现初始化执行测试代码需要的资源。

② 使用@Test 标记的,跟测试目标类的每个方法一一对应的测试代码。

③ 使用@After 标记的,完成测试后需要释放的资源。

(5) 测试方法的逻辑。

① 准备好测试数据。

② 根据测试工具和用户需求(目标代码的实现),确定期望结果。

③ 执行测试方法获取实际结果。

④ 断言实际结果是否同期望结果一致。

10.2.2 TestNG 测试框架

TestNG 是一个测试框架,也是一个开源的自动化测试框架。很多人把 TestNG 理解成 JUnit、特别是 JUnit4 的下一代。实际上它不只是简单扩展 JUnit,它是一个灵感源于 JUnit,目的是为了更优于 JUnit 的自动测试框架,跟 JUnit 是独立的。

TestNG 消除了大部分旧框架的限制,使开发人员能够编写更加灵活、更加强大的测试程序,而且很大程度上借鉴了 Java 注解,可以使测试代码更好地同 Java 新特征整合。

相对其他测试框架,TestNG 有如下自身的特点。

(1) 使用简单的注解说明测试方法。

(2) TestNG 使用 Java 和面向对象编程。

(3) 支持综合测试。

(4) 独立的编译时间、独立的运行测试代码的配置和数据。

(5) 灵活的运行时配置。

(6) 支持测试组设置和运行。

(7) 支持依赖测试、并行测试、负载测试和局部测试。

(8) 灵活的插件 API。

(9) 支持多线程测试。

在 Maven 项目中编写和运行 TestNG 是比较方便的。首先要移除以前在 pom 中配置的 JUnit 依赖,添加 TestNG 依赖,代码如下所示。

```
<dependency>
    <groupId>org.testng</groupId>
    <artifactId>testng</artifactId>
    <version>5.9</version>
    <scope>test</scope>
    <classifier>jdk15</classifier>
</dependency>
```

同 JUnit 类似,TestNG 的依赖范围是 test。另外,TestNG 使用 classifier jdk15 和 jdk14 为不同的 Java 平台提供支持。

接下来在测试代码中将以前引用的 JUnit 的注解、类改成 TestNG 的。注解名称和类名都一样,只是包名不同,常用的类如下。

org. testng. annotations. Test,测试方法的注解。

org. testng. annotations. BeforeMethod,测试方法运行前执行的方法注解。

org. testng. annotations. AfterMethod,测试方法运行后执行的方法注解。

org. testng. annotations. BeforeClass,所有测试方法运行前执行的方法注解。

org. testng. annotations. AfterClass,所有测试方法运行后执行的方法注解。

org. testng. Assert,断言类。

同运行 JUnit 一样,直接使用 mvn test 命令,Maven 会自动执行符合命名模式的测试类。

TestNG 除了可以同 JUnit 一样自动执行符合命名模式的测试类外,还可以通过 testng. xml 配置文件需要运行的测试集合。例如,可以在 Maven 项目的根目录下创建一个 testng. xml 文件,代码如下:

```
<?xml version='1.0' encoding=' UTF-8' ?>
<suite name="TestSuite" verbose="1">
<test name="test1">
<classes>
```

```
    <class name="cn.com.mvnbook.demo.TestNGDemo"/>
</classes>
</test>
</suite>
```

同时，在 maven-surefire-plugin 中声明 testng. xml，代码如下：

```
<plugin>
<groupId>org.apache.maven.plugins</groupId>
<artifactId>maven-surefire-plugin</artifactId>
<version>2.16</version>
<configuration>
<suiteXmlFiles>
    <suiteXmlFile>testng.xml</suiteXmlFile>
</suiteXmlFiles>
</configuration>
</plugin>
```

另外，TestNG 相对 JUnit 还有一个优势，就是可以使用注解的方式对测试方法进行分组标记。在运行的时候可以指定只执行哪个组的测试方法，或哪些组的测试方法，如下所示。

```
@Test(groups={"group1","group2"})
```

表示将对应的方法加入 group1 组和 group2 组。

接下来，可以在 maven-surefire-plugin 插件中配置运行哪些组，代码如下：

```
<plugin>
<groupId>org.apache.maven.plugins</groupId>
<artifactId>maven-surefire-plugin</artifactId>
<version>2.16</version>
<configuration>
    <groups>group1,group3</groups>
</configuration>
</plugin>
```

表示执行当前 TestNG 的时候，只会执行 group1 和 group2 两个组的测试方法。

10.3 Maven 测试插件

在 Maven 项目中，用户基于 JUnit 或 TestNG 编写好了测试代码，接下来怎么执行，并且形成测试报告呢？具体执行测试代码，需要靠 maven-surefire-plugin 插件来实现。

10.3.1 Surefire 插件简介

Maven 本身虽然不是测试框架，但是 Maven 能够在构建执行到特定的生命周期阶段的时候，通过调用插件执行基于 JUnit 和 TestNG 编写好的测试用例。这个插件就是 maven-surefire-plugin 插件，它能很好地兼容 JUnit 系列和 TestNG 测试框架。

在 Maven 的 default 生命周期的 test 阶段，绑定的默认插件是 maven-surefire-plugin。这是一个内置绑定，在默认情况下，maven-surefire-plugin 的 test 阶段会自动执行测试源代码路径下的所有符合命名模式的测试类。符合命名模式的规范是：

(1) **/Test*.java：所有命名为 Test 开头的 Java 类。

(2) **/*Test.java：所有命名为 Test 结尾的 Java 类。

(3) **/*TestCase.java：所有命名为 TestCase 结尾的 Java 类。

只要测试类符合上面的命名模式，Maven 都会自动运行它们，不需要再定义测试集合来声明要执行哪些测试类。

如果测试代码是基于 TestNG 框架的，还可以通过配置文件灵活地指定需要运行的测试案例类。具体的写法请参考前面关于 TestNG 的介绍。

10.3.2 跳过测试

在实际项目中，要使 Maven 的构建过程暂时跳过测试环境（不运行测试案例），可以在执行 mvn 命令的后面通过添加 skipTests 参数实现，代码如下：

```
Mvn package -DskipTests
```

不过虽然可以通过该方式跳过测试阶段，但是这种操作和思路是不提倡的，因为发布和使用一个没有经过测试的构件有很大的风险。

除了可以在 mvn 命令后面通过指定 skipTests 参数标明跳过测试外，还可以在 pom 中的 maven-surefire-plugin 插件配置中进行声明，代码如下：

```
<plugin>
<groupId>org.apache.maven.plugins</groupId>
<artifactId>maven-surefire-plugin</artifactId>
<version>2.16</version>
<configuration>
   <skipTests>true</skipTests>
</configuration>
</plugin>
```

除了在 Maven 构建过程中跳过执行测试代码外，还可以直接跳过对测试的编译。

同样地，这里可以通过命令行指定，也可以通过 pom 的配置文件指定。

Maven 命令指定代码如下：

```
Mvn package -Dmaven.test.skip=true
```

其中，maven.test.skip 参数同时控制 maven-compile-plugin 和 maven-surefire-plugin 两个插件的行为：既跳过了测试代码的编译，也跳过了测试代码的运行。

pom 配置文件的指定代码如下：

```
<plugin>
<groupId>org.apache.maven.plugins</groupId>
<artifactId>maven-compiler-plugin</artifactId>
<version>2.1</version>
<configuration>
    <skip>true</skip>
</configuration>
</plugin>
<plugin>
<groupId>org.apache.maven.plugins</groupId>
<artifactId>maven-surefire-plugin</artifactId>
<version>2.16</version>
<configuration>
    <skip>true</skip>
</configuration>
</plugin>
```

10.3.3 个性化指定运行测试

在实际项目中,用户可能需要灵活地指定运行某些测试案例。这时候,就可以通过 mvn 命令的 test 参数来实现,代码如下:

```
Mvn test -Dtest=TestDemo
```

表示只执行 TestDemo 测试类。

同样地,还可以在 test 参数中,用"*"通配符指定执行符合规则的所有测试类。例如:

```
Mvn test -Dtest=Test*Demo
```

表示执行类名为 Test 开头,Demo 结尾的所有测试类。

如果不嫌麻烦,也可以通过 test 参数明确指定要执行的测试类名。例如:

```
Mvn test -Dtest=TestDemo1,TestDemo2
```

表示执行类名为 TestDemo1 和 TestDemo2 的所有测试类。注意,指定的多个测试类之间要用逗号隔开。

同样,这里也可以将"*"通配符和明确指定测试类的两种方式结合起来,以达到更灵活的效果。例如:

```
Mvn test -Dtest=TestA*,TestDemo1,TestDemo2
```

表示运行类名以 TestA 开头的所有的测试类和 TestDemo1、TestDemo2 测试类。

最后需要说明的是,如果 maven-surefire-plugin 根据 test 参数找不到任何匹配的测试类的话，会报测试失败。例如：

```
Mvn test -Dtest
```

这样的命令肯定找不到一个测试类，就会导致失败。

10.3.4 包含和排除测试

Maven 提倡约定优于配置原则，所以用户在写测试代码的时候，应尽量按规范的模式给测试类起名字。但是有时候难免会出现一些不符合模式的测试类名，而这些测试类又需要执行。这里可以通过如下方式，在 maven-surefire-plugin 中进行配置实现。

```
<plugin>
<groupId>org.apache.maven.plugins</groupId>
<artifactId>maven-surefire-plugin</artifactId>
<version>2.16</version>
<configuration>
<includes>
    <include>**/Demo * .java</include>
</includes>
</configuration>
</plugin>
```

通过上面的配置，Surefire 插件就会自动执行所有命名以 Demo 开头的测试类。同样地，可以通过 excludes 描述排除哪些测试类。例如：

```
<plugin>
<groupId>org.apache.maven.plugins</groupId>
<artifactId>maven-surefire-plugin</artifactId>
<version>2.16</version>
<configuration>
<excludes>
    <exclude>**/ * abc.java</exclude>
    <exclude>**/Temp * .java</exclude>
</excludes>
</configuration>
</plugin>
```

表示不执行所有命名以 abc 结尾的测试类和以 Test 开头的测试类。

10.4 测试报告

在 Maven 构建过程中，除了可以通过查看命令行的提示信息了解测试状况和结果外，还可以使用 Maven 的相关插件生成专业统一的测试报告，这样方便归档、查看和提交测试状况与结果。

10.4.1 基本测试报告

在默认情况下，maven-surefire-plugin 插件会在 Maven 项目的 target/surefire-reports 目录下生成两种格式的错误报告：一种是文本格式；另一种是与 JUnit 兼容的 XML 格式。下面是 MvnBookSSMDemo. Service. Impl 项目中 TestUserServiceImpl 测试案例运行后的报告样例。

1. 文本格式测试报告

```
-------------------------------------------------------------------------------
Test set: cn.com.mvnbook.ssh.demo.service.Impl.TestUserServiceImpl
-------------------------------------------------------------------------------
Tests run: 6, Failures: 0, Errors: 0, Skipped: 0, Time elapsed: 4.906 sec
```

2. XML 格式测试报告

```
<?xml version="1.0" encoding="UTF-8" ?>
<testsuite failures="0" time="4.773" errors="0" skipped="0" tests="6"
    name="cn.com.mvnbook.ssh.demo.service.Impl.TestUserServiceImpl">
<properties>
    <property name="java.runtime.name" value="Java(TM) SE Runtime Environment"/>
    ...
</properties>
<testcase time="2.669"
    classname="cn.com.mvnbook.ssh.demo.service.Impl.TestUserServiceImpl"
    name="testEditUser"/>
    ...
</testsuite>
```

如果要生成 HTML 的测试报告，需要在 pom. xml 中添加 maven-surefire-report-plugin 插件的配置，样例配置代码如下：

```
<build>
<plugins>
<plugin>
<groupId>org.apache.maven.plugins</groupId>
<artifactId>maven-surefire-report-plugin</artifactId>
<version>2.12.2</version>
<configuration>
    <showSuccess>false</showSuccess>
</configuration>
</plugin>
</plugins>
</build>
```

运行测试后，Maven 会自动生成 HTML 版的测试报告，内容同文本和 XML 版本的一样，只是展现的形式是HTML，方便项目相关人员和客户查看。

10.4.2 测试覆盖率报告

测试报告主要报告的是测试代码的运行结果是否正确，至于对软件的测试质量，要依靠测试代码本身的设计和实现。设计和实现得比较详细周到的话，测试的质量就高，否则就会有很多情况没有被测试到，造成软件的漏洞不能被及时发现。

所以为了提高软件本身的质量，除了要设计编写测试案例代码进行测试之外，还必须对代码测试的范围进行一个控制，从而进一步保证软件代码的质量。所以测试覆盖率也是衡量软件代码质量的一个重要参考指标。

Cobertura是一个优秀的测试覆盖率统计工具。在Maven项目中，用户可以通过集成cobertura-maven-plugin插件，再执行Maven命令“mvn cobertura:cobertura”，就可以生成测试覆盖率报告。

当然，要能顺利地生成测试覆盖率报告，需要在pom.xml中配置Cobertura插件，样例配置代码如下：

```
<build>
<plugins>
<plugin>
    <groupId>org.codehaus.mojo</groupId>
    <artifactId>cobertura-maven-plugin</artifactId>
    <version>2.5.1</version>
</plugin>
</plugins>
</build>
```

Cobertura除了有前面介绍的生成测试报告的命令外，还有如下命令。

mvn cobertura:help，查看Cobertura插件的帮助。

mvn cobertura:clean，清空Cobertura插件的运行结果。

mvn cobertura:check，运行Cobertura插件的检查任务。

mvn cobertura:cobertura，运行Cobertura插件的检查任务并生成报表，报表生成在target/site/cobertura目录下。

cobertura:dump-datafile，Cobertura Datafile Dump Mojo。

mvn cobertura:instrument，Instrument the compiled classes。

在target文件夹下出现了一个site目录，下面是一个静态站点，里面就是单元测试的覆盖率报告。

10.5 重用测试代码

在项目开发过程中，程序员经常要将公共的功能代码打包共享给其他模块重复使用，此外还有以前沉淀下来的公共框架代码。这里可以使用mvn package命令将这些代

码打包，构建成构件，发布到仓库中共享，以便其他项目可以做依赖构件使用。

同样地，对那些有着良好设计，能够重复使用在项目的不同模块中、甚至不同项目中的测试代码，也需要打包成构件重复使用，从而减少编写测试代码的工作量。而 mvn package 只会对主代码和资源文件进行打包安装与部署，对测试代码和资源文件是不会处理的。

为了实现将测试代码和资源文件打包安装与部署，可以在 pom 中配置 maven-jar-plugin 插件，样例配置代码如下：

```
<plugin>
<groupId>org.apache.maven.plugins</groupId>
<artifactId>maven-jar-plugin</artifactId>
<version>2.2</version>
<executions>
<execution>
<goals>
    <goal>test-jar</goal>
</goals>
</execution>
</executions>
</plugin>
```

maven-jar-plugin 有两个目标：一个是 jar；另一个是 test-jar。jar 目标有内置绑定到 Maven 的 default 生命周期的 package 阶段，会在 Maven 工程进行构建的时候自动执行，将项目的主代码和资源文件进行打包。test-jar 目标没有内置绑定，所以需要用户在插件配置中声明该目标，从而达到在 Maven 工程构建的时候将测试代码和资源文件打包。test-jar 目标是默认绑定到 default 生命周期的 package 阶段，所以当运行 mvn clean package 命令的时候，能同时将主代码和测试代码分别打包。

最后需要说明的是，当使用测试构件依赖的时候，需要指定依赖的 type 为 test-jar，样例配置代码如下：

```
<dependency>
    <groupId>...</groupId>
    <artifactId>...</artifactId>
    <version>...</version>
    <type>test-jar</type>
    <score>test</score>
</dependency>
```

第11章 灵活构建 Maven 项目

在项目开发过程中，一般都会有开发环境、测试环境和正式运行环境。这些环境的数据库配置一般都不一样。那么在项目构建的时候，就需要根据不同的环境选择对应的配置。同样地，一个项目在开发过程中肯定会形成大量的基础测试。每次运行完所有的测试案例是一个庞大的工程，做全面测试的时候肯定都要运行，而如果每次构建项目的时候运行的话就会很烦琐。这时就需要有一种方式能灵活地指定在特定的时候执行对应的测试案例。

为了应对这些在实际项目中频繁遇到的问题，Maven 提供了动态灵活构建的机制。Maven 提供属性、资源过滤和 profile 三大特征，用户可以在 pom 和资源文件中使用 Maven 属性表示可能变化的量，通过不同的 profile 中的属性值和资源过滤特征，为不同环境执行不同的构建。接下来将介绍怎样使用 Maven 的这三个特征，实现项目在不同环境下的灵活配置和操作。

11.1 Maven 属性

对 Maven 属性的使用，这里其实应该不陌生。比如 SpringPOM 工程中的 pom. xml 有如下代码。

```
<properties>
    <project.build.sourceEncoding>UTF-8</project.build.sourceEncoding>
    <project.build.spring.version>4.2.7.RELEASE</project.build.spring.
    version>
</properties>
<dependencies>
    <dependency>
        <groupId>org.springframework</groupId>
        <artifactId>spring-core</artifactId>
        <version>${project.build.spring.version}</version>
    </dependency>
    <dependency>
        <groupId>org.springframework</groupId>
        <artifactId>spring-aop</artifactId>
        <version>${project.build.spring.version}</version>
    </dependency>
    …
</dependencies>
```

在上面的代码中，就在 properties 中定义了 project. build. spring. version 属性，描述了 Spring 的 4. 2. 7. RELEASE 版本信息，然后在依赖的 version 中使用 ${project. build. spring. version}，从而统一 Spring 所有相关构件的版本。这样不仅能降低错误的发生概率，而且还能减少升级版本的工作量（不用每个构件都去修改版本，只要修改属性描述的版本就行）。

前面只是 Maven 属性中的一种体现形式。在 Maven 中一共有六类属性。

11.1.1 内置属性

在 Maven 中主要有两个常用的内置属性，它们分别是 ${basedir} 和 ${version} 属性。${basedir} 表示项目的根目录，也就是包含 pom. xml 文件的目录；${version} 表示项目的版本。

11.1.2 POM 属性

用户可以通过 POM 属性，引用 POM 文件中对应元素的值，比如 ${project. artifactId} 就对应 project→artifactId 元素的值。常用的 POM 属性包括以下方面。

（1） ${project. build. sourceDirectory}：项目的主源码目录，默认是 src/main/java。

（2） ${project. build. testSourceDirectory}：项目的测试源码目录，默认是 src/test/java。

（3） ${project. build. directory}：项目构建输出目录，默认是 target。

（4） ${project. outputDirectory}：项目主代码编译输出目录，默认是 target/classes。

（5） ${project. testOutputDirectory}：项目测试代码编译输出目录，默认是 target/testclasses。

（6） ${project. groupId}：项目的 groupId。

（7） ${project. artifactId}：项目的 artifactId。

（8） ${project. version}：项目的版本。

（9） ${project. build. finalName}：项目输出的文件名称，默认为 ${project. artifactId}-${project. version}。

这些属性都在 pom 中有对应的元素。它们中一些属性的默认值都在超级 pom 中有定义，详细情况可以参考超级 pom. xml。Maven 的超级 pom 文件在 $MAVEN_HOME/lib/maven-model-builder-x. x. x. jar 中的 org/apache/maven/model 目录下，文件名为 pom-4. 0. 0. xml。

11.1.3 自定义属性

用户可以在 pom 的 properties 中定义自己的 Maven 属性，然后在后面重复使用，同在前面提到的 SpringPOM 的 pom. xml 中定义的 Spring 的版本信息一样。

11.1.4 Settings 属性

Settings 属性同 POM 属性是一样的，可以用以“settings. ”开头的属性引用 settings.

xml 文件中 XML 元素的值。如使用 ${settings.localRepository}指向用户本地仓库的地址。

11.1.5 Java 系统属性

所有的 Java 系统属性都可以通过 Maven 属性引用，比如 ${user.home}指向的就是用户目录。用户可以通过使用“mvn help:system”命令查看所有的 Java 系统属性，例如：

```
PROGRAMW6432=C:\Program Files
COMMONPROGRAMW6432=C:\Program Files\Common Files
WINDOWS_TRACING_LOGFILE=C:\BVTBin\Tests\installpackage\csilogfile.log
PROCESSOR_ARCHITECTURE=AMD64
VISUALSVN_SERVER=C:\Program Files (x86)\VisualSVN Server\
CLASSWORLDS_LAUNCHER=org.codehaus.plexus.classworlds.launcher.Launcher
PROGRAMDATA=C:\ProgramData
...
```

11.1.6 环境变量属性

所有的环境变量都可以用以“evn.”开头的 Maven 属性引用。比如，${evn.JAVA_HOME}就指向引用了 JAVA_HOME 环境变量的值。同查看 Java 系统属性一样，用户可以使用命令“mvn help:system”查看到所有的环境变量。

在 Maven 项目中，适当地使用这些 Maven 属性可以简化 pom 的配置和维护工作，而且能将公共的信息很好地统一起来，避免不必要的错误。

11.2 需要灵活处理的构建环境

在不同的环境里面，项目的源代码需要使用不同的方式进行构建，从而适应环境的需要。比如，数据库配置在开发过程中，程序员会将数据库的配置信息放在 src/main/resources 目录下配置基于 Oracle 数据库驱动，使用 Oracle 数据库中的用户名和密码连接 Oracle 数据库。但是为了方便，在测试时需要基于 MySQL 数据库驱动，使用 MySQL 用户名和密码连接 MySQL 数据库。为了解决这样的问题，可以在测试时将 resources 中的连接数据库的信息改成 MySQL 数据库相关的信息。在正式构件发布前把数据库的配置信息改成 Oracle 相关的连接信息。

现在，Maven 就针对这种情况提供了自动切换的方法。

11.3 资源过滤

为了适应环境的变化，需要使用 Maven 属性将这些将会变化的部分提取出来，用一个特殊的方式描述它们。这个道理同在代码中定义变量，用一个变量描述一个值一样。比如，上面提到的数据库配置，就可以在配置文件中用 Maven 属性代替以前写的配置信息，例如：

```
db.jdbc.driverClass=${db.driver}
db.jdbc.connectionURL=${db.url}
db.jdbc.username=${db.username}
db.jdbc.password=${db.password}
```

这样就定义四个 Maven 属性，它们的名称分别是 db. driver、db. url、db. username、db. password。用户可以根据自己的需要和习惯自定义这些名称。

接下来，就需要在某个地方给这些 Maven 属性赋予真实的，能用来连接数据库的值了。

可以按前面章节定义 Maven 属性的方式，在 pom. xml 的 properties 中定义 Maven 属性，并且给它们赋值。但是这样不方便根据环境的变化而自动切换，所以这里介绍一下用 profile 的方式进行定义。例如：

```
<profiles>
<profile>
<id>dev_evn</id>
<properties>
    <db.driver>com.mysql.jdbc.Driver<db.driver>
    <db.url>jdbc:mysql://localhost:3306/test<db/url>
    <db.username>root</db.username>
    <db.password>root</db.password>
</properties>
</profile>
</profiles>
```

这里的声明方式同在 properties 元素中声明的方式实际上是一样的。唯一不同的是，把它们放在 profile 中包装，同时用一个名称为"dev_evn"的 id 标识，这样就可以将开发环境的配置同其他环境的配置区分开。

现在定义了 Maven 属性，同时在配置文件中也使用这些定义好的 Maven 属性，是不是就可以正常构建起来了呢？当然还是不行的，因为 Maven 属性只能在 pom. xml 中才能被解析出来。也就是说，${db. username}在 pom 中可以被 Maven 解析成 root。但是如果放在资源目录（src/main/resources）下的文件中，Maven 在构建的时候就不能将 ${db. username}转变成 root。这时候就需要想办法让 Maven 能解析资源文件中的 Maven 属性。

在 Maven 中，对资源文件进行处理的工作是由 maven resource plugin 插件完成的，它默认的工作是将项目主资源文件复制到主代码编译输出目录中，将测试资源文件复制到测试代码编译输出目录中。当然，也可以通过一些简单的 pom 配置，让 maven resource plugin 插件能解析资源文件中的 Maven 属性，也就是开启资源过滤功能。

Maven 是在超级 pom 中定义主资源目录和测试资源目录。为了开启资源过滤功能，需要在 pom 中添加一个 filtering 配置，代码如下：

```
<resources>
<resource>
    <directory>${project.basedir}/src/main/resources</directory>
    <filtering>true</filtering>
</resource>
</resources>
<testResources>
<testResource>
    <directory>${project.basedir}/src/test/resources</directory>
    <filtering>true</filtering>
</testResource>
</testResources>
```

根据前面的介绍,Maven可以实现多个主资源目录和测试资源目录的配置,而且可以根据需要将部分资源目录的过滤功能开启,而屏蔽其他的资源目录的过滤功能。

按照项目的需要,遵循前面的规则,在pom中配置好后就可以在mvn命令中用-P参数激活指定id对应的profile进行动态构建了。比如执行:

```
Mvn clean install -Pdev_evn
```

基于配置好的Maven,在执行时会将配置的数据库连接信息构建到Maven项目中。

11.4 Maven的profile

为了实现不同环境构建的不同需求,这里使用到了profile。因为profile能够在构建时修改pom的一个子集,或者添加额外的配置元素。接下来介绍Maven中对profile的配置和激活。

11.4.1 针对不同环境的profile的配置

为了体现不同环境的不同构建,需要配置好不同环境的profile,代码如下:

```
<profiles>
<profile>
<id>dev_evn</id>
<properties>
    <db.driver>com.mysql.jdbc.Driver<db.driver>
    <db.url>jdbc:mysql://localhost:3306/test<db/url>
    <db.username>root</db.username>
    <db.password>root</db.password>
</properties>
```

```
</profile>
<profile>
<id>test_evn</id>
<properties>
    <db.driver>com.mysql.jdbc.Driver<db.driver>
    <db.url>jdbc:mysql://localhost:3306/test_db<db/url>
    <db.username>root</db.username>
    <db.password>root</db.password>
</properties>
</profile>
</profiles>
```

在两个不同的 profile 中，配置了同样的属性，不一样的值。按照前面的介绍，在开发时可以用 mvn 命令后面添加"-Pdev_evn"激活"dev_evn profile"；在测试时，使用 mvn 命令后面添加"-Ptest_evn"激活"test_evn profile"。

11.4.2　激活 profile 配置

在 Maven 中，可以选用如下的方式激活 profile。

1. 命令行激活

用户可以在 mvn 命令行中添加参数"-P"，指定要激活的 profile 的 id。如果一次要激活多个 profile，可以用逗号分开一起激活。例如：

```
mvn clean install -Pdev_env,test_evn
```

这个命令就同时激活了 id 为"dev_evn"和"test_evn"的两个 profile。

2. Settings 文件显示激活

如果希望某个 profile 默认一直处于激活状态，可以在 settings.xml 中配置 activeProfiles 元素，指定某个 profile 为默认激活状态，样例配置代码如下：

```
<settings>
...
<activeProfiles>
    <activeProfile>dev_evn</activeProfile>
</activeProfiles>
...
</settings>
```

3. 系统属性激活

可以配置当某个系统属性存在时激活 profile，代码如下：

```
<profiles>
<profile>
  …
<activation>
<property>
    <name>profileProperty</name>
</property>
</activation>
</profile>
</profiles>
```

甚至还可以进一步配置某个属性的值是什么时候激活，例如：

```
<profiles>
<profile>
  …
<activation>
<property>
    <name>profileProperty</name>
    <value>dev</value>
</property>
</activation>
</profile>
</profiles>
```

这样就可以在mvn中用“-D”参数来指定激活，例如：

```
Mvn clean install -DprofileProperty=dev
```

表示激活属性名称为profileProperty，值为dev的profile。

实际上这也是一种命令激活profile的方法，只是用的是“-D”参数指定激活的属性和值，而前面的是用的“-P”参数指定激活的profile的id而已。

4. 操作系统环境激活

用户可以通过配置指定不同操作系统的信息，实现不同操作系统做不同的构建。例如：

```
<profiles>
<profile>
<activation>
<os>
    <name>Window XP</name>
    <family>Windows</family>
    <arch>x86</arch>
    <version>5.1.2600</version>
```

```
</os>
</activation>
</profile>
</profiles>
```

family 的值是 Windows、UNIX 或 Mac；name 为操作系统名称；arch 为操作系统的架构；version 为操作系统的版本。具体的值可以通过查看环境中的系统属性“os. name”“os. arch”和“os. version”获取。

5. 文件存在与否激活

当然，也可以通过配置判断某个文件存在与否来决定是否激活 profile，样例配置代码如下：

```
<profiles>
<profile>
<activation>
<file>
    <missing>t1.properties</missing>
    <exists>t2.properties</exists>
</file>
</activation>
</profile>
</profiles>
```

6. 默认激活

最后，还可以配置一个默认的激活 profile，例如：

```
<profiles>
<profile>
<activation>
    <activeByDefault>true</activeByDefault>
</activation>
</profile>
</profiles>
```

需要注意的是，如果 pom 中有任何一个 profile 通过其他方式被激活的话，所有配置成默认激活的 profile 都会自动失效。

可以使用如下命令查看当前激活的 profile。

```
Mvn help:active-profiles
```

也可以使用如下命令查看所有的 profile。

```
Mvn help:all-profiles
```

11.4.3 profile的种类

前面介绍了 profile 的意义和激活方式。那么在 Maven 中,有哪些 profile? 如何配置呢?

根据 profile 配置的位置不同,可以将 profile 分成如下几种。

1. pom. xml

pom. xml 中声明的 profile 只对当前项目有效。

2. 用户 settings. xml

在用户目录下的". m2/settings. xml"中的 profile,对本机上的该用户的所有 Maven 项目有效。

3. 全局 settings. xml

在 Maven 安装目录下 conf/settings. xml 中配置的 profile,对本机上所有项目都有效。

为了不影响其他用户且方便升级 Maven,一般配置自己的 settings. xml,不要轻易修改全局的 settings. xml。同样的道理,一般不需要修改全局 settings. xml 中的 profile。

不同类型的 profile 中可以声明的 pom 元素是不一样的,pom. xml 中的 profile 能够随同 pom. xml 一起提交到代码仓库中,被 Maven 安装到本地仓库里面,并且能被部署到远程 Maven 仓库中。也就是说,可以保证 profile 伴随特定的 pom. xml 一起存在。所以它可以修改或者添加很多 pom 元素,例如:

```
<project>
<repositories></repositories>
<pluginRepositories></pluginRepositories>
<dependencies></dependencies>
<dependencyManagement></dependencyManagement>
<modules></modules>
<properties></properties>
<reporting></reporting>
<build>
    <plugins></plugins>
    <defaultGoal></defaultGoal>
    <resources></resources>
    <testResources></testResources>
    <finalName></finalName>
</build>
</project>
```

如上代码所示,在 pom 中的 profile 元素比较多,可以添加或修改插件配置、项目资源目录、测试资源目录配置和项目构建的默认名称等。

除了 pom 中的 profile 外,其他外部的 profile 可以配置的元素相对就少些,因为那些外部 profile 无法保证同项目中的 pom. xml 一起发布。如果在外部 profile 中配置了项目依赖，开发用户可以在本地编译，但是因为依赖配置没有随同 pom. xml 一起发布部署到仓库中，别的用户下载了该项目后，就会因为缺少依赖而失败。为了避免这样的不一致情况，很多在 pom 的 profile 可以出现的元素不允许在外部 profile 中出现。

在外部 profile 可以声明的元素如下：

```
<project>
    <repositories></repositories>
    <pluginRepositories></pluginRepositories>
    <properties></properties>
</project>
```

这些外部 profile 元素不足以影响项目的正常构建，只会影响项目的仓库和 Maven 属性。

11.5　Web 资源过滤

在 Web 项目中，src/main/resources 目录下的资源文件会打包到 war 的 WEB-INF/classes 目录下，也是 Java 代码编译后的 class 所在的目录。换句话说，这些资源文件打包后，会放在应用程序的 classpath 目录中。另外，还有 src/main/webapp 目录下的资源文件，打包后会放在 war 的根目录下。

同一般的资源文件一样，Web 资源文件默认是不会被过滤的，即使开启一般资源文件的过滤功能，也不会影响 Web 资源文件。

不过有的用户希望在构建项目的时候为不同客户使用不一样的资源文件。比如，需要为不同客户构建不同的 logo 图片。这时候，就可以在 Web 资源文件中使用 Maven 属性来达到灵活构建的效果。

例如，可以用 ${client. logo}表示客户的图片名称，然后在 profile 中做如下定义。

```
<profiles>
<profile>
<id>client-cyedu</id>
<properties>
    <client.logo>cyedu.jpg</client.logo>
</properities>
</profile>
<profile>
<id>client-maven</id>
<properties>
    <client.logo>maven.jpg</client.logo>
</properities>
</profile>
</profiles>
```

接下来在 pom 中配置 maven-war-plugin 插件，对 src/main/webapp 资源目录开启过滤功能，代码如下：

```
<plugin>
<groupId>org.apache.maven.plugins</groupId>
<artifactId>maven-war-plugin</artifactId>
<version>2.6</version>
<configuration>
<webResources>
<resource>
<filtering>true</filtering>
<directory>src/main/webapp</directory>
<includes>
   <include>**/*.css</include>
   <include>**/*.js</include>
</includes>
</resource>
</webResources>
</configuration>
</plugin>
```

如上代码所示，使用 directory 指定要开启过滤功能的目录为 src/main/webapp，使用 includes 元素指定要过滤的文件，这里是所有的 CSS 和 JS 文件。

完成上面的配置，使用命令“mvn clean install -Pclient-cyedu”表示使用 cyedu.jpg 图片，使用命令“mvn clean install -Pclient-maven”表示使用 maven.jpg 图片。

11.6 在 profile 中激活集成测试

在正规项目开发过程中，开发人员和测试人员需要编写大量的测试案例对项目代码测试。这些测试案例一般分为单元测试和集成测试。单元测试是对单个类中的一个个方法进行测试，比较具体，运行速度快；集成测试属于模块级测试，比较宏观，涉及的内容多，运行速度慢。在项目后期的集成和系统测试阶段，频繁地执行集成测试案例是有必要的，但是在平常开发过程中还自动执行集成测试案例的话，效率会很低。

可以利用 TestNG 中的组的概念，为所有的单元测试标记成单元测试组，系统测试标记成系统测试组，然后在 Maven 指定执行哪些组达到灵活执行必要的测试案例效果，提高测试效率。具体样例代码如下所示。

使用 Test 标签对测试案例分组。

```
@Test(groups={"unit"})              //指定 unit 组的测试方法
@Test(groups={"integration"})       //指定 integration 组的测试方法
```

Maven 配置。

```
<project>
<build>
<plugins>
<plugin>
<groupId>org.apache.maven.plugins</groupId>
<artifactId>maven-surefire-plugin</artifactId>
<version>2.16</version>
<configuration>
   <groups>unit</groups>
</configuration>
</plugin>
</plugins>
<profiles>
<profile>
<id>full</id>
<build>
<plugins>
<plugin>
<groupId>org.apache.maven.plugins</groupId>
<artifactId>maven-surfire-plugin</artifactId>
<version>2.16</version>
<configuration>
   <groups>unit, integration</groups>
</configuration>
</plugin>
</plugins>
</build>
</profile>
</profiles>
</build>
</project>
```

如上代码所示，在 maven-surefire-plugin 中配置了默认执行 unit 测试组。如果要执行全面测试的话，可以激活 full profile，执行 unit 和 integration 两个测试组。

第12章

自定义 Maven 插件

通过前面对 Maven 的介绍可以知道，Maven 是一个系统管理框架或体系，专注管理构建的生命周期和各个阶段。真正工作的是绑定到各个阶段的 Maven 插件。每个插件具有一个或一个以上的目标，可以将这些插件的目标绑定到 Maven 生命周期的各个阶段中，或直接从命令行运行这些插件的目标。

用户可以从 Apache 和其他的参考 Maven 中心仓库获取。当然，这些插件基本上能满足大部分程序员的需求，但是在特殊情况下，有些极个别的功能可能在中心仓库中找不到，这时候怎么办呢？一个是耐心地等待别人分享；另一个是自己动手，完成一个实现该功能的插件。

其实编写插件也并不是很难的事情。接下来就介绍一下，如何编写能绑定到 Maven 生命周期的阶段中自动被调用执行的 Maven 插件。

12.1 自定义 Maven 插件简介

为了方便用户对编写 Maven 插件的方向和过程有个总体的了解，先介绍一下编写 Maven 插件的基本步骤。

(1) 创建 Maven 项目。插件的功能肯定需要编写 Java 类的，所以插件本身就是一个 Maven 项目。当然，相对于以前研究的 Maven 项目，插件项目有它的特殊点：packaging 必须是 maven-plugin 类型，可以通过 maven-archetype-plugin 快速创建一个 Maven 插件项目。

(2) 编写插件目标。每个插件都至少包含一个目标，每个目标对应一个独立的 Java 类。这里把这种类叫 Mojo 类(对象)。Mojo 类必须继承 AbstractMojo 父类。

(3) 设置目标的配置点。大部分 Maven 插件和它的目标都是可以配置的。根据需要，可以在编写 Mojo 的时候给它设置好可以配置的参数。

(4) 编写逻辑代码，实现目标功能。用 Java 代码实现插件的功能。

(5) 处理错误和日志。当 Mojo 运行的时候发生异常时，需要根据情况控制 Maven 的运行状况，并且用代码实现必要的日志输出，为用户提供必要的提示信息。

(6) 测试插件。编写测试案例，绑定(或命令行)执行插件。

12.2 自定义 Maven 插件案例

为了快速学习自定义 Maven 插件的过程，接下来将实现一个简单的 Hello Maven 插件，功能很简单：输出 Hello World 插件。具体步骤和操作如下。

创建 Maven 新项目，选择 maven-archetype-plugin 项目向导，如图 12-1 所示。

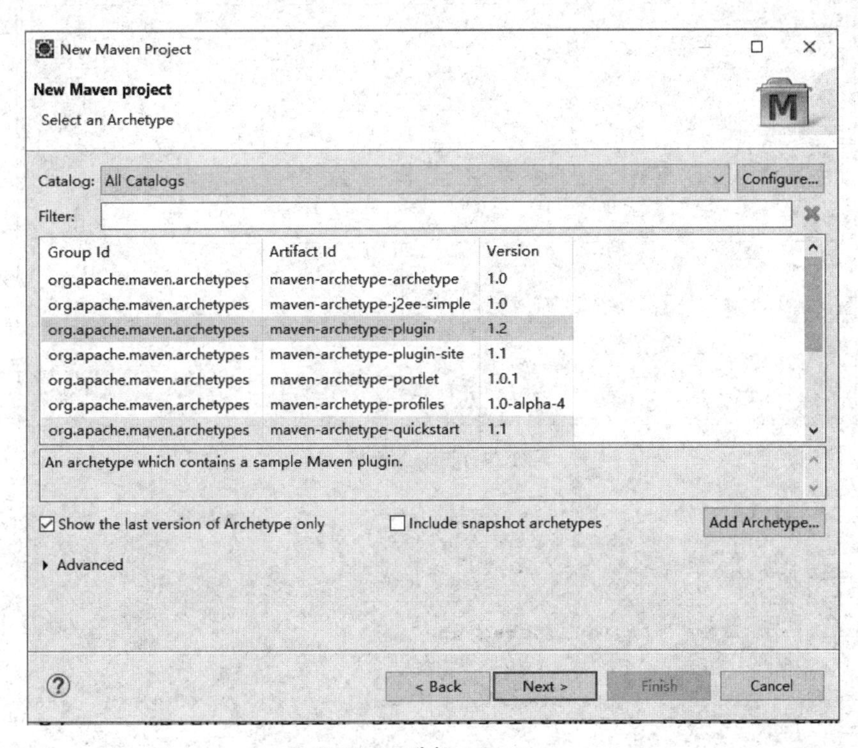

图 12-1 选择 Archetype

单击 Next 按钮，进入设置 Maven 插件参数界面，输入要创建的插件的 groupId、artifactId 和版本，还有包名，如图 12-2 所示。

单击 Finish 按钮，Archetype 插件会自动创建好一个 Maven 插件项目。因为现在用的 Maven 是 3.x 版本的，所以有必要调整 Maven 插件项目必须依赖的 maven-plugin-api 的版本：从 2.x 改成 3.x。这里用的是 3.3.9 版本。样例项目中的 pom 配置如下，注意粗体标识部分。

```
<project xmlns="http://maven.apache.org/POM/4.0.0
     xmlns:xsi="http://www.w3.org/2001/XMLSchema-instance"
     xsi:schemaLocation="http://maven.apache.org/POM/4.0.0
     http://maven.apache.org/xsd/maven-4.0.0.xsd">
     <modelVersion>4.0.0</modelVersion>
```

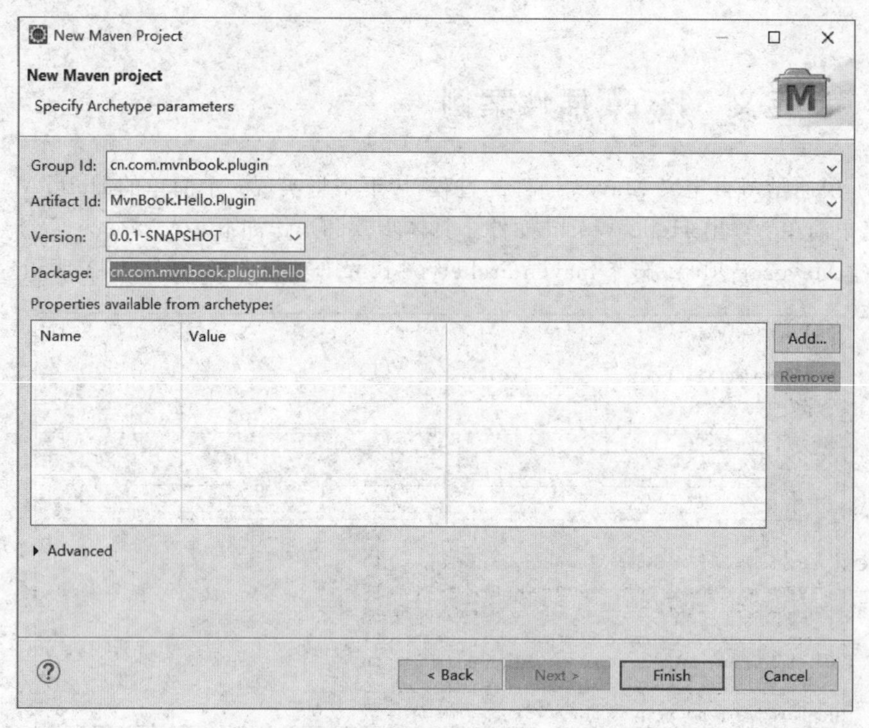

图 12-2 输入坐标

```
<groupId>cn.com.mvnbook.plugin</groupId>
<artifactId>MvnBook.Hello.Plugin</artifactId>
<version>0.0.1-SNAPSHOT</version>
<packaging>maven-plugin</packaging>
<name>MvnBook.Hello.Plugin Maven Plugin</name>
<!--FIXME change it to the project's website -->
<url>http://maven.apache.org</url>
<properties>
    <project.build.sourceEncoding>UTF-8</project.build.sourceEncoding>
</properties>
<dependencies>
<dependency>
    <groupId>org.apache.maven</groupId>
    <artifactId>maven-plugin-api</artifactId>
    <version>3.3.9</version>
</dependency>
<dependency>
    <groupId>org.apache.maven.plugin-tools</groupId>
    <artifactId>maven-plugin-annotations</artifactId>
    <version>3.2</version>
    <scope>provided</scope>
</dependency>
<dependency>
```

```
    <groupId>org.codehaus.plexus</groupId>
    <artifactId>plexus-utils</artifactId>
    <version>3.0.8</version>
</dependency>
<dependency>
    <groupId>junit</groupId>
    <artifactId>junit</artifactId>
    <version>4.7</version>
    <scope>test</scope>
</dependency>
</dependencies>
<build>
<plugins>
<plugin>
<groupId>org.apache.maven.plugins</groupId>
<artifactId>maven-plugin-plugin</artifactId>
<version>3.2</version>
<configuration>
    <goalPrefix>MvnBook.Hello.Plugin</goalPrefix>
    <skipErrorNoDescriptorsFound>true</skipErrorNoDescriptorsFound>
</configuration>
<executions>
<execution>
<id>mojo-descriptor</id>
<goals>
    <goal>descriptor</goal>
</goals>
</execution>
<execution>
<id>help-goal</id>
<goals>
    <goal>helpmojo</goal>
</goals>
</execution>
</executions>
</plugin>
</plugins>
</build>
<profiles>
<profile>
<id>run-its</id>
<build>
<plugins>
<plugin>
<groupId>org.apache.maven.plugins</groupId>
<artifactId>maven-invoker-plugin</artifactId>
<version>1.7</version>
<configuration>
```

```
<debug>true</debug>
<cloneProjectsTo>${project.build.directory}/it</cloneProjectsTo>
<pomIncludes>
    <pomInclude>*/pom.xml</pomInclude>
</pomIncludes>
<postBuildHookScript>verify</postBuildHookScript>
<localRepositoryPath>${project.build.directory}/local-repo
</localRepositoryPath>
<settingsFile>src/it/settings.xml</settingsFile>
<goals>
    <goal>clean</goal>
    <goal>test-compile</goal>
</goals>
</configuration>
<executions>
<execution>
<id>integration-test</id>
<goals>
    <goal>install</goal>
    <goal>integration-test</goal>
    <goal>verify</goal>
</goals>
</execution>
</executions>
</plugin>
</plugins>
</build>
</profile>
</profiles>
```

到现在为止，基本上创建好了 Maven 插件项目。

在 cn.com.mvnbook.plugin.hello 包下，创建 Java 类 HelloName，继承 AbstractMojo，并且在类上面使用@goal 指定该 Mojo 的目标名称为 name，样例配置代码如下：

```
package cn.com.mvnbook.plugin.hello;
import org.apache.maven.plugin.AbstractMojo;
import org.apache.maven.plugin.MojoExecutionException;
import org.apache.maven.plugin.MojoFailureException;

/**
 * @goal name
**/
public class HelloName extends AbstractMojo {
    public void execute() throws MojoExecutionException, MojoFailureException {
    }
}
```

在前面的代码基础上添加一个 name 属性，用来接收运行插件的时候传过来的 name

参数,并且使用@parameter 将 name 属性标注成配置点,样例配置代码如下:

```
package cn.com.mvnbook.plugin.hello;
import org.apache.maven.plugin.AbstractMojo;
import org.apache.maven.plugin.MojoExecutionException;
import org.apache.maven.plugin.MojoFailureException;

/**
 * @goal name
**/
public class HelloName extends AbstractMojo {
    /**
     * @parameter expression="${name}"
     * @required
     * @readonly
     **/
    String name;
    public void execute() throws MojoExecutionException, MojoFailureException {
    }
}
```

在 HelloName 类中的 execute()方法中添加插件要实现的逻辑代码。这里的 HelloName 的功能很简单,只是打印问候,所以样例配置代码如下:

```
package cn.com.mvnbook.plugin.hello;
import org.apache.maven.plugin.AbstractMojo;
import org.apache.maven.plugin.MojoExecutionException;
import org.apache.maven.plugin.MojoFailureException;

/**
 * @goal name
**/
public class HelloName extends AbstractMojo {
    /**
     * @parameter expression="${name}"
     * @required
     * @readonly
    **/
    String name;
    public void execute() throws MojoExecutionException, MojoFailureException {
        System.out.println("Hello "+name);
    }
}
```

这个插件的目的是打印对 name 的问候。如果 name 为空,或是空字符串,这样的问候就没什么意义了。用户就需要中止问候,并且以日志方式提示用户,样例配置代码如下:

```
package cn.com.mvnbook.plugin.hello;
import org.apache.maven.plugin.AbstractMojo;
import org.apache.maven.plugin.MojoExecutionException;
import org.apache.maven.plugin.MojoFailureException;

/**
 * @goal name
**/
public class HelloName extends AbstractMojo {
    /**
     * @parameter expression="${name}"
     * @required
     * @readonly
    **/
    String name;
    public void execute() throws MojoExecutionException, MojoFailureException {
        If(this.name==null || this.name.trim().equals("")){
            // 异常处理
            throw new MojoExecutionException("name 参数必须设置有效的值");
        }else{
            System.out.println("Hello "+name);
            // 日志处理
            this.getLog().info("这是运行日志提示：执行完问候" );
        }
    }
}
```

到现在为止，HelloName Maven 插件的编写就完成了。要进行插件测试的话，还需要将自定义插件安装好，如果要共享给其他开发人员的话，还必须安装到私服或外面的中央仓库中。

运行 mvn install 就可以完成在本地仓库的安装，如果要安装私服或中央仓库，请参考前面关于 Archiva 私服相关的介绍。

在命令行中输入如下命令。

```
Mvn cn.com.mvnbook.plugin:MvnBook.Hello.Plugin:name -Dname=zhangsan
```

命令执行效果如下：

```
[INFO] ------------------------------------------------------------
[INFO]
[INFO] ---MvnBook.Hello.Plugin:0.0.1-SNAPSHOT:name (default-cli) @
MvnBookDemoPlugin ---
Hello lisi
[INFO] 这是运行日志提示：执行完问候
[INFO] ------------------------------------------------------------
[INFO] BUILD SUCCESS
```

```
[INFO] ------------------------------------------------------------------------
[INFO] Total time: 1.139 s
[INFO] Finished at: 2017-01-08T11:55:48+08:00
[INFO] Final Memory: 8M/108M
[INFO] ------------------------------------------------------------------------
```

创建一个简单的 Maven 项目，在它的 pom 中添加 HelloName 插件如下：

```
<build>
    <plugins>
        <plugin>
            <groupId>cn.com.mvnbook.plugin</groupId>
            <artifactId>MvnBook.Hello.Plugin</artifactId>
            <version>0.0.1-SNAPSHOT</version>
            <executions>
                <execution>
                    <goals>
                        <goal>name</goal>
                    </goals>
                    <phase>test</phase>
                </execution>
            </executions>
            <configuration>
                <name>lisi</name>
            </configuration>
        </plugin>
    </plugins>
</build>
```

执行 mvn test，可以看到如下日志。

```
Tests run: 1, Failures: 0, Errors: 0, Skipped: 0
[INFO]
[INFO] ---MvnBook.Hello.Plugin:0.0.1-SNAPSHOT:name (default) @
MvnBookDemoPlugin ---
Hello lisi
[INFO] 这是运行日志提示：执行完问候
[INFO] ------------------------------------------------------------------------
[INFO] BUILD SUCCESS
```

12.3 自定义 Maven 插件的详细说明

前面实现了简单自定义 Maven 插件的编写和测试，在代码中用到了@goal 和@parameter，分别用来标记插件的目标和参数。接下来详细介绍编写 Maven 插件要用到的标记。

12.3.1 Mojo 标记

自定义 Maven 插件的常用标记如下所示。

(1) @goal <name>

这是自定义 Maven 插件 Mojo 代码中唯一必须声明的标记，用来声明该 Mojo 的目标名称。

(2) @phase <name>

声明默认将该目标绑定到 default 生命周期的某个阶段。这样在配置使用该插件目标时就可以不声明 phase。

(3) @requiresDependecyResolution <scope>

声明运行该 Mojo 之前必须解析哪些范围的依赖。比如 maven-surefire-plugin 的 test 目标中，就用@requireDependecyResolution test 标注必须解析完测试访问的所有依赖(compile、test 和 runtime)。该标记的默认值是 runtime。

(4) @requiresProject <true/false>

声明该目标是不是必须在一个 Maven 项目中运行，默认值是 true。

大部分 Maven 插件的目标都需要依赖一个项目才能执行。但有例外，比如 maven-help-plugin 插件中的 system 目标，是用来显示系统属性和环境变量属性信息的，就不必要强制依赖一个项目才能运行，所以就用@requiresProject false 声明。

(5) @requiresDirectInvoction <true/false>

声明该目标是否只能使用命令行调用，默认值是 false，既可以在命令行中调用，也可以在 pom 中配置绑定生命周期阶段。如果是 true 的话，就只支持在命令行中执行；如果在 pom 中进行配置绑定生命周期阶段的话，Maven 就会异常。

(6) @requiresOnline <true/false>

声明 Maven 是不是必须是在线状态，默认值是 false。

(7) @requiresReport <true/false>

声明是否要求项目报告已经生成，默认值是 false。

(8) @aggregator

在多模块的 Maven 项目中，声明该目标是否只在顶层模块构建的时候执行。如 maven-javadoc-plugin 的 aggregator-jar 就使用@aggregator 标记，它只会在顶层项目生成一个已经聚合的 JavaDoc 文档。

(9) @execute goal="<goal>"

声明执行该目标之前，先执行指定的目标。

如果该目标是自己插件的另外一个目标，直接 goal="目标名"。

如果该目标是另外一个插件的目标，就需要写成 goal="目标前缀:目标名"。

(10) @execute phase="<phase>"

声明在执行该目标之前，Maven 先运行到当前生命周期的指定阶段。

(11) @execute lifecycle="<lifecycle>" phase="<phase>"

声明在执行该目标之前，Maven 运行到指定生命周期的指定阶段。

12.3.2　Mojo 参数

在 Mojo 中，一般都会有一个或多个 Mojo 参数需要配置，会用@parameter 标记。

Maven 执行 Boolean、Int、Float、String、Date、File 和 URL 等单值类型的参数，多值类型的参数包括数组、Collection、Map、Properties 等。下面分别介绍它们的配置。

1. Boolean（boolean、Boolean）

标记形式：

```
/**
* @parameter
* /
private boolean testBoolean;
```

pom 中的配置：

```
<testBoolean>value</testBoolean>
```

2. Int（Integer、long、Long、short、Short、byte、Byte）

标记形式：

```
/**
* @parameter
* /
private int testInt;
```

pom 中的配置：

```
<testInt>value</testInt>
```

3. Float（Float、double、Double）

标记形式：

```
/**
* @parameter
* /
private double testDouble;
```

pom 中的配置：

```
<testDouble>value</testDouble>
```

4. String（StringBuffer、char、Character）

标记形式：

```
/**
 * @parameter
 * /
private String testString;
```

pom 中的配置：

```
<testString>value</testString>
```

5. Date（yyyy-MM-dd hh：mm：ssa）

标记形式：

```
/**
 * @parameter
 * /
private Date testDate;
```

pom 中的配置：

```
<testDate>value</testDate>
```

6. File

标记形式：

```
/**
 * @parameter
 * /
private File testFile;
```

pom 中的配置：

```
<testFile>value</testFile>
```

7. URL

标记形式：

```
/**
 * @parameter
 * /
private URL testUrl;
```

pom 中的配置：

```
<testUrl>value</testUrl>
```

8．数组

标记形式：

```
/**
* @parameter
* /
Private String[] test
```

pom 中的配置：

```
<includes>
    <include>abc</include>
    <include>efg</include>
</includes>
```

9．Collection

标记形式：

```
/**
* @parameter
* /
Private String[] tests
```

pom 中的配置：

```
<tests>
    <test>abc</test>
    <test>efg</test>
</tests>
```

10．Map

标记形式：

```
/**
* @parameter
* /
Private Map test
```

pom 中的配置：

```
<test>
    <key1>value1</key1>
    <key2>value2</key2>
</test>
```

11．Properties

标记形式：

```
/**
 * @parameter
 * /
Private Properties tests;
```

pom 中的配置：

```
<tests>
<property>
    <name>name1</name>
    <value>value1</value>
</property>
<property>
    <name>name2</name>
    <value>value2</value>
</property>
</tests>
```

除了直接使用@parameter标记配置的Mojo属性外，还可以使用@parameter的其他属性进一步详细声明：

```
@parameter alias="<aliasName>"
```

通过alias指定Mojo参数的别名。

```
/**
 * @parameter alias="username"
 * /
Private String testUserName;
```

pom 中的配置：

```
<username>value</username>
@parameter expression="${attributeName}"
```

读取属性的值给参数赋值，例如：

```
/**
 * @parameter expression="${userName}"
 * /
Private String testUserName
```

用户可以通过在pom中配置userName参数赋值，也可以在命令行中使用-DuserName=value进行赋值。

```
@parameter default-value="value/${attributeName}"
```

支持对 Mojo 属性赋予初始值。

注：除了@parameter 标记外，还可以使用@required 和@readonly 配合标记属性。

(1) @required 表示 Mojo 参数是必需的。如果使用了该标记，则必须配置 Mojo 值，否则会报错。

(2) @readonly 表示 Mojo 参数是只读的，用户不能通过配置修改。

12.4 自定义 Maven 插件中的错误处理和日志

在 Mojo 的执行方法后面，支持 MojoExecutationException 和 MojoFailureException 两种异常。

如果运行抛出 MojoFailureException 异常，会显示"Build Failure"错误信息，表示可以预期的错误。

如果运行抛出 MojoExecutationException 异常，会显示"Build Error"错误信息，表示未预期的错误。

除了前面的两个异常定义外，Mojo 中还提供了相关方法可以输出不同等级的日志。用户可以通过这些日志输出，更详细地把握执行状况。

这里可以调用父类 AbstractMojo 的 getLog()方法获取 Log 对象，输入四个等级的日志信息。从低到高分别是：

(1) Debug：调试日志。

(2) Info：消息日志。

(3) Warn：警告日志。

(4) Error：错误日志。

为了输出上面各个级别的信息，分别提供了三种方法。

(1) Void debug(CharSequence ch)。

(2) Void debug(CharSequence ch，Throwable error)。

(3) Void debug(Throwable error)。

第13章

Archetype 扩展

Maven 除了有完成构建的插件外，还有一种插件——Archetype 插件。它的作用是生成 Maven 项目骨架(项目的目录结构和 pom. xml)。只要给对应的 Archetype 插件提供基本的信息，比如 groupId、artifactId 和 version，它就可以生成项目的基本目录结构和 pom 文件。比如，maven-archetype-quickstart 插件就是一个快速创建简单 Maven 工程的 Archetype 插件。

有很多开源项目如 Appfuse 和 Apache Wicket 都提供了 Archetype 插件，方便开发人员快速创建项目。

当然，如果公司或项目组的 Maven 项目有自己个性化的配置和目录结构的话，也可以自定义一个 Archetype 插件发布给所有开发人员使用。

有了公共的 Archetype 插件后，不仅能让开发人员快速简单地创建 Maven 项目，而且还可以强制所有开发人员遵循统一的项目结构和配置约定，从而统一 Maven 项目的规范和标准。

13.1 Archetype 使用概述

Archetype 不是 Maven 的核心特征。作为插件，当用户要使用它的时候需要输入完整的插件坐标，由 Maven 根据坐标下载对应的插件运行。虽然它只是一个插件，因为使用得比较广泛，主要的 IDE(Eclipse、NetBeans 和 IDEA)在集成 Maven 的时候，都集成了 Archetype，以方便开发人员快速创建 Maven 项目。

Archetype 插件的使用比较简单。如果使用的是 IDE，比如 Eclipse，直接基于向导界面，就可以引导选择和使用对应的 Archetype 插件创建工程。如果使用命令行，直接在 CMD 命令行窗口中输入 mvn 插件坐标就行，必要的时候再添加参数。比如使用 maven-archetype-plugin 插件创建 Maven 项目，只需输入命令如下：

```
mvn archetype:generate
```

其中，archetype 是 maven-archetype-plugin 的简称；generate 是 maven-archetype-plugin 插件创建 Maven 项目的目标名称。Maven 接收到 Archetype 命令后，自动到 http://maven. apache. org/archetype/maven-archetype-plugin 下载最新的插件，然后运行 generate 目标，创建项目。

在中央仓库中有很多 Archetype 插件，这里对应创建简单 Maven 工程、创建 Mavenweb 工程和创建 Maven 框架工程，分别介绍一个代表。

13.1.1 maven-archetype-quickstart

maven-archetype-quickstart 应该是最常用的 Archetype。在用户输入命令行"mvn archetype:generate"时，如果没有指定使用哪个 Archetype，默认就是使用 quickstart。使用 maven-archetype-quickstart 生成的项目比较简单。

（1）pom.xml，包含有 JUnit 的依赖声明。

（2）src/main/java，主代码目录以及一个名为 App 的 Java 类。

（3）src/main/test，测试代码目录以及一个名为 AppTest 的 JUnit 测试用例类。

如果需要创建一个全新的 Maven 项目，可以使用该 Archetype 生成项目架构，再在该架构的基础上进行对应地修改，比如添加依赖、添加 resources 目录等，从而省去手动创建 pom 以及目录结构的麻烦。

13.1.2 maven-archetype-webapp

maven-archetype-webapp 是一个创建 Maven War 项目的 Archetype。它能创建一个 Web 应用的基本目录结构和必需的 web.xml。使用 maven-archetype-webapp 生成如下内容。

（1）pom.xml packaging 的值为 war，带有 JUnit 的依赖声明。

（2）src/main/webapp 目录。

（3）src/main/webapp/index.jsp 文件。

（4）src/main/webapp/WEB-INF/web.xml 文件。

13.1.3 AppFuse Archetype

AppFuse 是一个集成了很多开源工具的项目，它能快速高效地创建 Maven 项目。目前，AppFuse 已经集成了最流行的开源工具，比如，Spring、Struts、JPA、Hibernate、MyBatis 等。

AppFuse 提供了大量的 Archetype 方便用户创建各种类型的项目。针对不同的显示层框架，可以分为以下几种类型。

（1）appfuse-*-jsf：基于 JSF 的 Archetype。

（2）appfus-*-spring：基于 SpringMVC 的 Archetype。

（3）appfuse-*-struts：基于 Struts2 的 Archetype。

（4）appfuse-*-tapestry：基于 Tapestry 的 Archetype。

每一种 Archetype 又分 3 个 Archetype，分别为 light、basic 和 modular。light 只包含简单的骨架；basic 包含一些用户管理及安全方面的特性；modular 会生成多模块的项目，其中，core 模块包含持久层和业务逻辑层代码；web 模块为 view 层代码。

13.2 自定义 Archetype

13.3 Archetype 数据库

Archetype 创建项目的时候，如果没有指定具体的 Archetype 插件的坐标，maven-archetype-plugin 会提供一个 Archetype 列表选择。在基于 M2Eclipse 插件的 Eclipse 中创建项目的时候，也会可视化地显示所有的 Archetype 插件供选择。那这些列表内容来源于哪里呢？这就涉及了 Archetype 数据库。

13.3.1 Archetype 数据库简介

Archetype 数据库实际上就是 archetype-catalog. xml 文件，里面描述了对应 Archetype 插件的坐标。当使用 maven-archetype-plugin 创建 Maven 项目的时候，如果没有指定具体的插件坐标，maven-archetype-plugin 就会读取 archetype-catalog. xml 中的信息，形成列表供用户选择使用。

如下是一个简单的 archetype-catalog. xml 样例，包含了 webapp-jee5 和 webapp-javaee6 两个 Archetype。

```
<?xml version="1.0" encoding="UTF-8"?>
<archetype-catalog
    xsi:schemaLocation="http://maven.apache.org/plugins/maven-archetype-
    plugin/archetype-catalog/1.0.0 http://maven.apache.org/xsd/archetype-
    catalog-1.0.0.xsd"
    xmlns="http://maven.apache.org/plugins/maven-archetype-plugin/archetype-
    catalog/1.0.0"
    xmlns:xsi="http://www.w3.org/2001/XMLSchema-instance">
<archetypes>
<archetype>
    <groupId>org.codehaus.mojo.archetypes</groupId>
    <artifactId>webapp-jee5</artifactId>
    <version>1.3</version>
    <repository>https://mvnrepository.com/artifact/org.codehaus.mojo.
    archetypes/webapp-jee5</repository>
</archetype>
<archetype>
    <groupId>org.codehaus.mojo.archetypes</groupId>
    <artifactId>webapp-javaee6</artifactId>
    <version>1.3</version>
    <repository></repository>
</archetype>
</archetypes>
</archetype-catalog>
```

通过上面 archetype-catalog. xml 的了解，Archetype 也是通过坐标（groupId、artifactId、version）唯一定位的。另外，还有一个 repository 元素，指定查找 Archetype 的位置，默认是 Maven 的中央仓库。

maven-archetype-plugin 能读到的 archetype-catalog. xml 有如下几种。

（1）Interal

maven-archetype-plugin 内置的 Archetype Catalog，有五六十个 Archetype。

（2）Local

用户本地的 Archetype Catalog，目录是：用户/. m2/archetype-catalog. xml。默认情况该文件不存在，可以在对应目录下添加。

（3）Remote

Maven 中央仓库的 Archetype Catalog，具体位置是 http://repo1. maven. org/maven2/archetype-catalog. xml。

（4）File

指定本地任何位置的 archetype -catalog. xml。

（5）HTTP

使用 HTTP 协议，指定网络中的远程 archetype-catalog. xml。

如果执行 Maven 命令的话，可以在“mvn archetype:generate”后面使用 archetypeCatalog 参数，指定 maven-archetype-plugin 使用的 Catalog。例如：

```
mvn archetype:generate -DarchetypeCatalog=file://c:/work/temp/archetype-catalog.xml
```

在执行“mvn archetype: generate”时，可以使用 archetypeCatalog 参数指定多个 XML 文件，中间用逗号隔开。同时，maven 的 archetypeCatalog 的默认值是“remote, local”。

13.3.2 使用本地 Archetype 数据库

用户不仅可以基于 maven-archetype-plugin 使用在 archetype-catalog. xml 中描述的插件，也可以使用 maven-archetype-plugin 中的 crawl 目标搜索指定仓库中的 Archetype，生成 archetype-catalog. xml。比如：

```
mvn archetype:crawl -Drepository=e:/test/repository
                    -Dcatalog=e:/temp/archtype-catalog.xml
```

Maven 会自动遍历 repository 中的 Archetype，生成 catalog 文件到 catalog 指定的位置。如果没有指定 repository 参数，Archetype 插件自动搜索 settings. xml 中定义的 localRepository 目录。

这样就可以将任意地方的 Archetype（包括网络中的）都集中本地的一个 archetype-catalog. xml 描述，形成 Archetype 列表。

13.4 在 M2Eclipse 中配置 Archetype Catalogs

基于项目开发的实际需要，用户可以在 M2Eclipse 开发工具中配置 Archetype Catalogs。下面介绍安装好了 M2Eclipse 的 Eclipse 中的操作方式。

单击 Eclipse 中的菜单，选择 Preferences 选项，展开左边的 Maven 选项，选中 Archetypes，如图 13-1 所示。

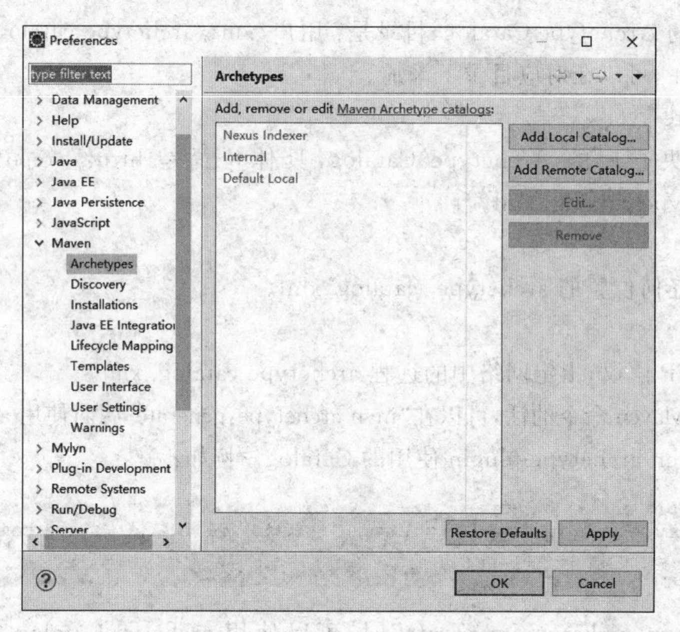

图 13-1 Maven 的 Archetypes 列表

单击 Add Local Catalog... 按钮，在如图 13-2 所示的界面中，选择要加入的本地 archetype-catalog.xml 文件和描述，就可以完成本地 Catalogs 的添加。

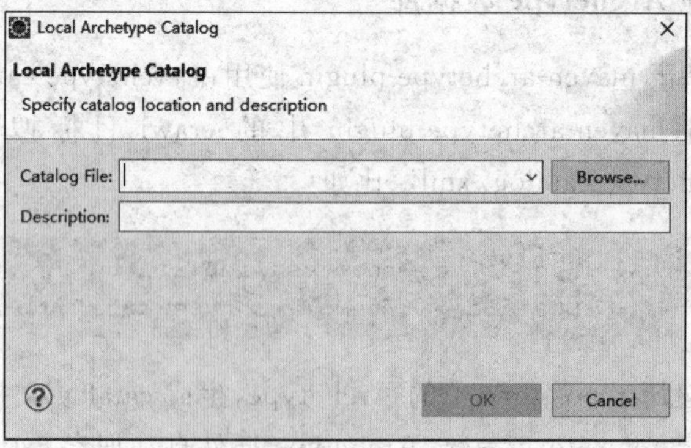

图 13-2 添加本地 Archetype 数据库

同样，单击 Add Remote Catalog... 按钮，在弹出的对话框中输入远程 archetype-catalogs.xml 的地址和描述，可以完成一个 Remote Catalog 的添加。

参 考 文 献

[1] 许晓斌. Maven 实战[M]. 北京：机械工业出版社，2011.
[2] 沃尔斯. Spring 实战[M]. 3 版. 北京：人民邮电出版社，2013.
[3] 奥克斯. Java 性能权威指南[M]. 北京：人民邮电出版社，2016.

附 录

POM 元素

(1) project,pom. xml 根元素
(2) parent,继承元素
(3) modules,聚合模块元素
(4) groupId,坐标元素之组 id
(5) artifactId,坐标元素之构件 id
(6) version,坐标元素之版本
(7) packaging,坐标元素之包类型(文件类型)
(8) name,项目名称
(9) description,项目描述
(10) organization,组织名称
(11) licenses→license,许可证信息
(12) mailingLists→mailingList,邮件列表
(13) developers→developer,开发者
(14) contributions→contribution,贡献者
(15) issueManagement,问题跟踪系统
(16) ciManagement,持续集成系统
(17) scm,版本控制系统
(18) prerequistites→maven,要求 Maven 的最低版本,默认是 2.0
(19) build→sourceDirectory,主源代码目录
(20) build→scriptSourceDirectory,脚本源代码目录
(21) build→testSourceDirectory,测试源码目录
(22) build→outputDirectory,主代码输出目录
(23) build→testOutputDirectory,测试代码输出目录
(24) build→resources→resource,主资源目录
(25) build→testResources→testResource,测试资源目录
(26) build→finalName,输出主构件名称
(27) build→directory,输出目录

(28) build→filters→filter,通过 properties 文件定义资源过滤属性
(29) build→extensions→extension,扩展 Maven 的核心
(30) build→pluginManagement,插件管理
(31) build→plugins→plugin,插件
(32) distributionManagement→repository,发布版本部署仓库
(33) distributionManagement→snapshotRepository,快照版本部署仓库
(34) distributionManagement→site,站点部署
(35) repositories→repository,仓库
(36) pluginRepositories→pluginRepository,插件仓库
(37) dependencies→dependency,依赖
(38) dependencyManagement,依赖管理
(39) properties,Maven 属性
(40) reporting→plugins,报告插件

Setting 元素

(1) settings,settings. xml 的根元素
(2) localRepository,本地仓库
(3) interactiveMode,Maven 是否与用户交互,默认是 true
(4) offline,离线模式,默认是 false
(5) pluginGroups→pluginGroup,插件组
(6) servers→server,下载与部署仓库的认证信息
(7) mirrors→mirror,仓库镜像
(8) proxies→proxy,代理
(9) activeProfiles→activeProfile,激活 profile